三维动画创新设计研究

吴　越◎著

中国商务出版社
·北京·

图书在版编目（CIP）数据

三维动画创新设计研究 / 吴越著. — 北京：中国商务出版社，2024. 9. — ISBN 978-7-5103-5523-3

Ⅰ. TP391. 41

中国国家版本馆CIP数据核字第2024PE6793号

三维动画创新设计研究

吴　越◎著

出版发行：中国商务出版社有限公司

地　　址：北京市东城区安定门外大街东后巷28号　邮　　编：100710

网　　址：http://www.cctpress.com

联系电话：010-64515150（发行部）　010-64212247（总编室）

　　　　　010-64515164（事业部）　010-64248236（印制部）

责任编辑：薛庆林

排　　版：河南济航文化有限公司

印　　制：宝蕾元仁浩（天津）印刷有限公司

开　　本：787毫米×1092毫米　1/16

印　　张：16.75　字　　数：250 千字

版　　次：2024年9月第1版　印　　次：2024年9月第1次印刷

书　　号：ISBN 978-7-5103-5523-3

定　　价：79.00元

前　言

在数字经济快速发展的浪潮中，三维动画作为文化创意产业的重要分支，凭借其强大的表现力和广泛的应用领域，正在成为推动视觉艺术与技术创新的核心力量。近年来，随着人工智能、大数据、虚拟现实（VR）等技术的成熟，三维动画的艺术表现力与商业价值显著提升，不仅在影视、游戏、广告等传统领域大放异彩，也在教育、建筑设计和文化传播等新兴领域崭露头角。

本书的写作源于对三维动画设计创新的深刻思考与实践积累。传统动画在表现形式和技术手段上的局限性已难以满足多元化市场需求，而三维动画则凭借其立体化、动态化的表现优势，成为解决这一问题的重要工具。与此同时，三维动画的教学改革与人才培养也成为行业关注的重点课题。如何实现技术与艺术的深度融合、如何更好地传承和创新传统文化，以及如何通过教育培养更多适应行业需求的创作人才，是本书重点探讨的几个方向。

围绕这些核心议题，本书从理论到实践、从技术到艺术展开系统分析，逻辑清晰地组织为九个部分：第一部分从理论层面入手，梳理三维动画的基础知识和技术发展脉络。通过与二维动画的对比，解析三维动画的独特特征，如立体感、材质表现力和动态叙事能力，帮助读者建立清晰的认知框架。同时，结合国内外发展历程，展望未来技术趋势，为后续内容奠定理论基础。在这一理论基础上，第二部分和第三部分分别深入探讨场景设计与角色塑造的核心技术。场景设计不仅仅是动画作品的背景支撑，其空间布局、色彩搭配和光影塑造直接影响作品的整体氛围与叙事效果。而角色塑造则是三维动画的灵魂所在，通过造型设计、骨骼绑定与表情控制等技术手段，使角色在叙事中具有更强的表现力与生命力。两者结合，不仅丰富了作品的视觉层次，也增强了故事的感染力。在解决场景和角色设计的基础问题后，本书第四部分聚焦于动画造型设计这一综合性艺术实践。造型设计既是视觉风格的直观体现，也是技术与艺术交汇的关键点。本部分深入解析了造型设计的核心要素与实现路径，并针对三维化造型中的技术难点提供了行之有效的解决方案。随着三维动画技术的快速发展，其技术与艺术的结合方式也日趋复杂。本书第五部分以技术为切入点，详细探讨了粒子系统、光影渲染和物理模拟等关键技术在动画制作中的应用，并通过案例分析展示技术如何为艺术创作提供支持。在此基础上，第六部分进一步拓展到艺术表达的层面，探讨三维动画如何通过情感塑造、叙事设计和风格化表现，打造出兼具技术精细度与艺术感染力的优秀作品。在技术与艺术的双重驱动下，三维动画还展现出其在文化传播中的独特优势。本书第七部分聚焦于三维动画与中国文化的结合与创新，通过对传统文化元素在三维动画中的应用实例分析，总结其在推动文化传承和国际化传播中的潜力与挑战。以具体案例为基础，本部分不仅展示了数字技术赋予传统文化的新活力，也为创作者提供了跨文化创作的实践启示。接着，第八部分将视角转向三维动画的教育与教学改革。人才培养是行业发展的基石，本部分结合国内外高校的实践经验，总结三维动画教学的现状与不足，并提出适应时代需求的教学模式创新建议，旨在帮助教育工作者更好地培养兼具技术与艺术能力的综合型人才。最后，第九部分深入探讨了中国动画产业组织政策的演变及其市场影响。通过回顾政策在市场准入、生产销售等环节的调整，分析其对产业发展的推动作用，为未来政策的优化提供了参考方向，助力动画产业在市场创新中实现可持续发展。最后，第八部分将视角转向三维动画的教育与教学改革。人才培养是行业发展的基石，本部分结合国内外高校的实践经验，总结三维动画教学的现状与不足，并提出适应时代需求的教学模式创新建议，旨在帮助教育工作者更好地培养兼具技术与艺术能力的综合型人才。

本书从理论分析到实践操作，从技术解析到艺术表达，再到文化创新与教学改革，试图构建一个完整的三维动画研究框架。全书内容由多位作者分工完成，各章节既独立成篇，又环环相扣，最终形成了系统且具有实际指导意义的内容体系。

感谢所有参与本书编撰的同人以及给予支持与指导的业内专家。尤其感谢出版社编辑团队的辛勤付出，他们的专业精神保障了本书的顺利出版。在此，我们向所有为本书付出心血的朋友致以最诚挚的谢意。

希望本书能够为三维动画领域的研究者、教育者和从业者提供理论指导与实践参考，也期待它能启发更多人关注这一充满活力的领域，为推动行业创新与发展贡献力量。

作　者
2024.5

目　录

第一章　三维动画设计理论综述

第一节　三维动画的定义、特征及应用领域

一、三维动画的定义

三维动画（3D 动画）是计算机虚拟程序的典型应用。它通过虚拟程序创建图像模型，调控模型尺寸和运动轨迹，设定虚拟摄影的参数，并加入灯光和色彩等辅助因素。当智能程序开启后，相关要素协同工作，使得放映程序同步进行，最终生成图形。与二维图形相比，三维动画的立体性特征是优势所在，能让人们从各个角度观赏，无论是正视、俯视或是侧视都能在同一时间合为一体，使最终画质在真实感和清晰度上更为出彩。[①]

（一）三维动画原理概述

计算机技术是三维动画重要的技术保障，确保生成的画面具有连续性和动态性。由于眼睛具有视觉残留效应，画面在消失后仍留在视网膜上，因此每秒播放 25 帧以上的画面能够在视觉上形成连贯的动态效果。这一原理贯穿了传统动画、

① 屠彬辉 .VR 技术与三维动画设计的融合与应用分析 [J]. 信息与电脑（理论版），2020,32(18):141-142.

平面动画到现代三维动画的演变。三维动画结合物理规律、日常行为和艺术创意，展示角色、光照、视点等要素的连续变化。随着技术进步，三维动画制作效果逐渐逼真，能呈现灭绝生物、虚构形象或未建成的建筑，突破真实拍摄的限制。

（二）三维动画基本概念介绍

计算机三维动画在制作时，需要经过多个步骤。具体来说，先是创作角色，而后从关键帧入手积极打造各环节动画效果，如有必要还需采用特殊动作进行实现。细分类中，人体动画尤为复杂。与二维动画不同，三维动画中的常规数学和几何模型无法精确表现人体形态和关节运动，因此，人体动画制作是三维动画中的一大技术难点。

1. 角色的创建

计算机三维动画中的角色创建包括以下步骤：参考已经定稿的平面设计稿，然后塑造角色模型框架，并围绕动画要求模拟三维场景，再经过细致选择角色材质和贴图类型，使角色骨骼效果更贴合要求，最终完成角色塑造。

2. 关键帧制作

运用关键帧技术时，需要将插值运动参数作为重要控制对象，如位置、方向、颜色等皆在其中，使控制动画运动成为现实。计算机动画中，该技术用于插值任意参数的变化。关键问题是根据物体运动轨迹计算特定帧的位置。为实现匀速运动效果，弧长与样条应建立对应关系。Guenter 等用高斯（Gauss）型数值积分和牛顿 - 拉夫森（Newton-Raphson）迭代法加速计算。Watt 等通过向前差分和查找表提高交互速度。关键帧插值不仅要符合现实物理规则，还需控制三维对象运动特性。Steketee 等提出双插值方法解决时间控制问题，Kochanek 等介绍了适合关键帧系统的三次插值样条，使用切矢量和三个参数来控制样条。

3. 普通帧生成与动画效果添加

计算机动画，作为一门融合艺术与科技的领域，其精髓在于细腻描绘角色动态与场景氛围。角色之运动，涵盖位置迁徙、方向转换、大小缩放及形态演变，皆需精准捕捉，以展现生动神韵。虚拟摄像机之穿梭，模拟真实视角，引领观众沉浸于虚拟世界。加之纹理细腻变幻，色彩斑斓交织，呈现出瑰奇的视觉盛宴。此外，粒子系统、物理动力学、光影效果及毛发动画等高级技术，更添场景真实感与角色表现力，共同编织出计算机动画的奇幻篇章。

4. 动画语言

动画语言，作为构建虚拟世界的桥梁，细分为两类核心范式。一是线性表标记语言，以起始帧与结束帧之编号为经纬，辅以动作细节，将动画事件编织为线性序列，清晰勾勒出动画流程之脉络。二是巧妙地将动画描述融入通用编程语言之中，借此实现更为复杂细腻的动态表达。①

二、三维动画的特征

（一）电脑三维动画的特点

1. 高超的形体设计能力

计算机动画，作为数字艺术与科技的结晶，凭借其强大的数学运算能力，不仅能精准模拟现实世界的物体与景观，更能自由创造超越想象的虚构形象，其表现力远超传统的实景拍摄与手绘艺术。在这一领域内，电脑动画展现出多样化的形态生成潜力：一方面，通过先进的几何建模技术，计算机能够轻松构建出各类平面、曲线及曲面结构。无论是日常生活中的建筑、家具、器皿，还是纯粹想象中的抽象形态，计算机皆能以高度逼真的姿态呈现于屏幕之上。另一方面，随着计算机图形学的飞速发展，其对自然景物的模拟已达到以假乱真的境界。水流的潺潺、火焰的跃动、云雾的缭绕、植物的繁茂，这些自然界的复杂现象，在计算机动画师的巧手下，变得栩栩如生，令人叹为观止。对于关节动物的模拟，如人类与野兽，更是电脑动画技术的巅峰之作。通过复杂的骨骼系统与肌肉动力学计算，计算机能够生成极为逼真的运动效果，如《侏罗纪公园》中的恐龙，便是这一技术成就的典范，它们不仅形态逼真，动作更是流畅自然，为观众带来了前所

① 任培培，程响林．计算机三维动画基本概念简介［J］. 广西轻工业，2010,26(9):86-87.

未有的视觉震撼。

2.“ 随心所欲 ”的动画

电脑动画的制作空间十分广阔，现实限制不会产生干扰，因此电脑动画具有“随心所欲”的特征。具体表现包括：

（1）运动虚构性：如北京吉普广告中，汽车部件从地下飞出并组装成车体。

（2）拍摄连续性：电脑动画可以实现从宏观到微观的连续拍摄，例如从城市俯拍到建筑内部，过程流畅无切换。

（3）物体可变性：提供三维形体变形和图像级变化，常用于隐喻和解释。

（4）视觉冲击：可以通过设置广角镜头模拟物体由远至近或由近至远的运动，产生强烈视觉效果。

3. 丰富的质感表现

（1）物体质感作为视觉感知的关键要素，由色彩、光亮、反射及透明特性等多维度属性共同塑造，而这些属性的细腻差异，皆源自材质的本质区别。电脑动画技术，凭借其庞大的材质库资源，不仅囊括了玻璃、金属、水体等自然材质，更支持在同一形体表面灵活施加多种材质，实现材质随时间流逝的动态演变，赋予动画作品无与伦比的视觉真实感与艺术魅力。

（2）灯光设计在电脑动画中对形体质感有显著影响。其特点包括：自由选择灯光类型，如点光源、平行光源、摄影光源以及 MAP 光源；根据创意调整灯光颜色、强度及其随时间的变化；自由设置灯光位置和运动；产生阴影和反射效果。

（3）预演作为电脑动画制作流程中的关键环节，扮演着至关重要的角色。它使得动画设计师能够即时展示设计成果，对动画的每一个细节进行反复推敲与调整。在这一动态过程中，设计师可以不断修改、调试，直至动画作品完美契合创意初衷。

（4）在传统摄影艺术的框架下，前景与背景往往被一同捕捉于镜头之中，二者相互交织，难以轻易分离。然而，在电脑动画的广阔天地里，这一限制被彻底打破。动画师得以独立设计前景与背景元素，它们既可以在创作初期便和谐融合，亦能根据需要随时更换背景，实现前所未有的视觉自由与创意灵活度，为动画作品赋予更加丰富多元的层次感与表现力。[①]

（二）三维动画的视觉特征

三维动画凭借计算机图形技术的进步，已被广泛应用于社会各领域，并在继承传统视觉艺术的基础上，形成了新的媒介艺术特征。

1. 三维动画视觉特征的发展流变

（1）技术特征时期（1972—1989 年）。三维动画在其应用初期，犹如技术探索的先锋，展现出鲜明的实验性视觉风貌。自 1972 年的《计算机动画手》开创先河，至 1989 年《小雪人大行动》的问世，此间作品多以三维拓扑线框模型为骨架，辅以简单几何体的机械造型，呈现出刚体关节运动的质朴韵律。这一系列技术尝试，不仅奠定了三维动画的基础原理，亦开启了视觉创新的新篇章。皮克斯公司作为三维动画领域的佼佼者，其早期三部短片——《安德鲁和威利的冒险》《顽皮跳跳灯》《锡铁小兵》，同样承载着这一时期的鲜明特征。这些短片中的角色设计简约而不失趣味，关节运动技术借鉴了偶动画的精髓，塑料质感的材质选择与直接光照技术的初步应用虽略显粗糙，却共同勾勒出一幅幅生动有趣的画面，为三维动画的发展史添上了浓墨重彩的一笔。

（2）复制现实时期（1990—2009 年）。《玩具总动员》在 1995 上映，成为三维动画被确立为独立艺术形式的重要标志。在这之后，随着相关技术进一步发展，三维动画设计流程更为明晰，并且扩大了应用领域，包括：影视特效（Visual Special Effects，VFX），逐渐取代传统特效手段，成为主要制作方式，如《终结者》系列、《侏罗纪公园》系列、《泰坦尼克号》、《指环王》系列。三维动画影片强烈冲击传统动画市场。2001—2009 年，全球上映超过 120 部三维动画电影，取得了显著的视觉真实感特征。

① 沈梦忱．浅谈三维动画技术［J］．中国科技信息，2005(10):45-46.

（3）突破真实时期（2010—2019 年）。此阶段是三维动画火热发展之期，据统计全球有 220 多部此类动画得到上映，并且票房收入可观。在这之中，美国 Box Office 的全球动画 50 强中有 47 部为三维动画。此时期三维动画技术逐渐成熟，开始注重表现力：一是在写实基础上挖掘更精细的细节；二是对传统艺术形式进行技术模拟，扩展视觉风格。例如，《魔发奇缘》（2010）使用离散微分几何技术模拟毛发，《冰雪奇缘》（2013）开发了雪模拟器，《头脑特工队》（2015）用粒子系统表现情绪，《疯狂动物城》（2016）有 64 种物种和细节丰富的场景，动画短片《鹬》（2016）展现了超微距效果，《海洋奇缘》（2016）创造了拟人化海洋，《寻梦环游记》（2017）控制了 820 万个光源，《阿丽塔：战斗天使》（2019）精细刻画虚拟角色细节。

2. 三维动画形式特征的成因分析

（1）技术发展对形式的推动。从技术演化角度看，三维动画的发展符合保罗·莱文森的三阶段论："玩具、镜子、艺术"。最初，三维动画技术作为新奇玩具，其后被用作工具替代现实，最终超越现实，创造新现实。早期的三维动画以其新潮的技术特征和融合艺术与科学的特性吸引关注。随着计算机技术进步，三维动画在动态视觉创作中展现出独特优势：相比传统绘画、雕塑、动画和影视，三维动画更易变换角度、修改和高效制作，同时突破现实限制。其虚拟化属性提供了可扩展和广泛应用的能力，使其迅速成为现代动态视觉的主流方式。

三维动画作为创作工具，其功能和表现形式不断进化。一旦突破写实能力的极限，工具功能将不再限制表现内容。随着计算机图形技术的进步和屏幕尺寸、分辨率的提升，人们对画面细节的要求也不断增加。三维动画在模拟观众视觉经验的同时，也在数字化环境中创造了超越现有视觉经验的效果。现代三维动画的目标是创造另一个现实世界，其技术路线基于再现客观世界并突破生理视觉认知。尽管三维动画的应用已接近顶峰，但仍有提升空间。与技术特征相关的艺术表现形式将继续发展，三维图形技术也促生了 VR、AR、MR 等新兴艺术形式，这些形式进一步影响和丰富了三维动画的艺术表现。

（2）传统动画对原理的规约。三维动画以其独特的视觉真实感，在传统动画与实拍影像间架起了一座桥梁，巧妙地模糊了二者之间的界限。尽管它在技术上取得了显著进步，能够创造出逼近现实的影像效果，但其本质依然深深植根于传统动画的艺术形式和原理之中。三维动画作为动画艺术的一种现代演绎，不仅继承了动画的创意精髓，更在技术与艺术的完美融合中，展现了动画艺术无限的生命力与可能性。传统动画呈现出显著的绘画性风格，而在技术上则以分层绘制和逐帧拍摄为主导。20 世纪 80 年代末，数字技术被引入计算机辅助系统，变革了工具和材料，但“逐帧绘制”依然使用，并发展出多样化的画风。

三维动画起源于美国，受传统动画产业的影响显著。早期皮克斯动画短片体现了二维动画向三维技术的过渡。尽管两者在技术和美学上有所不同，但其生成方式、题材选择、情节设计等方面高度一致。三维动画延续了传统动画的基本原理，如影视语言、叙事方式和关键帧制作，最终生成的画面依旧是二维的像素图像。

（3）社会文化对审美的形塑。三维动画的发展依赖于大众认可。物质丰富将人们的视线从生产转向消费，符号价值取代使用价值，符号消费成为标志。数字媒介的技术和传播优势使影像内容推广更为有效，社会文化语境也推动了从文字到图像的视觉文化转向。

随着三维动画的发展成熟，其创作与生产引发了广泛关注。美国凭借技术优势主导了三维动画的全球扩张，确立了垄断地位。三维动画擅长表现视觉奇观，这种审美倾向影响了题材选择，强化了观众对感官刺激的依赖，削弱了主题思想性与叙事性，导致审美趣味的模式化。1995—2018 年，全球票房前 100 的动画电影中，94 部为三维动画，均为美国制作，主要类型为动作、冒险、喜剧，凸显了现代文化对视觉审美的影响。

3. 三维动画形式风格的局限与突破

（1）恐怖谷与假定性。当前，三维动画的美学特征主要体现在视觉真实感，这通过数字技术实现。艺术创作既需遵循美学规律，又要融入主观情感。然而，过分追求视觉真实感容易导致“恐怖谷”现象，即人类对过于逼真的虚拟形象产生心理排斥。这一理论由日本机器人学家于1970年提出。像《最终幻想》《贝奥武夫》《圣诞颂歌》和《阿丽塔：战斗天使》等三维动画电影，都曾因过度写实而引发观众不适。因此，在动画创作中，关键在于如何规避或有效利用“恐怖谷”效应。

动画艺术的核心特征是“假定性”，表现为动画内容是虚构和虚拟的，可创造出的艺术却是真实的。对于三维动画来说，情节和人物是虚构和虚拟的重要对象，但逼真的视觉效果可能引发观众的心理排斥。艺术创作并不等同于真实感，“假定性”程度要适中，需要与视觉真实感达到平衡。

（2）拟真与拟态，真实与精神。动画与真人电影具有多种差异，但长期以来并没有区分两者的明确标准，直到2015年这一局面才被打破，其中“镜头制作方式”是重要区分依据。三维动画发展过程中，造型塑造始终遵循传统设计原则，而随着新技术不断涌现，三维动画开始将毛发、流体等细节内容塑造作为重点，强化了浸入式体验，满足观众的视听需求，取代了含蓄的叙述方式。

然而，过度刺激会导致审美疲劳，2010—2019年的三维动画反映出其现有风格已无法满足观众的多元需求。三维动画正从“镜子”向“艺术”过渡，由重述现实转向重塑现实。当前的视觉特征本质上是对影视与传统动画的模仿：对影视，通过混淆真实与虚幻，打破实拍限制，超越常规视觉体验；对传统动画，通过减少假定性，增强亲近感，迎合观众日常视觉习惯。这种模拟真实的追求反映了创作者的“造物主心理”。①

（三）三维动画的基本特征

（1）虚拟性特征：三维动画技术作为数字时代的艺术创新，彻底颠覆了传统艺术形式的物质局限，实现了图像的无源创造。在这一过程中，虚拟工具、场景构建、角色塑造、灯光布局及镜头运用等各个环节，均被赋予了全新的虚拟化生命。数字技术使这些工作不再需要大量人员、资金和时间，构建了非物质的虚拟

① 邓强，罗天昱．三维动画视觉特征的形成与流变［J］．中国电视，2020(7):89-94.

世界，并随着个人计算机的推广打破了技术的专业垄断，实现了艺术创作流程的全面开放。

（2）同质性特征：数字技术引领的影像革命，使影像创作挣脱了实物的枷锁，三维动画正是在此背景下，突破了传统媒介材料的固有界限，达成了媒介载体的同质化融合。它既能精准捕捉并记录真实世界的数字信息，又能自由创造出超越现实的幻想物象，并将二者巧妙结合，使得虚幻之境更显真实，现实之景则添几分奇幻。在这一过程中，所有影像信息均被转化为数字平台上的比特编码，赋予了影像可复制、易传播的独特属性，进而实现了信息的光速传递与实时分享。数字技术既能再现真实细节，也能生成风格化造型，所有特征由计算机程序和语言生成。

（3）视觉真实感特征：三维动画与绘画和电影在真实意义上的表现不同。安德鲁·达利指出，三维影像是基于现有材料的再造现实，不同于超现实主义绘画的“第一手模拟”。三维影像尝试掩盖模拟行为，精确再现模拟对象。斯蒂芬·普林斯认为，数字影像通过计算机代码生成，与现实的联系基于相似性，而非因果性，属于皮尔斯符号学中的“像章符号”。相比传统动画，三维动画提供更符合日常感知的视觉元素，增强视觉真实感，并且在立体空间内实现更逼真的视觉效果。相比传统定格动画，三维动画不受材料和技术限制，可自由选择材质和造型风格。传统二维动画在动作表现上已经成熟，而三维动画在关键帧技术基础上，通过计算机生成中间帧，结合动作捕捉技术，能更准确、细腻地模拟真人表演。

（4）可扩展性特征：三维动画在视觉信息传达领域展现出显著优势，既能实现真实世界的精准复制，又能自由创造虚幻之境。其独特的表现力，既能微观放大细节，亦能宏观压缩景象，将可视化规律与非可视化原理完美融合。在数字媒介的助力下，多元文化与艺术形式得以跨越介质界限，融合的可能性大大增强，三维动画因此成为连接现实与想象、传统与现代的桥梁。同时，三维动画与计算机交互、自动化控制、网络、人工智能和虚拟交互等新兴技术协作，促进其自身全面发展。其开放性和虚拟工具使三维技术的软硬件厂商不断升级，艺术家和创作者也主动反馈问题、进行二次开发，从而推动技术完善。

三、三维动画的应用领域

（一）传媒娱乐领域

三维动画影片，凭借其对计算机技术的精妙运用，已成为影视艺术中一股不可忽视的力量。它不仅涵盖了动画电影、动画剧集、动画短片等多种形态，更在游戏领域大放异彩，以过场动画、角色塑造、场景及道具制作等形式，深度融合互动技术，极大提升了游戏的视觉真实感与艺术表现力。在视听作品的开篇，片头动画以简洁有力的视听语言和紧凑的节奏，迅速传达出作品的整体气势与氛围，成为电影、电视、游戏、宣传片、栏目包装及产品演示中不可或缺的组成部分。广告动画能则是对商品特性的创意演绎。它要求基于商品本身，发挥无尽的想象与创造力。三维动画技术以其对客观现实的精准再现与主观夸张的双重能力，极大地扩展了广告的创意内容、形式与风格，为观众提供了丰富多元的视觉体验。无论是商品的细节展示，还是氛围的营造，三维动画都能以独特的方式，精准捕捉并放大商品的魅力，使广告更加生动有趣，引人入胜。

（二）建筑工程领域

建筑设计领域，三维动画的表现力与艺术性已攀升至新的高度，其不仅生动展现了建筑的形态美学，更随着三维打印技术的飞跃，实现了从虚拟到实体的跨越。如今，三维动画中的建筑模型，借助大型三维打印设备，能够精准输出建筑实体的构件，为建筑设计带来了前所未有的创新可能。在房地产领域，演示动画成为宣传与展示建筑设计方案的得力助手。它以动态可视化的方式，将设计方案栩栩如生地呈现给观众，极大地增强了信息的传递效果。室内设计方面，三维动画同样发挥着重要作用。它直观展示了设计的视觉效果，使设计师与业主能够更清晰地沟通设计理念，共同推动项目的顺利进行。楼盘演示中，三维动画凭借其直观与逼真的优势，成为表现室内外空间和建筑设计的得力工具。它可与其他技术相结合，共同提升用户体验，让购房者能够身临其境地感受未来家园的魅力。城市规划动画则引入了虚拟现实技术，为城市规划和建筑设计带来了全新的视角。用户在虚拟的三维环境中，可以自由地进行动态交互，全面审视未来的建筑或城区，为规划决策提供了有力的支持。此外，在工程施工阶段，三维动画也发挥着不可或缺的作用。它通过模拟工程施工过程，帮助施工人员提前了解细节，排除潜在的错误和事故隐患，从而确保工程的安全性和质量。

（三）设计制造领域

三维动画技术在产品剖析领域展现出卓越能力，它深入剖析产品内部结构，使得功能讲解更为清晰、有力。此技术的功能不仅限于此，在产品设计生产阶段，三维成型与动画技术亦发挥着重要作用，它们协同作用于模型校验环节。当与三维打印技术相结合时，这一组合能迅速制作出产品外观设计、模具，乃至直接完成产品生产，极大地缩短了产品开发周期。此外，三维动画在原理模拟方面同样表现出色。它能生动模拟各类过程，涵盖生产流程、交通安全、煤矿安全、能源转换、水处理、水利、电力生产、矿冶、化学反应、植物生长及施工等多个领域，为科研人员与工程师提供了直观、深入的理解工具。

（四）艺术设计领域

三维动画技术为传统平面设计注入了新的活力，它提供了丰富多样的原创图像素材，极大地拓展了设计的创意空间。在现代艺术中，三维动画更是成为表现立体、抽象或荒诞艺术形象的重要手段，它赋予动态视觉表现以新的生命。此外，计算机摄影领域也深受三维动画技术的影响，数字图像捕获和处理过程逐渐以计算替代光学，实现了包括数码全景相机计算、高动态范围图像以及光场相机在内的多项创新。

（五）文化教育领域

医学动画，凭借其直观、真实与准确的特点，成为展现医学领域抽象与微观内容的得力工具，有效解决了医患之间的沟通障碍。另外，虚拟现实技术（VR）

通过计算机生成的模拟环境，提供了包含听觉、视觉乃至触觉等多感官在内的反馈的交互式体验。用户借助多投影或头戴设备，得以沉浸于虚拟环境之中，仿佛置身于另一番天地，开启了全新的感知与探索之旅。[①]

第二节　三维动画软件的应用及其发展趋势

一、三维动画技术的发展历史及其影响力

随着科技进步，传统手绘动画被基于计算机图形学的三维动画所取代。三维动画的发展可分为三个阶段：1995—2000 年为起步阶段，皮克斯和迪士尼主导市场；2001—2003 年，皮克斯和梦工厂竞争激烈，但市场仍受商业巨头控制；2004 年起，三维动画市场份额扩大，技术进步使制作门槛不断降低，创作空间更广阔、方式更多元。

（一）三维动画软件的应用现状

三维动画技术成为相关产业变革的支撑，具体到动画产业，动画生产方式在其推动下彻底改变，使其超越了平面艺术，成为多元空间的表现形式。当前，很多三维制作软件涌现而出，MAYA、3DMax 和 Cinema4D（C4D）最为常用，许多好莱坞大片如《冰河世纪》《黑客帝国》《指环王 1》和《指环王 2》制作中都使用了 MAYA。

（二）MAYA 的行业地位及其技术优势

MAYA 是 Alias/Wavefront 公司发布的产品，2005 年时该公司被 Autodesk 收购。MAYA 在新的公司继续发展壮大，其高效和高精度的特性大大提升了创作效率和灵感实现的可能性。

MAYA 提供两种基本建模方法以适应不同需求。一种是 Polygon 建模技术，

① 邓强．三维动画艺术创作维度研究 [D]. 西安：西安美术学院，2019.

适合初学者,基于基本几何体建模。通过编辑对象的 Vertex(节点)、Edge(边界)、Border(边界环)、Polygon(多边形面)、Element(元素),可以创建复杂模型。Polygon 建模的优势在于能处理任意多边形面,特别适合细节复杂的模型。

另一种建模技术是 NURBS(非统一有理 B 样条),用于曲面建模。NURBS 通过调整控制点(CV 点)来影响曲线生成,使设计师可以根据需要改变模型外观。它主要用于处理曲面物体和不规则形状的模型。

每种建模方法都有其独特的优点,综合使用 Polygon 和 NURBS 建模可以创建丰富多样的模型。它们解决了复杂拓扑结构的制作难题,极大拓宽了设计空间,也增强了 MAYA 的应用广泛性。

(三)其他三维动画软件的应用比较

除了 MAYA,3DMax 和 Cinema4D 也是知名的三维动画软件。MAYA 在动画模块上更为丰富,因此许多大公司选择它用于产业制作。3DMax 则擅长建模和效果图渲染,广泛用于游戏 CG 角色制作。C4D 则结合了建模、纹理绘制、动画、渲染等功能,制作过程简洁。国内市场上 3DMax 和 MAYA 较为普及,C4D 则主要在国外应用。这三款软件各有优势,适应不同用户的需求。

(四)三维动画软件之外的补充技术

三维动画制作软件虽然强大,但仍有不足,因此插件和编程技术弥补了其短板,衍生出第三方市场。这些插件和程序解决了动画制作中的技术难题,显著提升了精细度,实现了许多过去难以完成的特效。例如,Smoosh 技术解决了毛发系统与衣料相互作用的问题,使毛发在定点压力下恢复原状,被广泛应用于影视制作,如《功夫熊猫》。此外,Advanced Skelton 用于骨骼搭建,Unfold3D 用于处理复杂模型展 UV 等,这样的工具也不断涌现。

第三方软件弥补了 MAYA、3DMax、C4D 的不足,提高了效率和制作水平。在一些特殊场景中,如《2012》的坍塌镜头,高端软件如 3DMax 和 MAYA 无法处理时,程序员通过编写专用代码解决问题。例如,Blender 在此情况下成功模拟了坍塌效果。编程在三维制作技术中至关重要，因为它能针对特定问题提供解决方案。

二、虚拟现实技术及其所带来的变革

随着VR/AR/MR得到开发，虚拟现实在动画领域快速普及。观众不再只是被动接受，而是成为互动参与者，推动了动画制作的革命。VR/AR/MR技术让三维动画从传统的播放方式转变为与用户互动的体验，观众能主动探索他们感兴趣的部分。实时渲染技术可以根据用户的输入而实时更新视点、视线方向和角色动作，相较于传统静帧，提供更强的视觉冲击力。结合VR眼镜，实时渲染带来沉浸式的360度交互体验。该技术广泛应用于在线娱乐、地理信息研究和军事领域，并且随着工农业生产的逐步信息化，对渲染质量和速度的要求也在提高，因此需要显示加速器来弥补硬件短板。

（一）革命性转变之一：娱乐性互动性增强

VR动画与传统动画具有很大区别，表现为该模式在代入感和全程互动性方面更为强烈。在国内，VR与CG结合不再是新鲜事，而是早有公司积极尝试，比如2016年出现了一个名为“平塔”的工作室，其致力于创作互动VR内容，由雷峥和《再见，表情》导演米粒共同创立。同时，互动视界公司于2017年使用VR技术对经典动画《九色鹿》进行再创作，使其得了新名《九色神鹿》。中国动画产业发展之路融入了更浓厚的科技与文化元素，未来VR技术将成为重要的表现形式。

国外VR动画也在不断探索。代表作包括Google Spotlight Stories的*Pearl*，由奥斯卡获奖导演Patrick Osborne执导，最终作品所呈现出的极具感染力的音乐效果是亮点所在。另一个优秀作品是Oculus Story Studio的*Henry*，这一作品获得艾美奖，标志着对VR技术的广泛认可和接受。

（二）革命性转变之二：功能性增强

基于虚拟现实（VR）、增强现实（AR）及混合现实（MR）技术独特的沉浸式感知优势，开发者正积极探索以 VR 动画及 AR/MR 交互形式展现多元职业内涵的新路径。这些技术不仅能够精准模拟或高度还原真实职业环境，还允许用户在虚拟情境中实践职业操作，极大地丰富了教育、医疗、消防、交通等领域的教学与培训维度。此创新应用不仅提升了学习体验的真实感与互动性，更促进了知识技能的高效传承与创新发展。

Google 积极投身于 VR 硬件研发，并开发出多种产品，如 VR 眼镜、VR 摄像机、移动端 VR 等。第一代 Jump VR 摄像机与 GoPro 合作，使用 16 个摄像机，售价 15000 美元。第二代 Jump VR 摄像机平台 YIHalo 于 2017 年 4 月 24 日发布，使用 17 个摄像机，包括一个朝上的镜头，预计售价 17000 美元。VR 硬件的发展创造了新的竞争领域和市场，吸引了众多投资者关注这一新兴领域。

三、三维动画软件的未来趋势与展望

三维动画软件在当前 VR/AR/MR 领域蓬勃发展的大背景下，呈现出极为广阔的前景。

（一）技术层面

（1）更高的逼真度与 VR/AR 的融合。随着计算机硬件性能的提升和渲染算法的优化，三维动画软件将为 VR/AR 内容提供更加逼真的模型、材质和光影效果。观众在 VR/AR 环境中，将能感受到仿佛置身于真实世界的视觉体验，毛发、皮肤等特效的模拟会让虚拟场景更加细腻真实。同时，三维动画软件将更好地支持 VR/AR 内容的创作，使创作者能够更便捷地打造出沉浸式的动画作品，进一步推动 VR/AR 应用的发展。

（2）实时渲染技术助力 VR/AR 体验。实时渲染技术在 VR/AR 领域的发展至关重要。它能让创作者在创作过程中即时看到渲染效果，尤其对于 VR/AR 动画制作来说，实时渲染可大大提高制作效率，让用户在体验 VR/AR 动画时无须长时间等待加载，获得流畅的视觉感受。随着技术的不断进步，实时渲染的性能将不断提升，为 VR/AR 动画的发展提供坚实的技术支持。

（3）人工智能与机器学习赋能 VR/AR 动画。人工智能和机器学习技术将在三维动画软件中为 VR/AR 动画创作带来新的突破。例如，智能辅助建模可以快速生成适合 VR/AR 环境的复杂模型，节省创作时间；智能动画能根据 VR/AR 场景的特点自动生成角色的动作和表情，增强沉浸感；智能渲染优化可根据 VR/AR 设备的性能自动调整渲染参数，以达到最佳的视觉效果。

（二）创作流程层面

（1）云端协作与 VR/AR 动画制作。云计算技术的发展将使 VR/AR 动画的创作更加便捷高效。创作者可以将项目存储在云端，随时随地进行访问和编辑，不受设备和地点的限制。在 VR/AR 动画制作中，多个创作者可以通过云端协作功能同时在一个项目上工作，实现实时沟通和协作，提高团队的工作效率，更好地满足 VR/AR 动画项目复杂的创作需求。

（2）简化操作流程与 VR/AR 动画普及。为了让更多的创作者参与到 VR/AR 动画制作中，三维动画软件的操作界面将不断简化，操作流程将更加智能化和自动化。软件将提供更多针对 VR/AR 动画的预设模板、插件和工具，让初学者能够快速上手制作 VR/AR 动画，同时也为专业创作者提供更加高效的创作环境，推动 VR/AR 动画的普及和发展。

（3）跨平台兼容性与 VR/AR 动画传播。未来的三维动画软件将更加注重跨平台的兼容性，能够在不同的操作系统、设备和软件环境下运行。这将使得 VR/AR 动画可以在各种平台上展示和传播，扩大作品的影响力。无论是在 VR 头显、AR 眼镜还是移动设备上，用户都能轻松体验到精彩的 VR/AR 动画作品。

（三）应用领域层面

（1）VR/AR 动画在影视娱乐领域的崛起。在影视行业，VR/AR 动画将成为新的亮点。它可以为电影、电视剧、动画短片等提供更加沉浸式的视觉体验，让观众仿佛置身于故事场景中。随着 VR/AR 软硬件市场规模的不断扩大，影视制作公司将加大对 VR/AR 动画的投入，创造出更多震撼人心的作品。

（2）VR/AR 动画在广告营销领域的创新应用。VR/AR 动画在广告营销中的应用潜力巨大。通过 VR/AR 动画展示产品，可以让消费者更加直观地了解产品的特点和优势，提高广告的效果和转化率。例如，在房地产广告中，利用 VR/AR 动画可以让客户身临其境地参观房屋，增加购买的意愿。

（3）VR/AR 动画在教育与培训领域的拓展。在教育和培训领域，VR/AR 动画可以为学生和学员提供更加生动、直观的学习体验。例如，通过 VR/AR 动画展示历史事件、科学实验等，可以让学生更好地理解和掌握知识。在职业培训中，VR/AR 动画可以模拟实际工作场景，提高培训的效果和安全性。

（4）VR/AR 动画在建筑与设计领域的深化应用。在建筑和设计领域，VR/AR 动画可以帮助设计师更好地展示设计方案，与客户进行沟通和交流。设计师可以利用 VR/AR 动画让客户在虚拟环境中体验建筑空间，提出修改意见，提高设计的质量和满意度。同时，随着建筑信息模型（BIM）技术与 VR/AR 动画的结合，建筑行业的数字化转型将加速推进。

（5）VR/AR 动画在医疗与科学领域的探索。在医疗和科学领域，VR/AR 动画可以用于医学教育、手术模拟、药物研发等方面。通过 VR/AR 动画，医生可以更加直观地了解人体结构和疾病机制，提高医疗水平。在科学研究中，VR/AR 动画可以帮助科学家更好地展示研究成果，促进学术交流。

尽管 VR/AR/MR 技术仍面临许多挑战，但其发展以及由此引发的技术变革是必然趋势。专业人员必须适应这些变化，充分利用三维动画软件的发展成果，迎接新技术带来的机遇，共同推动 VR/AR 动画产业的繁荣发展，使其成为未来经济的崭新增长点，引领技术革新与产业升级的新浪潮。

四、基于软件操作系统的三维动画设计应用

（一）三维动画设计的优点

1. 提升画面呈现的真实度

三维动画设计离不开计算机技术支持，而随着计算机技术进一步成熟，三

维动画设计能够呈现更高的真实度。例如,《海底总动员》通过三维动画真实展现海洋环境（见图 1-1）。

图 1-1 《海底总动员》中场景的三维动画设计

2. 提高动画的表达效果

在三维动画设计领域，软件技术的运用与传统手段形成了鲜明对比。它赋予了设计者前所未有的自由度，使之能随心所欲地融入特效，极大地丰富了动画的表现力。此创新模式不仅显著提升了观众的视觉享受，从更深层次来看，它成为设计者创意与艺术理解的直观展现窗口。这种技术与艺术的完美融合，无疑推动了三维动画设计向更高境界迈进。

3. 加强画面呈现的细节感

三维动画相比二维动画，更立体地展现细节，使材质、颜色等更准确呈现，帮助观众更好地理解设计对象和情节。细节感的提升,使场景和人物表现更自然,增强了动画的艺术性。

（二）软件与操作系统概况

1.MAYA 操作系统的特征

MAYA 具有强大的三维动画设计功能，灵活性高，常用于影视、游戏、办公等领域。它的渲染效果逼真，建模精确，材质真实，通过灯光模拟添加逼真场景，并可调整视角与焦距来提升临场体验。

2.MAYA 软件的工作流程

MAYA 的工作流程包括角色设计、三维建模、渲染和动画制作，确保动画的真实性与精准度。场景设计是首要任务，完成后进行三维渲染和组装，以生成三维对象。在最终阶段，渲染与结果生成互不干扰，因此渲染测试可提前进行。

（三）利用软件操作系统设计三维动画的策略

1. 三维建模

三维建模是三维动画设计的基础，MAYA 软件通过多边形建模和 NURBS 建模来还原真实场景。多边形建模包括倒角、桥接、挤出等命令，倒角展开顶点或边，桥接连接模块边界（见图 1-2），挤出添加多边形网格。NURBS 建模则基于几何形状和曲线构建三维框体，可通过更改属性和使用雕刻工具来调整形状。

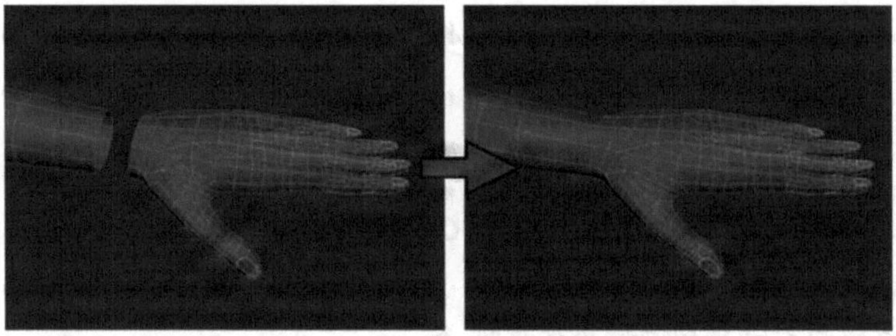

图 1-2　桥接指令应用示意

2. 特效与动画的制作

特效增强了三维动画的真实感，常用的特效如火、水、雾等，使虚拟场景更自然逼真。在 Maya 中，设计者可先创建模型，再通过特效模块和粒子系统添加视觉效果。粒子特效简单易用，可广泛应用。粒子创建步骤包括：创建场景，使用 Particle Tool 绘制粒子线，调整粒子参数后生成粒子管，为网格构建奠定基础。Maya 提供多种动画方式，如粒子、路径、变形、关键帧等，工具丰富，支持骨骼、皮肤和表情动画，增强了模型的逼真度。

3. 动画的剪辑

动画仅提供视觉效果，还需加入声音和字幕来提升观感。可选用 Adobe 的 Pr 和 Au 进行三维动画剪辑，用 Pr 剪辑视频，用 Au 处理音频。声音包括旁白、配音、背景音乐等，旁白讲解画面，背景音乐渲染氛围，增强角色表现和情节衔接。剪辑时，设计者需确保声画结合，避免突兀。具体操作步骤是：在 Pr 中导入视频和音频文件，新建序列，将音频拖入序列中，调节音量后导出合成文件。

4. 视觉艺术设计

在动态画面的图像构造中，设计者需调整多项内容，如模型、背景、镜头视角等,其中模型调整要将“运动”作为的核心,因此调整时需要高度重视“动态性”效果；背景调整要注意元素位置，确保主要元素处于画面中心，而对于次要元素，其大小和位置也要合理配置进而增强层次感和空间感。背景位于后方,体现时间、空间、环境和气氛，烘托主要对象。[①]

第三节　二维动画与三维动画的比较分析

一、二维动画与三维动画的艺术特征比较分析

（一）三维动画与二维动画概念及特征

1. 三维动画概述

三维动画，亦称 3D 动画，以其生动具象之姿，将繁复抽象之信息化繁为简，呈现于眼前。此艺术手法，在模拟真实物体之时，展现出卓越的可操作性、精确性及真实性，令人叹为观止。其通过细腻的光影处理、逼真的材质表现，以及精准的动画控制，构建出一个既虚幻又真实的立体世界。此外，3D 动画技术也被用于制作广告、影视中的特效，如雨景、爆炸，以及虚拟场景和角色的构建。

2. 二维动画概述

二维动画设计本质上是动画设计。在动画影片中，主要工作包括场景设计和人物造型设计。由于动画是通过连续播放静态画面来展现运动,设计者需遵循“视觉暂留”原理和运动学原理，确保静态人物和场景在二维空间中流畅连贯地呈现

① 王木兰 . 基于软件操作系统的三维动画设计分析 [J]. 信息与电脑（理论版）,2023,35(3):62-64.

动作，并结合艺术风格，创造流动的视觉效果。

（二）三维动画与二维动画的艺术特征

1. 二维动画的艺术特性

二维动画制作通常包括手绘和计算机绘制两个部分。在绘制过程中，绘制者需要灵活运用线条元素，并通过适度幽默、拟人、夸张等手法使得最终场景和角色得到良好装饰。二维动画注重情感表达而非真实性，因其制作受限于平面空间，场景变化较为单一，主要通过画面切换展示自然线条。例如，《大头儿子与小头爸爸》中，大头儿子的夸张头部和小头爸爸的相对比例，突出了角色特征，给观众留下深刻印象。

2. 三维动画的艺术特性

与二维动画相比，三维动画的优势在于具有更大的空间灵活性。在制作过程中，制作者应充分掌握三维软件使用方法，确保运动时间、轨迹、速度等参数设置更合理。使用虚拟灯光和摄像机帮助自动调整场景照明和远近。例如，《宝贝老板》通过虚拟射向调节，增强了空间感和自然场景转换。然而，三维动画中的运动参数设定可能与现实物体有较大偏差，处理不当可能导致动作僵硬、产生机械感。

（三）基于艺术特征层面的二维动画与三维动画间的联系

1. 前期制作手法

二维动画和三维动画都属于影视动画艺术领域，与电影和电视剧制作密切相关。在动画前期制作的精密布局中，制作者需深入探索分镜头设计、创意构思、机械造型艺术、项目策划、场景构建、预算规划及角色塑造等多个维度。此阶段，制作者应超越单纯视觉层面，凭借深厚手绘功底，与环境艺术或工业造型领域专家携手，共同确保机械造型的严谨、角色设计的生动及镜头设计的巧妙，力求创意构思得以精准视觉化。这一系列繁复而细致的筹备工作，为动画作品的成功奠定坚实基础，彰显动画制作艺术的深度与广度。

2. 呈现设备要求

二维动画与三维动画同属影视动画艺术中“动态”表现的两大分支，其设备需求自然息息相关。二者皆将流媒体设备，诸如电影、录像及电视，作为传播媒介，并以数字信号或模拟信号作为转换的桥梁。在此过程中，不同的终端设备扮演着至关重要的角色，它们将电影胶片上的光影、电视信号中的信息，巧妙转化为观众眼前流动的动画影像。由于对“动态”的要求，三维和二维动画都依赖技术来呈现最终画面，具体见表 1-1。

表 1-1　三维动画与平面动画呈现设备同一性

<table>
<tr><th colspan="2">比较指标</th><th>创作存在形式</th><th>手段</th><th>工具</th><th>展示介质</th><th>创作环境</th></tr>
<tr><td rowspan="2">艺术类别</td><td>三维动画</td><td>计算机数字程序数字信号、计算机数字程序模拟信号</td><td>人机交互操作</td><td>计算机及动画图形工作站</td><td>电影、电视、DVD 等流媒体演示设备</td><td>虚拟三维空间</td></tr>
<tr><td>二维动画</td><td>一系列单绘画作品</td><td>手绘</td><td>纸、笔（或平面绘画软件）</td><td>电影、电视、DVD 等流媒体演示设备</td><td>纸、平面软件</td></tr>
</table>

（四）基于艺术特征层面的三维动画与平面动画间的区别

1. 中期制作手法

在三维和二维动画的中期制作中，两者的特征差异显著，类似于数字工厂与手工作坊的区别。三维动画依赖计算机生成的虚拟空间，通过数字模型和强大计算能力，创作过程不受经验限制，壁垒较低。计算机虚拟空间允许从多角度修改数字对象，生成准确的透视图像，并支持物理模型的应用（如水波、篮球弹跳），确保动画的真实感和自然性。相对而言，二维动画继承了绘画传统，本质上依托透视原理在平面上表达空间。二维动画通过多个画面切换来创造虚构的运动感，这使它成为绘画在影视媒介中的延伸。二维动画需要遵循投影和透视法则，对创作者的经验和技巧要求较高。手绘阶段，创作者需考虑不同透视角度的变化，制作关键帧并进行画面插补，过程烦琐且技术要求高。将三维模型应用于二维对象会导致运动形变，并影响动画的整体表达。

2. 产品呈现形式

从动画制作产品的最终呈现形态审视，三维动画与二维动画间的差异显而易见。三维动画植根于计算机构建的虚拟空间，以其色彩纷呈、色调饱满、画面瑰丽及光影效果逼真而著称，然而，其色彩的展现仍在一定程度上受到软硬件环境的制约。相较之下，二维动画则更多地依赖于手工绘制，其色彩运用、色阶变化及线条表现均受限于特定的操作模式。在工业化生产背景下，为追求商业效率的最大化，二维动画往往倾向于采用有限的色彩与简洁明了的线条来构建每一帧画面。因此，二维动画呈现出轮廓清晰、线条精炼、色阶简洁及色彩鲜明的独特风格。这两种动画形式，各自以其独特的艺术魅力，丰富了影视动画的艺术表现语言，为观众带来了多样化的视觉享受。[①]

（五）二维动画与三维动画的视觉效果

线条在二维动画中具有重要作用，以勾勒轮廓为主。线条不仅支撑二维动画的艺术形象，还能表现形式感和情感。传统二维动画通过手绘来制作形象，完成的形象受到喜爱。

三维动画，凭借计算机技术之力，构建出蕴含三维空间韵味的背景与角色形象。此技术能够生动展现那些现实中难以捕捉的动作场景，诸如自然灾害的震撼、科技道具的奇幻，为观众带来逼真的空间感受与立体视觉体验。相较于二维动画，三维动画所能运用的元素更为多样，进而展现更丰富的空间和立体效果。两者主要区别在于空间感和立体感。无论是二维还是三维动画，角色均由艺术家想象和制作，而非真实演员，这一点吸引观众关注。

（六）二维动画与三维动画的艺术美

中国传统二维动画，以其完美的形态塑造、鲜艳的色彩搭配及突出的形象设计，深刻展现民族文化之精髓，彰显艺术与技术的独创魅力。而三维动画则是一种综合性艺术形式，将音乐、计算机图形技术与文学巧妙融合，展现出无与伦比的表现力。三维动画用色彩表达情绪和氛围，为影片奠定情感基调，并通过想象

① 苗蕾，鲍仕莲．三维动画与平面动画的艺术特征比较分析［J]. 艺术研究，2021(3):54-55.

与现实的结合，使观众沉浸在动画场景中，提升审美能力和想象力，放松身心。

（七）二维动画与三维动画的创作

三维动画技术在电影和电视节目中被广泛应用，主要作为特效制作手段。后期制作在影视创作中至关重要，主要用于制作无法直接拍摄的特效镜头，例如恐龙、炸弹袭击或火山爆发等。现代科技使三维动画特效更为细腻、真实，且成本降低。二维动画通过简单线条和图形展示来娱乐观众，其独特的艺术形式依赖于动画艺术家的创意。这些创意包括图像、动作、声音等方面，赋予动画作品生命和灵魂。创意是制作优秀动画的核心，而绘画艺术则决定了动画的风格。将创意与中国传统文化结合，可以增强动画作品的吸引力和视觉效果。①

二、二维动画与三维动画设计特征比较

二维动画有悠久的历史，主要依赖角色和简单背景吸引观众。例如《猫和老鼠》，它通过固定的背景和角色变化产生熟悉感和代入感。相比之下，三维动画追求更强的视觉冲击力，背景和细节都更加生动，适合表现复杂的场景，如《冰河世纪》的冰块细节。三维动画适用于场景复杂的场面，而二维动画则在角色集中时更省时省力。

许多现代二维动画尝试融入三维透视效果，力求画面更具立体感。例如，迪士尼的《花木兰》主要通过二维表现角色，但在战争场景中应用了类似三维的透视处理，以增强观众的体验感。尽管如此，《花木兰》的二维设计仍在角色表现上更为出色，如夸张的面部表情和动作，而三维动画在这些细节上的表现则显得多余。经典的二维动画，如唐老鸭、米老鼠等，因其悠久的历史和细腻的角色刻画，仍未被三维动画超越。翻拍的动画，如《西游记之大圣归来》，在二维制作中引入了三维效果，使二维和三维之间的界限变得不再那么明显。

此外，二维动画在艺术风格上具有极大的灵活性。它可以轻松呈现各种独特的绘画风格，从简约的线条勾勒到华丽的水彩渲染，都能为观众带来不同的视觉

① 张佳乐．浅析二维动画与三维动画的艺术特征［J］．牡丹，2021(12):159-160.

享受。例如日本的动漫作品常常以其丰富多样的画风吸引着全球的观众，无论是清新的治愈系风格还是酷炫的热血风格，都能用二维动画完美诠释。而三维动画在风格上相对较为局限，虽然可以通过不同的材质和灯光设置来营造氛围，但在艺术表现力的多样性上稍逊一筹。

在制作成本方面，二维动画通常相对较低。二维动画主要依靠画师的手绘技能和创意，所需的软件和硬件设备相对简单。对于一些小型动画工作室或独立创作者来说，二维动画是更具可行性的选择。而三维动画的制作过程复杂，需要大量的专业技术人员和高性能的计算机设备，以及耗费大量时间进行建模、渲染等工作，成本较高。然而，随着技术的不断进步，三维动画的制作成本也在逐渐降低，未来或许会有更多的创作者选择三维动画的制作方式。但在目前，二维动画依然凭借其低成本和独特的艺术魅力，在动画领域占据着重要的地位。

三、二维动画与三维动画设计概念比较

早期二维动画通过手绘逐帧完成，背景静止，人物缓慢移动，使用透明胶片叠加呈现，信息完整但缺乏真实感。如今，计算机技术可模拟类似三维的画面，增强了真实感，但仍无法与真正的三维相比。三维动画虽然立体感强，视角多变，仍依赖平面设计。例如，《哪吒之魔童降世》的三维场景从平面设计逐步还原，《冰雪奇缘》虽细致逼真，但分镜仍是二维设计。

四、二维动画与三维动画设计制作流程比较

（一）前期设计

动画制作不能凭空而来，好的剧本是基础。制作初期需要通过手绘二维设定角色，利用线条、色彩明暗进行基本渲染。三维动画在此基础上进一步建模，增加质感和色彩渲染，使角色更具生命力，这也是三维动画增加成本的起点。接着，结合剧本信息进行分镜设计，展示故事走向。二维和三维动画在这一阶段制作相似，但三维动画中的角色应进一步塑造，骨骼化便是重要过程，这能使角色更有质感。

（二）中期设计

中期设计要结合设计稿，先进行手绘原画设计，原画师创建场景后再进行角色动画的三维设计。手绘如今可借助平板电脑完成，方便调整。二维动画注重每一帧的流畅性和完整性，确保动作自然过渡；三维动画则侧重于处理难度较大的动作帧，并通过计算机自动生成连贯的动作。

（三）后期设计

后期处理中，二维与三维的差距缩小，动画合成、配音、剪辑等都需处理。三维更注重特效以增强视觉效果，二维则专注于画面调试。动画通常从商业角度设计，传达有价值的社会精神，需要制作、配音、调色、配乐和特效等多方协作。[①]

第四节　我国三维动画的发展现状与未来趋势

一、数字媒体时代下三维动画的发展

（一）数字媒体艺术的含义

随着数字技术的发展，我国进入数字媒体时代，影视、动漫、电子出版等产业迎来新机遇。数字媒体艺术结合文化和技术，涵盖音频、视频、图像等形式，广泛应用于数字动画、游戏、电影等领域。掌握数字媒体技术是信息传递的基础，计算机技术为创作提供了更多可能。

（二）数字媒体对三维动画的影响

1. 开辟全新空间，带来独特形式

过去，动画创作因技术限制，难以表达复杂的立体感和空间感。随着数字媒体技术的发展，三维动画迅速崛起，将画面从二维扩展到更立体的场景，使画面

① 李舒南 . 浅谈二维动画与三维动画设计比较 [J]. 戏剧之家 ,2020(15):126-127.

更流畅、细腻，人物更逼真，提升了动画质感，帮助创作者更好地实现构想，为动画产业注入新动力。

2. 提高制作效率，增加产业效益

动画初期依赖手绘，耗时耗力，修改困难。如今，数字媒体技术提升了动画创作效率。三维动画中，设计师可通过建模调整动作，用虚拟摄像机选择场景，修改时只需调整原文件并渲染即可，画面自然流畅。

（三）国内三维动画发展现状

我国传统动画也有黄金发展时期，比如《大闹天宫》问世时曾经惊艳世界。但是三维动画在 20 世纪 90 年代才开始在我国动画领域启航，传统手工动画受此冲击，逐步走向没落。如今，我国三维动画技术多、艺术少，院校过度重视技术培养，忽视艺术提升，导致作品风格不成熟、剧情生硬、人物形象不鲜明，缺乏技术与艺术兼备的人才，剧本重视不足。

（四）数字媒体时代下我国三维动画的发展建议

1. 立足传统，推陈出新

好故事才能造就好作品。三维动画在国内外都具备相似的观赏价值。我国文化丰富，故事取材上有优势，通过学习国外优秀作品并结合实际，可创新故事情节，利用三维技术打造全新视觉效果。无论神话、传说，还是名人趣事，都可深化主题，创作更贴近生活的动画。优秀作品还需通过政府和媒体的宣传，扩大影响，推动三维动画的长久发展和市场接受度。

2. 软件处理技术的变革

在商业软件没有得到开发之前，电视和电影塑造特效时需投入较高成本去开发专用软件，而随着商业软件火热发展，特效制作成本得到降低，成为推动影视行业迈向新高度的重要助力，如《鼠来宝》等三维动画特效片广受关注。然而，商业软件在实际使用中仍有问题，技术人员需不断学习新技术，促进三维动画的进步。

3. 注重人才培养，打造优秀团队

三维动画技术迅速发展，在国家支持下，越来越多学生进入这一行业，院校也开设了相关课程。然而，一些学校师资力量薄弱，设施不完善，教师经验不足，学生在能力上存在差异，导致动画人才参差不齐，部分学生毕业后转行，造成人才流失。因此，高校需加大对动画专业的投资，改进教学模式，从理论到实践，培养学生的审美能力和创新意识，为学生提供广阔的发展平台，培养更多优秀人才。①

二、三维动画存在的问题与发展趋势

（一）三维动画存在的问题

1. 制作成本高

三维动画制作时需要人力和计算机资源进行支持。与二维动画相比，三维动画的建模更复杂，需要专业建模师用软件构建精细的场景和角色。制作周期长，需多次调整以达满意效果。渲染过程消耗大量硬件资源，复杂场景的光照和阴影计算需要高性能的服务器集群，成本极高。因此，三维动画制作成本远高于传统二维动画。

2. 技术门槛高

三维计算机动画制作涉及多个学科和专业人才。三维建模师需懂人体解剖学和力学，熟练使用建模软件；动画师需掌握三维动画软件的动作和表情控制技术；渲染师需了解光线追踪等算法，使用渲染引擎创造逼真效果。此外，制作还需编剧、监督和后期等多方面人员。高技术门槛使得制作复杂，限制了其在普通用户中的应用。

3. 真实感和沉浸感有待提高

虽然三维动画在可视效果上比二维动画更逼真，但其真实感和沉浸感仍有差距。一方面，复杂场景的实时渲染面临挑战，难以同时做到“流畅无阻”和“细致入微”。另一方面，当前三维动画中的角色和环境仍旧粗糙，与真人级别尚有距离。

① 孔维玉．数字媒体时代下三维动画的发展研究［J］．传媒论坛，2020，3(18):33，35.

（二）三维计算机动画的渲染算法发展

1. 可实时渲染的算法

实时渲染作为三维动画交互应用的灵魂所在，其重要性不言而喻。为在错综复杂的场景中实现如行云流水般的实时渲染效果，研究者们不懈探索，对算法进行深度优化，以期从多维度提升效率。他们着手于三维数据表示的精炼与空间组织的优化，巧妙运用简化的曲面网格，辅以层次包围盒、八叉树等高效索引结构，显著加速了场景元素的处理流程，使得几何变换与视锥剔除等环节更为迅捷。此外，GPU 的高度并行计算能力被充分利用，加速光照计算与物体变形等图形处理任务，轻松实现每秒 60 帧乃至更高的渲染速度，从而使得复杂场景的实时渲染不再是遥不可及的梦想，而是触手可及的现实。

2. 基于物理的渲染算法

面对光在真实世界中纷繁复杂的传播现象，如多重反射与各向异性材质上的光分布，显得力不从心，难以充分展现场景的真实质感。在此背景下，全局光照渲染算法横空出世，它致力于模拟光波在场景中的细腻传播与交互过程，旨在生成逼近真实光学效果的三维渲染图像。蒙特卡洛光线追踪技术能够准确计算光的折射与反射路径；光子映射算法则擅长模拟光在各向异性表面的散射特性，细腻呈现光的分布与变化。这些先进的全局光照算法，通过严谨的物理模拟，深刻揭示光与物体间错综复杂的交互关系，无须人工干预光源参数设置即可大幅提升场景的真实感与沉浸感，引领三维渲染技术迈向新的高度。

3. 大场景与细节的均衡

在构筑繁复三维场景之际，确保实时渲染与细节保留之间的微妙平衡实为一大挑战。细节之丰富，往往伴随着多边形数量的激增，进而加剧渲染计算的负担，对超高速渲染的需求构成严峻考验。然而，过度削减细节又恐损及场景的真实韵味。为求解此难题，多细节层次建模与渲染技术应运而生。其核心理念在于对远景物体施以简化网格处理，虽细节有所牺牲，却能大幅减轻计算之重负；而对于近景或交互物体，则采用高密度网格精心雕琢，力求细节的完美展现。这样的策略，既保全了场景的视觉真实，又兼顾了渲染的高效性能，实乃复杂三维场景构建中的一大智慧之举，彰显了技术与艺术的和谐共生。

（三）三维计算机动画的控制技术发展

1. 动画自动生成算法

自动生成算法的问世为动画创作领域带来了革命性的变化，极大程度地减轻了动画师的工作负担。其中，运动合成技术以其独特魅力脱颖而出，它通过对示例动画的深入剖析与修改，实现了新动画的自动生成，省去了烦琐的手动关键帧调整过程。该技术依托于庞大的运动数据库，该数据库详尽记录了各种状态下的关键帧数据，并通过提取统计模型，为新运动帧的生成提供了精准指导。在合成新运动帧时，系统能在数据库中迅速检索到相似序列，并对其进行微调，从而生成出自然流畅的动画效果。基于物理和生物力学的运动规划算法，通过构建骨骼肌肉模型并应用动力学方程，自动生成自然运动序列。

2. 群集及群集模拟算法

在复杂三维动画的创作中，鱼群与飞鸟群的群集运动无疑是一大技术挑战，其手工制作的难度堪称艰巨，需对数百个体进行逐一精细控制。然而，借助计算机视觉与人工生命原理的群集模拟算法，这一难题迎刃而解。该算法依据简洁的环境规则，能够自动生成数以千计个体的群集运动，蔚为壮观。通过构建涵盖速度变化、邻避撞机制及目标追踪等要素的随机模型，精确界定了个体间的相互作用，使得群体运动呈现出协调统一的美感。此方法的运用不仅极大简化了动画制作的烦琐流程，更赋予了群集运动以高度的随机性与视觉冲击力，使之更加贴近自然，生动展现群集运动的震撼与真实。

3. 基于物理的角色控制

在追求高质量角色运动的过程上，遵循真实物理规律是不可或缺的一环，而手动调整繁复的运动参数无疑是一项艰巨挑战。为此，研究者们巧妙运用动力学原理，构建起虚拟角色的精细运动学模型。该模型不仅精确定义了骨骼、关节及肌肉的力学参数，更通过严谨的数值计算，生动模拟出角色的三维运动，使得动画效果与现实世界的运动规律完美契合。相较于传统的运动捕捉技术，基于物理规律的运动控制展现出更强的适应性与随机性，能够灵活应对环境变化。当前，这一方法正朝着自动参数规划与优化的方向迈进，通过先进的算法，不断优化运动参数，力求生成更加自然流畅、栩栩如生的动画效果，为角色动画的创作开辟了新的可能。

（四）三维计算机动画的人机交互模式发展

1. 基于自然交互的接口

相较于传统的鼠标键盘交互模式，语音与手势等自然交互方式无疑更加贴合人类的生理构造与使用习性，为普通用户操作复杂三维动画系统带来了前所未有的便捷。语音交互平台依托先进的语音识别技术，实现了语音命令与三维场景的无缝对接。用户仅凭口语便能轻松操控视角变换、环境调整及氛围营造。这些系统内置高精度算法，能够深度解析自然语言中的方位、距离等关键信息，进而精准控制虚拟空间中的镜头位置与方向，为用户带来沉浸式的交互体验，彰显了自然交互方式在三维动画领域的独特魅力与广阔前景。

2. 虚拟现实设备的运用

虚拟现实系统，凭借超高清的视听盛宴，为用户带来了前所未有的真实感体验，极大地增强了用户与三维虚拟场景之间的深度互动。系统采用立体 4K 显示技术与六维运动跟踪的头戴显示设备，共同构建出沉浸式的三维视野。再辅以低延迟的手部输入设备，使得用户能够在虚拟世界中实现自然而流畅的交互操作，尽享虚拟现实技术带来的无限魅力。用户仿佛身临计算机生成的三维世界，能流畅地与虚拟对象互动。这种交互模式极大提升了三维动画的代入感，拓展了应用领域，并推动动画场景向更高的真实感发展，适应虚拟现实环境下的高分辨率要求。

3. 应用领域拓展

实用的人机交互方式，为三维动画系统在各专业领域的广泛应用奠定了坚实基础，显著提升了复杂任务的执行效率。工业设计中，交互式三维动画软件大放异彩，它不仅能够迅速构建起虚拟样机，还能对设计方案进行全面评估，大大缩短了产品开发周期。在医学教育领域，沉浸式手术模拟系统为医生提供了宝贵的实践机会，有效提升了手术技能。而在娱乐制作方面，虚拟摄像机对轨迹的精准控制，为电影制作带来了更多创意空间；精美虚拟场景的构建与程序化生成的角色、环境模型，则大幅提高了游戏关卡制作的效率，推动了娱乐产业的蓬勃发展。①

三、中国传统文化对中国现代三维动画发展的影响

（一）动画产业的发展及其现状

随着计算机技术的迅速发展，动画技术的表现形式和制作手段得到了极大扩展。电脑动画技术的进步不仅启发了动画创作者，也赋予了动画艺术新的生命和活力。三维动画凭借其丰富表现形式和震撼视觉冲击力，受到观众和制作者的青睐。全球动画产业在三维技术的不断革新下，展现出蓬勃的发展态势。2008 年，数字动漫产业的产值已然攀升至 2228 亿美元，其相关衍生产品的产值更是突破了 5000 亿美元大关。在中国，动画产业的规模也达到了约 200 亿元的水平，且未来发展潜力巨大，若一切顺利，其市场规模有望扩展至 1000 亿元，彰显出中国动画产业的无限活力与广阔前景。

（二）各国三维动画的差异

很多人在谈到三维动画时，总会不自觉想到迪士尼、梦工厂等公司制作的卡通片或暴雪等游戏公司的华丽开场动画。然而，三维动画不仅面向所有年龄段，还拥有广阔的市场空间。它横跨电影、游戏、纯艺术和图形设计等多个领域，融合了现实与虚构的各种元素。美国是三维动画领域的领军者，迪士尼、梦工厂和华纳兄弟等公司制作了很多经典作品，如《阿凡达》《怪物史莱克》《冰河世纪》《驯龙高手》等。在这些动画中，角色动作设计是一大亮点，可以说是极为出彩——自然流畅，形象“社会化”“拟人化”，结合夸张和弹性，展现出三维动画的独特魅力。与美国并驾齐驱的日本动画，则以唯美的画面和深刻的内容著称。

① 鸿潞．计算机三维动画存在的问题与发展趋势［J］．中国信息界，2024(1):161-164.

（三）中国三维动画的发展情况

中国动画艺术，在 20 世纪 50 年代末至 60 年代中期，以及 70 年代末至 80 年代中期，迎来了两次辉煌的发展高潮，其间诞生了诸如《小蝌蚪找妈妈》《大闹天宫》《哪吒闹海》等一系列经典之作，享誉国内外。然而，步入 90 年代，中国动画的发展步伐明显放缓，缺乏具有广泛影响力的佳作。近年来，尽管国家政策大力扶持国产动画，技术革新与市场运营亦有所进展，但在日韩与欧美动画的长期冲击下，中国动画仍面临重重挑战，发展之路显得尤为艰难，亟须寻求突破与创新，以重振昔日之雄风。

（四）传统文化对中国现代三维动画发展的影响

尽管中国三维动画作品在多元技术的融合上已展现出一定的成熟度，但整体观之，其内容却往往缺失了丰富的想象力与深刻的感染力。这一现象，或许归因于在三维动画的创作过程中，未能充分遵循动画艺术的内在发展规律，且对全球艺术发展的宏观背景缺乏深入的理性认识。不少作品过分聚焦于技术的堆砌，却忽略了触动人心的情感表达与价值观的传递，从而使得作品内容显得空洞而缺乏灵魂，难以引起观众的共鸣与回响。这已成为中国三维动画面临的主要问题。

我国传统文化积淀深厚，反映了民族特质和风貌，是发展的精神支柱。如何在三维动画中创新、提炼并运用传统元素，使作品更具国际特色是关键。中国的传统艺术，如绘画、书法、音乐、舞蹈、戏曲、园林建筑等，都是宝贵的文化遗产。我国的三维动画应借鉴古代神话、经典名著和寓言，从全球视角创新融合，打造既具中国文化底蕴又符合世界审美的作品。我国三维动画应借鉴传统水墨、雕刻、民间艺术和戏曲等形式，吸收其简洁古朴、意境深远的艺术风格。20 世纪 60 年代至 80 年代的动画，如《猪八戒吃西瓜》《聪明的鸭子》《猴子捞月》《小蝌蚪找妈妈》等，充分体现了民族特色，为我国现代三维动画的创作提供了宝贵启示。①

① 吴旭东．浅谈中国传统文化对中国现代三维动画发展的影响 [J]. 大众文艺，2010(16):26.

第二章　三维动画场景设计

第一节　动画场景设计的要素及特征

一、动画场景设计的要素

（一）光线要素

光影是动画中的关键表现手段，赋予场景生命。光影展示空间结构、色彩、质感和时间。例如，《功夫熊猫 3》中，导演用侧后光突显英雄殿的宏伟外观，利用光线冷暖对比展示建筑结构。殿内幽暗光线下，局部强光凸显武器的体积、色彩和质感，强化展示效果。

光影存在于环境氛围中，虽无声，却源源不断传递情感。善用光影的导演，能通过光影增强戏剧性，突出主题。例如，《功夫熊猫 3》中，阿宝到达熊猫村时，昏暗光线暗示场景破旧和角色情绪低落；进入大门后，光线变得明亮温暖，展示情绪起伏和场景氛围变化，是运用光影来增强戏剧效果的典型案例。

（二）色彩要素

艺术作品中的色彩会让观众留下深刻印象，成为审美过程的重要元素。在动画作品中，色彩不是孤立存在的，而是与场景、角色等融合，当观众理解色彩后，其兴趣和信息认知能提升，并对由色彩传达的情绪产生共鸣。例如，《功夫熊猫 3》中，灵界打斗开始时使用冷灰色调，反映阿宝的劣势；当阿宝获得力量时，色彩转为耀眼暖黄，突出其强大力量，增加影片感染力。运用色彩还能展现影片的独特风格，反映时代和地域精神。例如，《埃及王子》讲述北非故事，全片以黄色为基调，符合地域特色，刺激视觉并引发情绪。

（三）空间要素

空间这一概念，其内涵远不止于实体的形态界定，更蕴含着与周遭环境相互交织而形成的“虚形”。尽管“虚形”难以被精确勾勒，但在视觉感知的维度上，其存在却是不容忽视的。以《功夫熊猫 3》中的英雄殿为例，其外观的宏大雄伟自不待言，而步入殿内，空间的氛围与武器道具的细腻展现，共同编织出一种神秘的意境，为后续的剧情铺垫了浓厚的戏剧性。这种对空间“虚形”的精妙运用，不仅丰富了视觉体验，更深层次地触动了观众的情感共鸣，展现了空间艺术的无限魅力。《埃及王子》通过不同景深层次的运用，揭示画外空间，将前景和后景对比，突出奴隶的渺小与建筑的宏伟，增强了空间的广阔感。《狮子王》以非洲大草原为背景，经过重新组合，展现了广阔而淳朴的美感，并通过狮子岩和死亡谷的对比，突出草原的统治和生存法则。场景设计应夸张、概括、重组现实，突出影片主题，使影片风格和谐统一、独具特色。

（四）道具要素

1. 道具反映动画时空信息

道具是无生命的，当得到良好设计后，能成为动画影片中“讲述”故事的重要载体。设计师根据剧本要求创作与角色相关的道具，增加影片风格和可信度。与旁白或文字不同，道具设计通过直观的视觉元素传达时空信息，更具吸引力和说服力。例如，《埃及王子》通过狮身人面像、巨型雕塑、金字塔和奴隶等道具，展示了古埃及的历史文明和社会状况，有效地烘托了影片的主题。

2. 道具刻画角色性格

道具能反映角色性格和生活状态，包括他们的精神追求和价值观。在动画电影《飞屋环游记》中，主角小男孩的登山包、登山鞋、登山杖及玩具勋章等道具展示了他对探险的渴望和冒险精神，同时也为后续情节的发展做了铺垫。

3. 道具影响美术风格

导演在创作影片前需掌握整体风格，确保角色造型、场景和道具设计风格统一。道具属于场景设计，影响影片整体美术风格。例如，《功夫熊猫》使用中国传统元素，展现浓厚民族特色；《埃及王子》运用古埃及风格元素，突出地域文化特色。

4. 道具具有象征意义

在动画场景设计中，导演通过道具的视觉特征传达象征意义，体现创作意图和艺术观点。《埃及王子》中，宫殿、金字塔、狮身人面像和法老权杖象征权力，展示了皇权至上的角色地位。①

二、动画场景设计的特征

（一）中国影视动画场景设计的文化特征

影视动画场景设计需融入传统文化元素。早期中国经典动画多基于传统文化，如《大鱼海棠》《白蛇缘起》《哪吒之魔童降世》和《风语咒》等现代作品中，场景设计中自然融入了传统建筑、服饰和宗教元素，展现了鲜明的民族文化特色。

1. 中国影视动画场景设计中传统文化的呈现

动画场景设计，作为艺术创作的重要一环，其涵盖范围广泛，触及区域、时代乃至民族文化的深邃底蕴，展现出多元文化的斑斓形式。诸如美国的《白雪公主》《美女与野兽》及《睡美人》等经典动画，便巧妙地将欧洲城堡建筑的雄伟与舞台剧光影的变幻融为一体；《木兰》和《功夫熊猫》则再现了中国古代环境。中国早期动画如《骄傲的将军》《大闹天宫》和《天书奇谭》借鉴了传统建筑和

① 李广锁．论动画场景的设计要素［J］．戏剧之家，2021(15):148-149.

绘画风格。许多中国动画还融入水墨、年画、京剧化妆等元素，相关作品成为中国动画美学的重要引领者。

（1）中国传统建筑和区域特色建筑。动画这一艺术形式，以其丰富多样的题材，如童话、神话、现实及科幻等，为观众构建了一个个光怪陆离而又引人入胜的世界。在这些世界中，场景设计扮演着举足轻重的角色，它不仅需精准捕捉并体现角色生活的建筑元素，更是区域与时代文化的直观反映。以《功夫熊猫》为例，该片通过巧妙融入宫殿、庙宇及古镇等中国传统建筑元素，成功营造出一种独特的东方古风视觉体验，令人印象深刻。场景设计师在创作过程中，往往需基于现实场景进行艺术化处理，通过细腻的细节装饰来丰富整体格局。这些素材多源自生活考察与真实资料，使得动画场景既富有艺术感，又不失生活气息。诸如《大闹天宫》与《哪吒闹海》等经典影片，在装饰性设计上尤为注重中国传统建筑、园林及家具的呈现，与现代三维动画技术所追求的空间真实感形成了鲜明对比，展现了不同时代的审美追求。中国这片广袤的土地上，多民族文化交相辉映，各具特色。在动画作品中，这些文化特色得以生动展现。《蝴蝶泉》中的云南绿意盎然，《草原英雄小姐妹》则描绘了辽阔无垠的草原风光，《阿凡提》带观众走进了西部村镇的独特风貌，而《大鱼海棠》中的福建客家围楼，更是将中国传统与区域建筑特色完美融合，为观众呈现了一幅幅绚丽多彩的画卷。这些作品，无不彰显了中国动画在场景设计上的深厚底蕴与独特魅力。

（2）传统装饰风格。中国传统动画场景设计，深植于平面装饰之艺术沃土，巧妙汲取传统绘画之精髓，为中国艺术之殿堂构筑起一方新颖舞台。其间，壁画之斑斓、陶瓷之细腻、刺绣之精巧，皆被匠心独运地融入设计之中，不仅丰富了视觉层次，更赋予了作品以深厚的形式美感与文化韵味。诸如《哪吒闹海》借鉴年画之绚丽，《九色鹿》则取法敦煌壁画之神秘，《大闹天宫》融戏曲舞台之装饰于一炉，《渔童》则巧妙运用剪纸艺术，凡此种种，无不彰显中国传统艺术之装饰特色，亦体现了动画设计对传统美学之理解与传承。此类设计，既是对古老艺术语言的现代诠释，亦是民族文化自信之生动展现。

（3）中国传统绘画技法的应用。中国动画场景设计深受传统绘画艺术之浸润，尤以水墨画影响最为深远。水墨画以其独特之题材、精妙之构图与高超之技法，构筑了东方审美之独特风貌。在动画美术与场景设计中融入水墨画技法，使观众得以沉浸在充满中国特色的视觉盛宴之中。诸如《大闹天宫》巧妙借鉴传统年画之风韵,《小蝌蚪找妈妈》则生动展现写意花鸟之灵动,《牧笛》与《山水情》更以水墨技法细腻描绘人物与动物之神韵，而《猪八戒吃西瓜》则巧妙运用民间剪纸艺术，增添了几分质朴与趣味。此类设计，不仅彰显了中国动画之艺术魅力，亦是对传统文化之深刻致敬与传承。随着数字技术的发展，二维和三维动画技术也成功地表现了中国工笔画效果，如《月晦》和《美丽的森林》。

（4）传统色彩和图案应用。中国动画场景设计，巧妙融合传统建筑、环境布置及生活装饰之审美精髓，色彩运用亦遵循程式化表现，独具匠心。传统建筑之巍峨、大型道具之精巧、图案之繁复，皆为动画场景设计提供丰富元素。民族绘画、剪纸、服饰与装饰艺术，交相辉映，共同织就一幅幅色彩斑斓、图案瑰丽的中国特色画卷。自《大闹天宫》《哪吒闹海》之经典，至《大圣归来》《大鱼海棠》之新作，虽技术与形式日新月异，然中国色彩之象征意义，始终如一，贯穿其间。此等设计，不仅展现了中国动画之艺术风貌，更传递了民族文化之深厚底蕴与独特韵味。

2. 动画场景设计的独特性

在动画美术风格之设计中，角色乃演绎故事与传达情感的核心，而场景设计则需紧扣主题与角色风格，进行艺术调整。场景不仅要细腻呈现时代与地域的独特风貌，还需与镜头的选择及运动紧密配合，以凸显空间之深远与层次。如此方能营造出引人入胜的视觉体验，使观众沉浸于动画所构建的奇妙世界，感受其中蕴含的深厚艺术魅力与情感力量。随着技术进步和观众期望的提高，中国动画需在掌握最新技术的基础上，结合本土文化，提升场景艺术水平，自信地运用民族艺术元素于动画设计中。

（1）民族化的表现形式。影视动画具有多种风格，在进行场景设计时，需要深入了解题材，还要基于故事叙事风格构建规划策略，以呈现不同的视觉效果。然而，各国动画在追求独特性和创新时，仍形成了整体特征。美国动画从二维到三维、3D立体的变化，题材扩展至全球，但风格仍显著体现美国文化。日本动画则保持了强烈的民族性。尽管场景设计应从绘画造型的形式要素出发，其构图和技法的独特性依然需要充分发挥，才能构建出更具观赏性的故事场景，进而吸引观众注意力。

（2）细腻协调的生活色彩。在动画场景设计之中，色彩扮演着举足轻重的角色，即便是黑白影片，亦有其独特的色调倾向。合理运用色彩，是构建理想场景空间、衬托故事主题的关键。设计师需依据色彩写生与翔实的资料采集，紧密结合剧情发展与导演的艺术风格，进行精心设计。通过细腻的色彩调整，使角色与场景达到和谐统一，从而营造出引人入胜的视觉氛围，深化动画作品的艺术表现力。

（3）鲜明的审美意境。中国动画艺术生长于中国，中国传统文化必然会在它的身上留下痕迹。例如，《小蝌蚪找妈妈》以鲜明的水墨风格和虚实结合的手法创造了独特的风格，使观众仿佛身临其境。《山水情》则通过水墨写意展现了中国山河的秀美，传递深远的中国式情感。

（4）丰富多彩的民俗元素。中国传统动画，深植于民族风格的沃土，其题材与形式皆受传统文化与民间艺术的深远影响。剪纸、皮影、木偶、年画、泥塑等民间艺术形式，常被巧妙融入动画创作之中，成为独特的艺术素材。诸如《猪八戒吃西瓜》《阿凡提》《武松打虎》《神笔马良》等作品，通过借鉴与融合这些传统手法，展现了浓郁的中国风味，不仅丰富了动画的艺术表现力，亦推动了动画创作的创新与发展，彰显出中国传统动画之独特魅力与深厚底蕴。

（二）以写实为主要风格的三维动画片中场景设计的特点

1. 题材：具有特定的环境特征或是指定性的环境

在题材设定时，需收集当地第一手资料，准确把握环境特色，让观众感受真实风土人情。比如，《小马王》再现了19世纪美国西部的壮丽景观，《海底总动员》真实呈现了海底世界的自然细节，而《美食总动员》通过巴黎地下水道的场景设计，展现了一个灰冷的地下世界，与暖色调的人类世界形成鲜明对比，突出了主角的向往。老鼠们用人类废弃物创造生活用品，展现了他们与人类隔绝却自得其乐的生活方式。

2. 剧作结构：结构完整且具有深刻的现实主题

近年来，随着三维技术的成熟，对剧作结构的要求也不断提升。2001 年的《怪物史莱克》打破了迪士尼低龄化的定位，将成人化主题与卡通风格巧妙融合。传统经典动画中，常见的故事是善良的公主与勇敢的王子克服困难，最终战胜邪恶并幸福生活在一起。《怪物史莱克》打破传统童话动画对外在因素推动爱情的强调，聚焦主人公的内心纠葛，淡化正邪对抗，丰富了怪物与菲奥娜公主的情感线索。影片采用了 36 个不同大场景，营造出一个逼真的童话世界，每个细节，如树叶的晃动和飞舞的尘土，都增强了真实感，将童话题材自然转化为一部富有深度的爱情动画电影。

3. 视觉画面：具备真实感和亲和力

《小马王》以写实为笔，细腻勾勒片尾两匹骏马驰骋于广袤草原之景，镜头流转间，植物多样，自然之美跃然眼前，观众仿若置身其中，共赴一场视觉盛宴。《怪物公司》则构想一个与现实并行的怪物世界，高楼大厦拔地而起，科技工作间熠熠生辉，高档寿司店点缀其间，金属质感与建筑设计交相辉映，现代都市氛围油然而生。细节之处，怪物们领带飘逸，安全帽尽显专业，磁卡轻触显便捷，红绿灯前守秩序，如此种种，不仅增强了怪物世界的真实感，更增添几分趣味，使观众在奇幻与现实之间游走，享受独特的视觉与情感体验。

4. 视觉效果：丰富多元

漫画和装饰风格在动画场景设计中需结合场景和角色形象的秩序性和平面化程度进行应用。在《飞屋环游记》中，童年的卡尔梦想踏上冒险旅程，他和女友艾莉崇拜冒险家蒙兹，幻想着逃离平凡生活，前往南美洲探险。结婚后，他们在墙上用漫画风格描绘梦想中的奇幻之地。影片结尾，卡尔实现了对妻子的承诺，彩色气球带着房屋落在仙境瀑布的山巅，与墙上的画完美呼应，画面效果令人信服。①

① 张利敏．以写实为主要风格的三维动画片中场景设计的一般规律及特点［J］．黄河之声，2010(6):120-121.

第二节 三维动画场景中的空间设计

一、三维动画场景空间设计特点

（一）三维动画场景设计的艺术表现

在设计三维动画场景空间时，空间表现、色彩配置、构图造型等方面是重要入手点。空间是虚拟的视觉承载体，影响观众的感受，例如不同距离下的视觉效果差异，如层次感和纵深感，以及不同空间视角下的主次、浓淡、虚实关系等。烟尘和水汽使远处场景朦胧，近景则更清晰。设计师应通过近景、远景和背景的布置突出主次关系，营造立体感。镜头变化和蒙太奇手法可以展现不同的视觉空间，引导观众的视线和情感。光线的强弱、视角和色彩变化也会影响空间氛围，如《秦时明月》中，溶洞的昏暗光线与大殿的顶光和侧光形成鲜明对比，营造出不同的氛围。

色彩配置主要以形成强烈视觉冲击力为目标。通过不同色彩，动画设计师可营造不同的情感和艺术氛围，例如《僵尸新娘》使用浅绿和浅红表现欢乐，而冷灰和深蓝则传达忧郁。构图同样重要，展示了设计师的专业素养和文化修养。各种构图方式，如三角构图和焦点透视，能突出主题特色和空间层次。

（二）不同视点下的三维动画场景空间视觉效果的表现

1. 固定视点下视距变换的场景视觉效果

三维动画场景艺术表现主要涉及空间表现、色彩配置和构图造型。空间是虚拟视觉的核心，场景中的远近、层次和主次关系对视觉效果至关重要。例如，烟雾和水汽使远景朦胧，近景则清晰。设计师需根据近景、远景和背景来布置场景，增强立体感。此外，镜头变化能够展现不同视觉空间，使用蒙太奇手法控制情节和空间视觉，增强观众的空间感受。

2. 变换视点下对场景俯、仰的透视效果

视点的变化能带动观众在俯仰透视中进一步感知动画空间，对角色运动轨迹有更清晰的了解。在三维动画中，仰视视点使物体显得更大，背景为天空时能突出主体形象。例如，《超人》中的仰视镜头展现了超人的飞跃和场景的宏伟。俯视时，纵线空间会被压缩，在视觉上给人以阴森、恐怖之感，比如一些恐怖动画作品经常使用这种做法，加之暗弱光线烘托，进而营造特定氛围，增强画面的邪恶感。①

二、三维动画场景空间感设计方法分析

随着动画技术的发展，人们对视觉享受的追求日益增加。虽然动画场景通常是二维平面，设计师却研究真实空间的视觉效果，通过透视和视错觉原理，在平面中创造三维感，从而满足观众的视觉和心理需求，提升动画作品的艺术效果。

（一）三维动画场景空间感的概念

1. 空间感的概念

“空间”是绘画领域的重要概念，指通过几何透视和空气透视原理，表现物体的远近、虚实和层次，使平面绘画呈现三维空间感。动画场景作为动画影视作品中的基本元素，需要依据剧本设计出相应画面，确保时间和空间得到呈现，其中空间塑造的关键在于塑造空间感，才能使观众体验到更别样的视觉效果。

2. 场景空间感的作用

优秀的场景设计，需精妙塑造空间之感，使画面跃动生命之力，营造故事的氛围，强化情感的共鸣，增添观赏的愉悦。空间感强烈的场景既能烘托故事主题，亦能细腻塑造角色性格，推动剧情跌宕起伏，更添视觉的冲击力。此等设计赋予场景以真实可触之感，同时为角色预留广阔的表演空间，使动画作品更加生动饱

① 张庆．浅析三维动画场景空间设计特点［J］．戏剧之家，2018(17):94-95.

满，引人入胜。

（二）空间感在动画场景中的塑造方法

1. 透视塑造法

“近实远虚”是美术绘画的重要方法，即近处清晰、远处模糊，主体突出、次要部分模糊；同时“近大远小”，即离视点近的物体显大，远的显小。这是透视原理。三维动画通过连续播放平面画面来表现空间感，需依据透视原理增强空间感。

2. 限定分隔空间实现景中景

（1）当多个物体出现在同一视线时，遮挡会导致它们重叠。我们通常认为遮挡在前的物体处于前面，后面的物体被遮挡。这种视觉区分帮助我们判断物体的前后层次，这是我们对空间感知的结果。

（2）虚体限定分隔法利用可穿透物体，如帐篷、树木、半透明床帏、模糊玻璃等，将场景分区。这样既划分空间，又保持各部分的关联性，增强空间层次感，并为下一个场景做好过渡。

3. 色彩关系增强空间层次

我们首先感知的是色彩，接下来才是形态等因素。因此空间设计中要将情感作为首要考虑因素。比如制作动画时，场景、人物、服饰、道具等都要通过颜色的纯度、明度、色相、冷暖来表现空间。一般而言，近处的色彩鲜艳明亮，远处则灰暗、饱和度低。通过色彩对比度和冷暖的调整，可以增强场景的空间深度感。

三维动画场景的空间感塑造至关重要，其能够支撑动画作品展现出独特艺术风格。随着 3D 动画和虚拟现实技术的发展，我们对动画的艺术性要求更高。掌握空间感塑造方法，可以增强动画的视觉冲击力和生命力，提升艺术感染力，满足观众需求。①

① 程昌华．三维动画场景空间感设计方法分析［J］．艺术品鉴，2015(6):63.

第三节　三维动画场景设计中的色彩分析

一、三维动画设计中的色彩视觉表现

色彩是三维动画视觉表现的关键，对整体动画效果起着重要作用。观看者首先被色彩吸引，色彩是影响动画作品的重要因素，也是调节氛围和突出特点的关键。虽然三维动画镜头基于现实主义，但其色彩效果与电视拍摄存在差异。色彩选择通常依据角色特点和定位，因此与角色特征密切相关。设计师需了解动画对象的特征，以找到合适的色彩范围。同时，场景色彩应根据情绪变化和角色意图来设计，确保色彩符合情节和环境。①

在三维动画设计中，色彩的运用不仅仅是为了美观，更是为了传达情感和故事。不同的色彩组合可以营造出截然不同的氛围，温暖的色调如红色、橙色和黄色常常被用来表达喜悦、活力和热情，而冷色调如蓝色、绿色和紫色则可能传达出宁静、神秘或悲伤的情绪。

色彩的对比度也是影响视觉表现的重要因素。高对比度的色彩组合可以使画面更加鲜明、突出，吸引观众的注意力。例如，在一个紧张刺激的场景中，使用强烈的色彩对比可以增强紧张感。而在柔和的场景中，低对比度的色彩组合则可以营造出温馨、舒适的氛围。

此外，色彩的动态变化也能为三维动画增添魅力。色彩的渐变、闪烁或流动，可以表现出时间的流逝、情感的变化或特殊的效果。例如，在一个魔法场景中，使用色彩的闪烁和流动可以表现魔法的力量。

色彩在三维动画中的视觉表现还与光影效果密切相关。合适的光影可以突出

---

① 贺亮．试析三维动画设计的视觉表现［J］．艺术科技，2016，29(2):88.

色彩的层次感和立体感，使画面更加生动。设计师可以通过调整光源的颜色、强度和方向，来营造出不同的氛围和效果。例如，在一个恐怖的场景中，使用昏暗的光影和冷色调可以营造出阴森的氛围。

总之，色彩在三维动画设计中具有至关重要的作用。设计师需要深入理解色彩的原理和情感含义，结合动画的主题、情节和角色，精心选择和运用色彩，以创造出富有感染力和视觉冲击力的动画作品。

二、三维动画场景中的色彩设计分析

（一）明确场景的色彩风格

色彩风格确定后，场景设计便要以此为依据采取设计策略，确保影片冷暖明暗基调与之相应。确定整体风格后，场景制作才能与角色融合，实现预期效果。常见的色彩风格包括写实、装饰和主观色彩。在写实风格中，需要结合真实环境的色彩，并进行加工以增强视觉冲击力。装饰风格则可自由组合色彩，忽略自然明暗规律，营造出丰富的画面。主观色彩风格通过变形夸张来表现情感，如水墨或油画动画。

（二）三维动画场景中色调的控制

1. 材质的调整

设计三维动画场景色彩时，贴图或程序纹理是重要方式。无论哪种方式，首先需要正确的模型 UV 分布，确保贴图准确定位，达到冷暖对比的效果。材质色彩的冷暖设定取决于整体风格，无论写实、装饰还是主观色彩，都需遵循色彩规律。暖色系传递温暖与活泼，中性色系带来安静与和谐，冷色系则显得理智与严肃。色调的更好融合或是对比效果的增强，都有利于呈现出更完美的色彩基调。

2. 环境色的设置

三维场景的色彩控制不仅与模型自身的色彩有关，还与环境色设置密切相关。为实现自然光影的艺术效果，灯光照明与环境贴图的运用不可或缺。环境色的设置实为光影艺术的点睛之笔，其能微妙调节暗部的亮度，使明暗过渡更显流畅，投影边缘得以柔化，反射细节亦随之增强，进而营造出逼近真实的光照氛围。于环境色设定之初，需深思熟虑场景的色彩基调，继而谨慎择取相宜的环境色，以期达到光影与场景的和谐共生，尽显光影艺术的魅力。实操中，通常使用饱和度较低且明暗分布均匀的贴图以避免色彩偏移，确保最终渲染效果与材质色彩一致。

3. 符合情节的发展

在影视作品中，相同场景随情节变迁而展现出迥异色彩，此现象颇为常见。喜悦、和谐或温暖的情节，往往以暖色调渲染，增添画面之温情与活力；反观恐惧、痛苦或压抑的情节，则倾向于冷色调的运用，强化氛围的紧张与阴郁。然而，此等规律仅为一般性指导，具体色彩的设置还需紧密贴合情节发展与影片整体风格，方能精准传达情感，增强视觉冲击力，使观众沉浸于故事情境之中。

（三）三维动画场景中明暗的设置

1. 灯光的布局

场景材质完成后，接下来便要做好灯光布局，以此来正确展现场景色彩基调。对于室内景，应在合适的位置设置主光源以提供高光和照明，并在周围设置较暗的辅助灯光，以显现基本效果。配合全局照明和灯光粒子，室内光影效果将更自然柔和。对于室外景，为模拟真实光照效果，常用平行光模拟太阳光，通过调整光源角度、强度和亮度来模拟不同时间段的光照效果。此外，为防止暗部显得生硬，可使用带光照信息的环境球来提亮暗部，使明暗更自然。

2. 阴影的处理

在三维空间中，阴影主要发挥“定位”作用，具体则是定位物体与地面之间的相对位置。因此，所有有体积的物体都需要用阴影来显示位置关系，否则场景效果会受影响。阴影的明暗对场景色调有显著影响。阴影通常是暗部元素，它们的多少决定了场景的整体明暗。在宽敞明亮的场景中，阴影较少，仅用于定位；而在狭窄阴冷的场景中，阴影较多，形成主要视觉效果。表现不同氛围时，阴影的比例和边界也会有所不同：喜悦氛围中阴影少且柔和，寒冷氛围中阴影多且硬朗。同时，设计时不仅要注重视觉效果，还要兼顾合理性。场景需服务于影片，色彩应与角色搭配，保持对比以突出角色，使观众更关注角色表现。这有助于合理完成场景色彩分析。[①]

（四）三维动画场景中的色彩因素

色彩有绘画色彩和装饰性色彩之分。绘画色彩来源于自然，展现的是自然光影变化，注重感性和意境。装饰性色彩则是在原有色彩基础上加工，关注色彩搭配，通过对比、概括、饱和度处理和夸张渲染等方式提升视觉效果。无论是哪种色彩处理，都需考虑灯光效果和色彩结构，以增强真实感和视觉和谐。

（五）三维动画场景设计中应用色彩的方式

1. 明确场景的色彩基调

场景色彩基调是后续选用色彩的重要依据，当选择正确色彩后，整体冷暖明暗设置才能更为理想。这一过程中，结合现实也是必要的，而设计者主观需求也被囊括在内，旨在合理分配色彩以还原真实感，从而优化场景结构。在处理写实色彩时，需结合物象和光影，提升视觉效果；在处理装饰色彩时，应结合审美因素，以提升美观效果。同时，通过创造性色彩表达，设计人员可充分释放主观感受和情感，成为烘托场景色彩效果的重要力量。

2. 明确色彩应用要点

（1）合理控制色调。在三维动画场景的构建中，色彩的创新性运用是提升视觉冲击力与情感传达力的关键所在。为实现这一目标，首要任务是对材质进行合理性调整，这一步骤对于色彩搭配的优化至关重要。具体而言，需依据场景的实际需求，进行精确建模，确保贴图不仅合理有效，而且能巧妙地运用冷暖对比，增强画面的层次感与表现力。在材质处理上，无论是选择装饰性色彩以增添艺术韵味，还是采用自然色彩以追求逼真效果，均应严格遵循色彩处理的内在规律，确保每一抹色彩都能成为推动情节发展的有力支撑。此外，环境色的科学性设置同样是不可忽视的一环。在三维动画场景的设计过程中，仅仅对场景模型进行色

① 梁磊．三维动画场景中的色彩设计分析［J］．戏剧之家，2016(5):196，206.

彩处理是远远不够的，还需将环境色设置纳入考量，以弥补明暗处理的不足之处。在设置环境色时，应明确基调与色彩倾向，选用饱和度适中、明暗分明的色系，从而顺利完成渲染操作，保持渲染效果与色彩的一致性，为三维动画场景的色彩搭配奠定坚实的基础。更为关键的是，色彩处理需紧密贴合情节需求，这要求我们从场景与情节两个维度入手，进行深入剖析。在场景处理方面，应重点关注环境色的运用，通过巧妙的色彩布局，营造出与故事情节相契合的氛围。而在情节处理上，则需把握色调结构，确保色调与故事发展紧密相连。不同情节需要不同的色彩方案来支撑，如喜悦与温情场景适宜采用暖色调，以传递温暖与和谐的氛围；而冲突或压抑情绪的场景，则更适合运用冷色调，以强化紧张与压抑的氛围。色调的处理应既遵循色彩规律，又服务于情节的发展，使色彩成为推动故事进程、深化情感表达的重要力量。

（2）合理控制明暗。首先，灯光效果布局是三维动画场景创作中的关键环节，这一步骤通常在场景材质处理完毕后展开。其核心在于，需依据场景要素及环境特征，精心完善主光源配置，并依据高光与照明设计理念，巧妙设置辅助灯光，以确保室内景观与场景结构和谐相融。此外，合理的灯光处理还需与三维软件的全局照明及聚焦功能相配合，通过对灯光粒子的细腻调控来提升光线的柔和度，进而增强视觉效果。例如，利用平行光模拟太阳光，通过细致调整其强度与亮度，以贴合不同时间段的真实光照特性，从而达到优化三维动画光影效果的目的，使画面更加生动逼真，引人入胜。

其次，在三维动画场景的精心设计中，阴影处理扮演着举足轻重的角色，它不仅是构建空间结构的得力助手，更是快速明确物体与地面位置关系的巧妙手段。当物体与其阴影紧密相连，便悄然透露出物体正贴近地面的信息，为观众营造出一种深度与距离的感知。因此，合理的阴影设计对场景的有效性至关重要，不合理的阴影设计会导致位置关系混乱，影响空间结构的准确性。设计时需考虑阴影与虚实明暗的对比，以确定色彩基调和阴影的配合效果。

（3）合理控制色块。在三维动画场景的创意构思中，设计人员需拥有深厚的色彩应用能力，此乃实现画面高辨识度与完整空间设计的基石。色块的巧妙运用，不仅能够显著提升画面的对比度，更可构建出鲜明的空间层次感，使观众在视觉体验中感受到深度与广度的完美融合。此外，色块处理还优化色彩的概括性，使整个场景的色彩语言更为精炼，从而营造出既富有视觉冲击力又和谐统一的三维动画世界。比如，《阿凡达》和《爱丽丝梦游仙境》中通过明暗对比和冲突色块展现了梦幻效果。①

三、三维动画场景中的色彩情感表现功能

（一）强调三维动画场景主观物象情感

与实拍影片相比，三维动画能更好地通过背景色彩突出角色情感。例如，当角色开心时，背景会用明艳色彩；当角色伤心时，则用灰暗色彩。背景色彩反映了角色的内心情感，且常以生活中的色彩为基础，有时会夸张以强化情感表达。

（二）突出动画场景中的整体色彩象征情感

在动画中，色彩不仅表达情感，还承载象征意义，分为三种：日常约定俗成的色彩象征、具有历史或文化意义的色彩，以及特定事件或人物的象征色彩。为了统一动画的情感基调，创作者通常使用整体色彩象征。例如，粉红色常传达温柔、甜美和天真，尤其在女孩角色中使用，增强亲和力，令观众对角色产生喜爱。

在动画中，明暗对比色彩能增强戏剧效果。在惊悚动画中，明亮色系传达安全感，而黑暗色系则营造紧张氛围，暗示恐怖情节。适合儿童的动画常以绿色为主基调，营造出生机勃勃的自然环境，帮助观众远离喧嚣，体验纯真自然。

（三）营造动画作品的不同情感氛围

在三维动画中，场景色彩塑造角色情感。通过物象陈设、环境、色彩、构图等设计，创建不同的画面风格和氛围。例如，阴暗区域营造危险感，拥挤脏乱的环境带来烦躁感，空旷空间中的暗灰光源营造孤独感，而阳光透过干净的窗户则传

① 徐海涵．色彩在三维动画场景中设计分析［J］．艺术品鉴，2020(24):148-149.

递出宁静感。色彩处理与情节发展密切相关，反映角色的心理状态。

三维动画电影《木兰：横空出世》融入了大量中国元素。为了突出情感氛围，动画采用传统风格的配色，如黑色头发配红丝带，展示花木兰的英姿。红黑相间的铠甲体现其坚毅的性格。橙红色枫叶和黄色背景营造出花木兰“旦辞爷娘去”的萧瑟氛围。红色围巾与暗红色衣物形成对比，增强视觉效果（见图 2-1）。

图 2-1 《木兰：横空出世》中的色彩表现形式

（四）深化三维动画场景的色彩视觉情感主题

三维动画允许创作者自由塑造人物，可参考现实情节，但不会局限于此。比如在动画《无敌破坏王》中，色彩成为情感释放载体，不仅烘托整体情感主题，主角心理状态也在不断变化的色彩中得到呈现（见图 2-2）。

图 2-2 动画《无敌破坏王》的色彩表现形式

《无敌破坏王》的主人公是“破坏王”，他本拥有属于自己的游戏世界，后来他对其他游戏世界产生兴趣，并主动去探索。糖果赛车游戏是他探索历程的一站，在这里他与“云妮”相遇，并开始了互为激励、互为救赎的生活。尽管破坏王的角色被设定为“坏人”，但他还是在帮助云妮过程中展现了善良，最终牺牲自己完成了云妮的梦想，被大家接受。[①]

第四节　三维动画场景灯光的设计与构建

一、三维动画中灯光布局和运用的理论基础

（一）不同类型的灯光及其特点

灯光布局在三维动画中至关重要，涉及多种灯光类型及其特点。点光源模拟自然光，照亮特定区域；聚光灯集中光线，突出角色或细节；环境光均匀分布，提供整体柔和照明。其他灯光类型如平行光、区域光等也有各自特点。理解这些灯光类型能帮助设计师在动画中创造具有真实感的视觉效果。

（二）灯光运用技巧

灯光在三维动画设计中占据着举足轻重的地位，是塑造场景氛围与增强视觉效果的关键手段。设计师巧妙运用各类型灯光，不仅能够创造出丰富多变、逼真细腻的光影效果，还极大地提升了场景的细节表现与层次感知。通过精心调整光源强度，实现对亮度与明暗的精准把控，从而营造出理想中的光影氛围。此外，不同色彩的灯光能够诱发观众各异的情感共鸣，而灯光的投影与阴影设置，则进一步增添了物体的立体感与画面的纵深感，使得整个三维动画世界更加生动、饱满且引人入胜。

（三）灯光布局和运用的创新之处

灯光布局和运用在三维动画中具有创新潜力。设计师可以通过多样的灯光类

① 孟殷．三维动画场景中色彩的情感表现功能分析［J］. 色彩，2023(7):39-41.

型和组合创造独特视觉效果。除了传统的平行光、点光和区域光，还可以使用体积光和投影光。设计师凭借对灯光的深刻理解，能够灵活地组合运用各类灯光，创造出千变万化、引人入胜的光影效果。灯光布局的创新之处在于其敢于突破传统照明的界限，巧妙融入特殊光效，为观众带来超越常规的视觉体验。例如，在《海底总动员》中，发光植物在幽暗的海底散发出柔和的光芒，为影片增添了一抹独特的视觉魅力。此外，灯光与其他元素的有机融合，也是创新的一大亮点。如《怪兽电力公司》中，设计师通过细腻的纹理与光线的巧妙结合，使得角色的毛发效果栩栩如生，极大地增强了角色的真实感与观众的观影沉浸感。[①]

二、三维影视动画中灯光的作用

（一）塑造角色形象

在三维动画场景制作中，灯光布局至关重要，它帮助协调场景、角色和故事。为了增加层次感和艺术氛围，通常使用冷光或暖光来塑造空间和突出角色。通过调整冷暖光的比例，可以平衡色调以适应场景需求。例如，冷色调灯光可以增强角色的孤独感或渲染凄清的氛围，而暖光对应着温暖和谐，用于角色塑造时，能将角色善良或活泼的特点展现出来，比如在《功夫熊猫》中，反派孔雀的冷光和主角阿宝的暖光分别反映了他们的不同性格。

（二）渲染环境气氛

与二维动画迥异，三维动画凭借其独特的维度优势，运用灯光以增强画面的立体深度与故事氛围。恰当的灯光设计，不仅能够细腻地渲染环境气氛，使观众身临其境，还巧妙地强化了画面的透视感，引导视觉焦点，进而推动故事情节的发展。浅色调灯光如暖黄营造和谐氛围，而灰暗灯光则突出恐怖或不安感。例如，在《哪吒之魔童降世》中，仙境的暖黄和白光营造了美好和放松的氛围，而灰暗灯光则突显了即将来临的危险和紧张感。

① 方智汉．三维动画中灯光的布局及运用［J］．家庭影院技术，2023(14):71-75.

（三）推动故事情节的发展

三维动画中的灯光不仅能增强画面效果，还能推动故事情节向前发展，成为观众感受氛围、解读角色的重要元素。例如，很多动画作品中一旦出现电闪雷鸣、光线恍惚等场景时，往往预示着灾难的到来。

（四）体现影片感受

不同光色之下，观众能获得不同感受。比如，黄色灯光一亮，观众的愉悦和激昂之情油然而生，而当黑色灯光占据主导时，压抑和恐怖便扑面而来。在《疯狂原始人》中，清晨使用冷色调模拟初升的太阳，中午则用暖黄光束，符合角色发展并为观众带来温暖明快的观影体验。

三、三维影视动画中的布光原则

（一）布光要注意“留黑”

布光工作需结合制作者的习惯和故事情节进行，灯光布置不能漫无目的，而是要依据明确目标去安排灯光，使灯光效果贴合基本色彩基调。在 3D MAX 中，为增强层次感和光影变化，“留白”是重要手段。具体来看，灯光不能“太满”，否则会压缩“空白”，使场景变得单一，影响观众的观影体验。

（二）灯光宜精不宜多

在表现主角性格或者烘托某个情节时，灯光应该尽可能精细，但避免使用过多的光束。过多的灯光会使光线交错杂乱，影响显示速度，并削弱空间和时间的表现。可以使用一束主光束，并辅以少量灯光来突出角色形象。在场景中，灯光投影和阴影贴图也可以增强效果，如使用自发光贴图来创造明亮的室内效果。

（三）灯光要体现场景的明暗分布和层次性

主要光源如轮廓光、环境光及修饰光，在视觉艺术中各有所长。轮廓光巧妙勾勒物体边缘，赋予形态以立体感；环境光则铺洒整个场景，营造或明或暗的氛围；修饰光则有细腻填补的作用，使画面光线均匀和谐。投影的运用更为三维动画增添了层次与深度。冷暖光束的交错，不仅引导观众视线，更丰富了空间色彩与情感。随场景变换，主光、次光、背景光也灵活调整，精妙凸显主体特质。

（四）灯光可以超现实

相较于二维动画，三维动画能呈现更为生动逼真的视觉体验。其中，灯光布局是实现这一超现实效果的关键所在。灯光师可根据创作需求，灵活调整灯光的衰减范围，从而精准地强化或减弱画面的层次感。这种层次感的微调，不仅能够凸显情节的发展，更能够增强观众对画面的真实感受。在 3D 动画的制作中，灯光师还可利用灯光的排除与包含功能，进一步提升画面的立体感和超现实感。例如，巧妙地运用泛光进行补光，同时排除周围多余灯光的影响，可使物体产生的自然投影更为和谐地融入整个场景之中，营造出一种梦幻而又真实的视觉效果。

（五）布光时应该遵循由主题到局部、由简到繁的原则

灯光师需充分预想光源效果，首先确定光线目标点，并通过调整色温和衰减数据来突出主题。要了解自然光的色温和色相，通过实践提升运用水平，逐步从简单的光束过渡到多光源布局，以实现理想效果。

四、灯光在三维影视动画中的实际运用

（一）灯光造型作用

三维动画中，灯光造型不仅增强物体美感，还能弥补不足，提升画面审美。布光师应根据物体形状和画面主体来进行灯光造型，增加真实感和生动性。例如，使用主光照亮物体的亮部，辅光照亮暗部，形成明暗对比，并用轮廓光从背部突出物体形状。三点式布光法能有效凸显物体造型，背景灯和修饰灯可进一步完善细节之处。

（二）灯光设计对影视动画情绪的把握

制作三维动画时，灯光可发挥修饰作用，修饰画面、人物形象等重要内容，

进而提升场景造型和色彩。灯光师需根据情绪和人物特征调整灯光，以增强动画的情绪感染力。模拟现实灯光环境能调动观众的视觉记忆，增强情感吸引力。例如，明黄色灯光可表示喜悦，这与舞台灯光设计类似。在《大鱼海棠》和《大圣归来》中，灯光展现了不同的情绪基调，前者忧郁柔和，后者激情澎湃。灯光师应关注日常光线变化，通过练习提升三维动画中的灯光效果。

（三）灯光设计在数字技术中的应用

在三维动画的创意空间里，灯光设计以其虚拟化与夸张化的独特魅力，成为塑造视觉奇观的关键一环。通过高精度的数字化手段，艺术家们能够自由地操控环境色彩与光源配置，营造出超越现实的绚烂景象。灯光师编排多彩灯光阵列，不仅利用色彩心理学原理激发观众情感共鸣，还借助先进的虚拟散射技术，使光影在虚拟环境中流转生姿，既强化了场景氛围，又凸显了角色特质，赋予作品以深邃的艺术内涵与视觉冲击力。[①]

第五节　三维动画场景设计的形式与发展

一、三维动画场景设计的形式

（一）动画场景设计的风格体现——幻想风格

1. 动画场景设计包含的内容

（1）从动画场景的构成内容来讲，作为视觉叙事的基石，动画场景融合了文字符号、装饰效果、物体与空间构成的多元要素。文字符号精选自剧本深处，以简洁而富有象征意义的形态，如苹果公司那枚标志性的“苹果”，默默诉说着品牌故事。装饰效果则在色彩与形态的交织中，赋予建筑、景观及道具以生命，光影的布局更添几分灵动与深邃。物体，无论是人文建筑的沉稳，还是自然景观的

① 吴桐．三维动画中灯光的布局和运用策略探析［J］．电视技术，2021,45(7):65-67.

野趣，亦或是道具的细腻，皆以色彩为笔，勾勒出场景的独特韵味。空间构成，则以内景的幽闭与外景的广阔，构建起动画世界的维度与深度，车内一隅的私密与山川湖海的壮阔，共同编织出一幅幅引人入胜的视觉画卷。

（2）从动画场景的创作过程来讲，场景设计乃动画创作的灵魂所在，它依据剧本脉络与角色特质，精心勾勒画风与物质形态，空间布局井然有序、匠心独运。设计师运用单一或组合场景，构建多元单元，交织叙事网络。物体设定细腻入微，色彩基调、结构规模、镜头动态与氛围营造相得益彰，共同烹制三维动画的视觉盛宴。尤为重要的是，深入分析三维动画中幻想风格的精髓，其融现实构成与艺术家创作于一体，使场景超越现实，焕发无限想象与艺术魅力。

2. 三维动画场景设计中幻想风格元素的应用

（1）空间设计。空间效果乃动画艺术中不可或缺之维度，它凭借材质、色彩与外形的搭配，融合主观意象与客观物象，共铸画面之魂。幻想表现手法以写意为核心，深植于创作者情感的沃土，绽放出独特艺术之花。其中，架空世界作为一种常见的幻想元素，构建出诸如失乐园、遗忘过渡及次元空间等虚构之境，引领观众穿梭于现实与想象之间，体验超越常规的视觉与心灵之旅。架空分为穿越和历史性架空。在三维场景设计中，通常选择与现实相近的保守设计，基于现实进行变形和夸张，以便观众更容易接受虚拟剧情。

（2）植物设计。在三维动画场景中，背景常包括各种树木和植物。植物设计需与场景特点和自然统一，以完美融合故事情节和角色。在特定环境下，夸张变形的幻想植物能增强故事和角色情感，有时甚至成为关键剧情。幻想植物主要在颜色和造型上表现唯美和夸张。利用植物发光的特质，如闪烁或局部发光，可以营造梦幻感。

（3）色彩设计。在包含幻想元素的动画中，色彩是关键辨识点。通过色块对比度来营造空间感，增强层次感。需要提炼和归纳自然界的丰富色彩，用有限的色彩展现无限的效果。光线在三维场景中也至关重要，它帮助色彩呈现。

第一，冷色调使用统一的昏暗色调，适合营造神秘和诡异的氛围，突出场景轮廓。适用于密境、低沉或恐怖场景。第二，暖色调使用相近或相似色彩，营造梦幻甜蜜的感觉。第三，对比色调不是大红大绿的强烈对比，而是恰当的视觉对比，体现设计师的审美和艺术感。代表性场景包括《爱丽丝梦游仙境》和《阿凡达》中的场景，明暗对比突出视觉中心，玫红、橙黄等色调和色彩表现出超现实幻想感。

3. 幻想类动画场景设计所带来的启示

（1）完善的前期创意。幻想类动画场景之所以能深刻烙印于观众心田，实乃归功于其前期的周密筹备与细节中“幻想”元素的精妙铺陈。近年来，西方动画界在此领域尤显匠心，将“幻想”二字演绎至极致。其成功之钥在于前期设定的缜密与创意的涌流为整部作品奠定了坚实的基石，亦使后续的制作与发行流程得以顺畅无阻。

（2）主题传递的独特性。主题具有意义，基于此创作出的动画才会是优秀的、有意义的。幻想元素常为动画主题的传递提供独特的方式。动画短片的风格通常体现其主题，创作主题是关键，因为它点燃了设计师的情感，激发出无限潜力。融合幻想元素的场景设计不仅能直观表达内涵，还生动有趣，适合各种年龄段的观众。幻想中的内容往往最能打动观众。

（3）动画风格的创新之路。动画与电影有共通之处，但二者最大的区别在于主观性。动画片更多体现创作者的感受。创新的动画场景设计融合时代风格与动画本身，兼顾气息、精神和内涵。迪士尼动画因其风格不断转变而长盛不衰，其中幻想元素只是一个部分。优秀的动画创作需要深入思考创作目的和作品受欢迎的原因，同时要避免风格的过时。有效运用幻想元素能丰富创作，因为人类的想象力是无限的。①

（二）三维动画场景设计的独特形式

1. 三维动画场景的空间设计表现

三维动画场景的空间构成是动画艺术的骨架，紧密依托于动画剧本的脉络，

① 张一. 融入幻想：动画场景设计的风格体现［J］. 设计，2015(13):151-152.

其根本目的在于服务于角色的深度塑造与生动表现。这一构成并非简单的物理空间堆砌，而是场景设计师以蒙太奇手法重新编织的梦幻舞台。其中，画框内外的运动轨迹与空间界定共同勾勒出场景的整体形态，赋予动画以独特的视觉生命力。在空间分类的广阔谱系中，三维动画场景空间展现出六种截然不同的风貌：真实空间，以其贴近生活的质感，拉近与观众的距离；想象空间，如梦幻泡影，虚幻而迷人，是游戏场景中的常客，引领玩家穿梭于现实与幻想的边缘；实体空间，坚实而具体，为角色提供坚实的立足之地；虚拟空间，界面划定下的模糊领域，如人群围成的圈中空地，活泼而通透，为场景增添一抹灵动；内景空间，封闭而私密，如车内、房间，营造出紧张或温馨的氛围；外景空间，开阔无垠，如宇宙、山川，让角色的冒险与探索得以无限延伸。空间又可归纳为四大类别：单一空间，简洁明了，直击人心；多层次空间，层次分明，错落有致；横向与纵向排列空间，或宽广无垠，或高耸入云，展现不同的视觉冲击力；综合式组合空间，层次最为丰富，结构最为复杂，如同一幅宏大的画卷，将场面效果展现得淋漓尽致，为角色的细腻刻画与情节的跌宕起伏提供了广阔的舞台。

在三维动画场景的构建中，构图与透视的运用显得尤为重要。构图，这一传统艺术中的“章法”或“布局”，在动画场景中同样扮演着举足轻重的角色。优秀的构图需做到奇正相宜，既要有变化之奇，打破常规，引人入胜；又要有平衡之正，确保画面和谐，避免观感不适。场景空间的构图原则，强调内容与形式的和谐统一，整体与局部的巧妙融合，主要与次要的清晰划分，共同构建出既富有创意又不失平衡感的视觉画面。实践中，水平垂直构图、对角线构图、三角形构图以及纵深方向构图等经典方法，被广泛应用于营造不同的节奏美感与空间氛围，为动画场景增添了无尽的魅力。透视则是三维动画场景设计中不可或缺的另一重要元素。它如同一位魔法师，将三维空间中的物体巧妙地转化在二维平面上。焦点透视通过模拟人眼视角，赋予场景以深度与真实感；大气透视利用空气对光线的散射作用，营造出远近不同的色彩与清晰度变化；影调透视通过光影的明暗对比，强化空间的层次感与立体感；色彩透视则借助色彩冷暖与纯度的变化，进一步丰富场景的色彩表现与空间深度。这些透视现象的巧妙交织，增强了空间的表现力，为观众带来了一场视觉盛宴（见图 2-3）。

图 2-3 综合透视空间

2. 三维动画场景中的造型设计表现

三维动画场景的造型设计虽无固定模式，但遵循一定规律：①造型需统一，整合要素以避免零散混乱，营造和谐美感。②造型要简洁，去除琐碎细节，以精简表达强烈效果。单纯不等于单调，例如《快乐的大脚》的冰川场景展现了心灵上的洁净与愉悦（见图 2-4）。③造型应具节奏感，表现为有规律的变化。简单的组织效果严谨，复杂的组织效果则更活泼，例如运用柔美线条营造浪漫氛围（见图 2-5）。④造型要素应平衡互补，确保形、色、质等方面稳定，产生平衡美感。例如，《最终幻想》的场景设计稳重而活泼（见图 2-6）。

图 2-4 《快乐的大脚》的冰川场景

图 2-5 《夏夜》的浪漫氛围

图 2-6 《最终幻想》的场景设计

3. 三维动画场景的色彩设计表现

三维动画场景中的色彩表现通过材质和灯光控制，实现艺术表现和合理配置。色彩主要分为三类：

（1）写实色彩：模仿现实世界的色彩，多用于表现光影和质感，如季节和时间的色彩变化。

（2）装饰色彩：侧重纯色配色效果，通过概括、纯化或夸张色彩来突出视觉效果，常见于具有个性的三维艺术动画场景。

（3）主观色彩：根据设计者的色彩趣味和心理效应采用夸张手法，创造独特风格的场景。

动画场景中的颜色受灯光影响，灯光与颜色搭配可以呈现出精彩画面。布光原则类似于电影拍摄中的三点光源设置：主光灯、辅光灯和背光灯。主光灯亮度最高，决定主要光线方向，通常置于场景正面的 3/4 处；辅光灯柔化阴影，通常靠近摄像机；背光灯勾勒角色轮廓，通常放在背面的3/4处，比主光灯稍高。三点光源设置虽然经典，但常需根据具体情况调整光源数量。

在三维动画影片的视觉构建中，色彩基调扮演着举足轻重的角色，它往往由场景色彩精心铺陈而定，成为影片情感传递与作者意图表达的重要载体。设计过程中，需深谙色彩心理学，运用色彩的冷暖、明暗、饱和度等特性，以色彩为笔，勾勒出影片的情绪曲线与氛围轮廓。冷色调或许能营造出神秘、忧郁的氛围，而暖色调则可能带来温馨、热烈的观感，色彩的选择与搭配，无一不透露着创作者对影片情感的细腻把控与深刻洞察。以黑白灰三色为例：黑色在光线不足或反射差的情况下显现，影响心理有消极和积极两类。黑色与其他色彩搭配能突出其光感与色感，黑白组合则最为强烈。白色为全色光，象征光明，给人清静、纯洁的感觉。灰色介于黑白之间，通常显得高雅和含蓄。优秀的三维动画设计不仅是绘景，更是服务于剧情、人物性格刻画的艺术。设计时需结合实践和理论，关注空间、造型和色彩设计，提升观众的情感体验。①

（三）三维动画场景的多样化形式

三维动画场景设计包括多种形式，如想象空间、虚拟空间、真实空间、实体空间、内景空间、外景空间等均属其内。同样，色彩也分为写实色彩、装饰色彩和主观色彩，各有不同的内涵和表现。美国迪士尼近年来制作的多部影片，如《马达加斯加》《汽车总动员》和《精灵旅社》，大多采用了3D效果，深受观众喜爱。二维场景生动华丽但缺乏真实感，实拍场景虽然真实，但较为单调，难以满足影片需求。三维场景结合了二维和实拍场景的优点，具有较好的可控性和创造性，因此成为国内外大型动画公司的主流选择。

二、三维动画场景设计的发展

在当今快速变化的世界中，信息传达成为生活必需，并且更新速度越来越快。信息传递已涵盖建筑、产品、商业、医疗等多个领域，方式也更加多样，包括电视、

① 李珩，叶阳．三维动画场景的设计形式探究［J］．电影评介，2012(3):22-24.

网络、广播和平面广告。视频动画，特别是三维动画，已成为主流信息传达方式，并在快速发展的时代中扎根于人们心中。

（一）国内三维技术在动画场景中的发展现况及前景

中国动画从始至终都是全球动画的重要组成部分，其独特文化背景赋予了其独特魅力。1965 年，中国首部无声动画《大闹天宫》获得全球认可，而该经典动画在 2011 年以 3D 形式重现。在这之后，《魁拔》（见图 2-7）、《秦时明月》、《熊出没》等系列电影进一步展示了这一技术的发展。然而，中国的三维动画技术仍在起步阶段，相较于国外仍有差距。美国、日本、法国等国的三维动画风格各具特色，已达到高度成熟。中国三维动画虽然起步较晚，但具备独特文化和风格，可结合他国优点，三维场景技术的未来潜力巨大。

图 2-7　国产《魁拔》场景

（二）三维动画场景设计理论基础与技术

1. 三维技术的发展

随着全球发展迅速进步，三维技术已成为主流信息传达工具，推动了技术的不断更新。优胜劣汰的竞争促使三维技术在各领域广泛应用。医疗中，三维技术用于模拟药物在体内的作用，展示肉眼不可见的物质和病原体；建筑行业用三维技术展示完整的居住环境，而非用传统平面图；影视行业中 3D 模式日益占据主导地位。

2. 三维技术在动画场景设计中的应用

三维动画广泛应用于建筑规划，如道路、桥梁、隧道、街景等的模拟展示。这种方式比实体展示更具视觉冲击力，并且成本投入较低。在三维动画场景技术加持下影视广告能带来新颖的视觉效果，受到客户青睐。相较于传统平面广告，三维动画更具活力和感染力，且易于修改和质量控制，更适合表现难以实拍的镜头，从而降低成本（如图 2-8）。

图 2-8　三维技术制作的虚拟建筑

3. 三维场景设计的技术要求

三维动画场景的多样性要求高技术水平。虽然三维技术越来越普及，但国内完全掌握这项技术的设计师仍然不多。相比之下，欧美国家人才众多，原因在于他们从小就学习相关理论与操作，并且在技术和硬件投入上领先。我国虽然起步稍晚，但发展迅速，未来提升空间很大。三维场景设计者需要有良好的美术基础，熟练掌握 MAYA 或 MAX 等 3D 软件，并具备一定的空间逻辑和审美能力。

4. 三维场景设计应用软件

三维动画制作需要多款软件配合使用，以实现高品质效果。3DStudioMAX（3DMAX）是 Discreet 公司开发（现为 Auto-desk 公司）的常用三维动画软件，广泛用于广告、影视、工业设计、建筑设计等领域，因易于上手和性价比高而受欢迎。Auto desk MAYA（MAYA）则是功能更强大的三维动画软件，特别在国外被广泛使用。许多国内三维动画制作者也开始使用 Maya，其已被用于包括《星球大战》《指环王》《蜘蛛侠》《哈利波特》等在内的电影。①

① 孙冬，徐云鹏．基于三维技术的动画场景设计形式与发展研究 [J]．设计，2017(3)：74-75.

第三章　三维动画角色设计

第一节　三维动画角色设计的内容

一、三维动画角色造型的风格与实现形式

（一）三维动画中角色造型设计的重要性

不同形式动画具有不同特点和风格，其中角色的造型和性格设计对吸引人们的注意力至关重要。优秀的动画角色设计受到不同观影群体的喜爱。尽管随着时间推移，剧情会被遗忘，但造型突出、性格独特的角色能深刻留在人们记忆中。角色造型和场景设计共同支撑影片的美术风格，发挥决定性作用。

动画制作需要多个部门合作，包括剧本写作、角色设计、场景设计、分镜绘制和动画调试。角色设计尤为关键，它决定了动画的生命力和艺术感染力，角色的服饰、造型、动作和面部表情需精益求精。三维动画角色的制作与二维动画有所不同。三维动画角色以设计稿为基础，利用三维软件制作，能在视觉上展现三个角度，细节更为直观，从而给观众留下深刻印象。Autodesk MAYA 是主要的三维动画制作软件，使角色更生动。三维动画角色往往比二维角色更受欢迎，不仅可用于动画影片，还能作为品牌代言人、企业形象大使，或成为人们的学习榜

样和美好回忆。三维动画角色设计在影片中价值极高。

（二）不同的风格对角色造型设计的影响

1. 动画整体风格对角色的影响

动画风格多样，如写实、卡通、动漫等。不同历史时期的审美观念各异，例如 20 世纪初和现代中国的审美差别很大。然而，随着时间的演变，人们对滑稽、幽默的角色设计普遍有较高的喜好。出色的设计能够吸引观众，并让他们更投入剧情。因此，创作角色时需综合考虑性格、年龄、穿着、头饰、道具等要素，然后以增强趣味性和真实性为目标去引入塑造手法。

2. 分析动画影片中不同风格的角色造型设计

2019 年上映的国产三维动画影片《哪吒之魔童降世》取得了极大成功，票房创纪录，观众好评如潮。这部影片在角色造型设计上投入了大量心力，设计成为影片的核心。至今，许多观众仍能记住喜欢恶作剧的哪吒和“事后诸葛亮”的太乙真人，这正体现了角色设计的巧妙。

在这部动画上映前，哪吒的形象已经深入人心，大家普遍认同他是一个穿红肚兜、扎小辫、踩风火轮的小英雄。然而，影片中的哪吒形象颠覆了这一认知，他变成了一个凶狠的“小恶魔”，黑眼圈、尖牙、麻子脸，手插裤兜。这一设计引发质疑，但也与影片风格高度契合，成功将观众带入剧情。

（三）多样性角色的造型设计特点

动画影片与电影有所不同，动画角色能够实现各种效果，突破现实局限，充分发挥想象力。动画角色设计，作为连接观众与故事情感的桥梁，展现出丰富多样的风貌。变形与夸张，作为塑造角色的两大法宝，赋予角色以鲜明的个性与独特的魅力。在设计之初，创作者广泛涉猎现实自然与传统艺术的沃土，从中汲取无尽的灵感。

1. 偏写实动画人物的造型设计

在三维动画的广阔天地里，偏写实风格的动画人物以其普遍性的特质，赢得了广泛的观众基础。此类角色造型的设计过程实则是对日常生活深度观察与艺术提炼的结晶。它要求创作者具备敏锐的洞察力，能够精准捕捉人类世界的细微之处。从服饰搭配的考究到发型设计的匠心，再到神态动作的细腻模拟，无一不遵循着人类运动的自然法则。这种严谨而细致的设计态度，使得偏写实风格的动画人物跃然纸上，栩栩如生，与观众产生强烈的情感共鸣。

2. 卡通动画人物造型设计

卡通风格动画人物以其独有的魅力，往往能更轻松地跨越观众的心扉。在创作维度上，卡通角色挣脱了现实的束缚，自由翱翔于想象的天空。比例、形态、表情，皆可随心所欲地夸张放大，幽默感油然而生，表现力与亲和力亦随之倍增。

3. 抽象的动画人物造型设计

抽象动画人物具有自身特色，与写实和卡通风格存在诸多差异。抽象动画人物常以衣物、音符等形式出现，并被拟人化，融入主观思想。在动画中，书籍、笔等能与观众互动。设计时要考虑角色造型与性格，运用夸张和变形手法，使其幽默有趣，更受喜爱。

（四）三维动画角色造型的实现形式

1. 画角色的实现

三维动画与传统二维动画在技术上有所不同。二维动画多为逐帧手绘，表现力有限；三维动画则利用电脑软件，能够更灵活地制作人物、场景，控制镜头并处理特效。目前主流的三维制作软件是 Autodesk MAYA，角色设计师根据设计稿进行建模，贴图后完成三维立体效果。

2. 角色造型、性格与影片剧情的搭配

动画是表现现实及超现实的一种艺术形式，通常展现理想生活，剧情富有创意。虽然剧本至关重要，但缺乏情感表达的剧本毫无意义。动画中的角色与演员在电影中一样关键，需展现个性和特点。三维动画角色的造型应与剧情风格匹配，同时符合大众审美。角色性格的塑造应是优缺点共存，并随着剧情发展，真实的性格表现能更好地引起观众共鸣。①

二、三维动画角色设计的基本要素

设计师应通过形体、面貌、服饰和色彩四个方面设计角色的每个部分，以提升角色的识别性并体现数字艺术审美。

（一）形体

在三维动画角色设计中，“形”指二维轮廓，包括外轮廓和各部分比例，是观者第一眼识别的特征。准确掌握形体内部关系是关键。“体”描述了物体之间的立体空间关系，包括体积和位置的视觉效果。“面”指物体表面特征。在三维角色设计中，应简化角色符号，便于把握结构特征和体积关系，并注意头颈肩胸腰胯的角度和结构关系。结构涉及面与面之间的转折，点线面的连接称为结构线。在角色设计中，抓住结构线和体形意识，利用辅助线勾勒立体框架，使造型更完美。

在三维动画角色设计中，形体结构是展现角色体态的直观途径。人们通常从整体轮廓开始观察角色，形体作为最明显的特征，容易被记住。形体是角色设计的基础，直接影响角色的气质、性格和行为模式，其结构概括了角色的整体形态，通过它可以直接了解角色的身材特征，因此对角色形体的把控至关重要。

不同体形组合形成多样的形体符号，如《哪吒之魔童降世》中太乙真人和申公豹的形体对比。太乙真人肥胖矮小，申公豹高瘦，分别呈现球形和长方形轮廓（见3-1、3-2）。在同一作品中，主要角色的形体差异使视觉体验更具节奏和丰富性。形体结构决定角色的外观特征，而形态则影响性格，两者相辅相成。三维动画角色设计中，形与体的统一至关重要，形是视觉轮廓，体是立体体量，形体承载了设计的其他要素。

① 刘广，郭宁静．三维动画中角色造型设计的分析［J］．艺术品鉴，2021(18):151-152.

图 3-1 《哪吒之魔童降世》中太乙真人 图 3-2 《哪吒之魔童降世》中申公豹

（二）面貌

迪士尼曾指出，完成身体表达后，需要重新审视面部特征（如眼睛、眉毛、嘴唇）的作用，并将其与身体动作相结合，从而突出面部表情的重要性。在三维动画角色设计中，应参考真实事物并进行适当合成。设计时既要关注人物形象的真实性，又要利用三维动画的独特表现手法。人物面部表情必须与角色特点相符，以确保人物形象的丰满和一致。《赛车总动员》和其他动画片类似，将汽车拟人化，创造了一个由“汽车人”组成的奇幻世界。皮克斯导演运用三维动画技术，把汽车拟人化提升到新高度。设计者将挡风玻璃改为眼睛，挡泥板改为嘴（见图 3-3），以增强拟人化效果，使所有汽车展现出独特生动的“表情”。

图 3-3 《赛车总动员》中闪电麦昆

虽然三维动画角色比例夸张，但造型设计仍需注意五官的协调性。设计时需考虑静态和动态下的五官表现，确保协调性和整体性。角色五官设计是造型设计的关键，必须始终以整体性为前提。

（三）服饰

服饰不仅要展示三维动画角色的性格，还应反映历史和时代背景。许多国内动画，如《大闹天宫》，借鉴了中国传统戏剧服装。这样的服饰不仅增强了观众的民族认同感，还有助于推广民族传统文化。服装作为社会的产物，能最准确地体现时代和历史文化。

《哪吒之魔童降世》中申公豹的服饰采用了重构设计。角色穿着黑色紧身长袍，饰有金属尖锐曲线，显得时尚且神秘，与《哪吒传奇》中申公豹的服饰形成对比。这种设计突破了传统限制，金属花纹与武器呼应，使角色形象更为统一。三维动画角色服饰不仅需合理设计，还要考虑实际技术问题，如布料和皮革质感的呈现。这要求设计师不仅具备优秀的创意，还需掌握动画软件和复杂的设计制作技能。

（四）色彩

色彩在三维动画中至关重要，它能调节观众的情绪。色彩在塑造物体、衬托角色和渲染氛围中发挥核心作用，成功的色彩运用能给观众留下深刻印象。作为设计基础理论之一，色彩对最终视觉效果至关重要。它能为三维动画角色造型增添美感，并展现角色的不同心理特征。

色彩在三维动画角色设计中具有不同的情感含义，如红色象征热情、绿色代表生机。设计时需考虑角色的性格特点，主要角色和次要角色的色彩应有所区分，同时保持整体风格的统一。设计时应以主角为中心，确保色彩搭配有层次感，使主角和配角区分明显。色彩还需与角色环境协调，利用色彩的明暗关系和纯灰度，创造丰富多彩的视觉效果。

在数字化时代的三维动画角色设计中，色彩使用不仅需遵循基本规律，还需考虑计算机对颜色的处理能力。色彩能增强真实感和视觉冲击力，因此设计时应注重对比度，这有助于提高影片的辨识度，并确保画面色调均匀。[①]

① 秦冕．数字革命视阈下三维动画角色造型设计要素的重构［D］．沈阳：鲁迅美术学院，2023.

三、三维动画角色设计的创作要素

（一）三维动画角色形态设计要素

在三维动画中，角色形态设计至关重要，优秀的形态设计能够赋予角色独特的外观和特征。形态设计要素包括：角色色彩与服饰、角色设计的现实性、角色造型风格和角色创新性设计。

1. 角色色彩与服饰

在三维动画的细腻描绘中，角色色彩与服饰设计的重要性不言而喻。它们不仅是视觉美感的直接体现，更是角色背景、性格特质及故事主旨的深刻映射。服饰，作为角色身份与主题的外在表征，其款式、材质与细节，均需与角色设定相得益彰。而色彩，则以其独有的语言，巧妙地透露出角色的气质秉性与内心世界，为角色的立体塑造添上点睛之笔，使角色形象更加鲜活，故事情感更为饱满。在动画片《三星堆荣耀觉醒》中，角色的色彩与服饰设计借鉴了古蜀鱼凫服饰，使角色的色彩应用明亮清新。古蜀鱼凫文化的服饰主色调为蓝绿色，这种色彩源自早期植物染料，如茜草和蓝草。这些文物上的服饰图案不仅有形状，还有深刻的象征意义、诉说着美丽的故事（见图 3-4）。

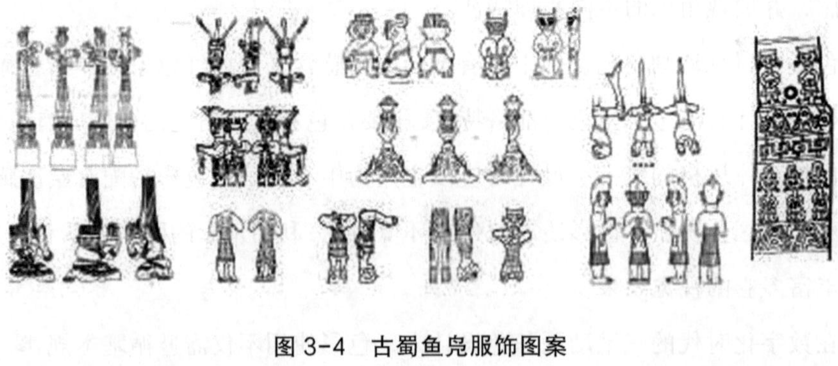

图 3-4　古蜀鱼凫服饰图案

作品对古蜀鱼凫服饰图案的借鉴不仅展现了古蜀文化的独特魅力，也增加了角色的可爱和趣味（见图 3-5）。这种文化元素在三维动画中带来了美妙的体验。

图 3-5 《荣耀觉醒》主角团队服饰

2. 角色设计的现实性

动画角色都是拟人的,即便是动物或虚构生物,也在模仿现实世界。例如《坏蛋联盟》中的角色在保留现实特征的同时，夸张和陌生化了某些部位，并结合故事背景和角色性格设计道具。

3. 角色造型风格

不同角色有不同的身材比例，尽管这些比例基于日常刻板印象，但在动画中能将观众更快地代入角色。例如，设计一个厨师角色时，创作者可能选择壮硕的身体模型来体现其职业属性。在三维动画制作中，角色造型风格扮演着举足轻重的角色。其涵盖轮廓的勾勒、比例的拿捏以及线条的流转，共同织就角色的视觉形象。以游戏《魔兽世界》为例，其中各族角色造型风格特点鲜明，令人印象深刻。尤其是德鲁伊职业中不同等级的角色造型，细腻的设计变化不仅展现了其成长历程，更深刻地体现了游戏世界的奇幻色彩与角色个性的鲜明特征。

4. 角色创新性设计

角色创新设计要以留给观众更深印象为目标。例如,《哪吒之魔童降世》结合传统文化元素和三维动画，打破传统形象，创造出具有辨识度的叛逆角色。这种设计方式使角色更加独特。

（二）三维动画角色模型制作的要素分析

在选择动画角色模型软件时，虽然不同软件的效果实现方式各异，但核心功能如模型建立、贴图绘制、特效、道具和镜头运动基本相同。主要区别在于操作方式和思维方式。选择合适的软件和开发思路，找到适合自己的工具和方法最为重要。

构建角色三维模型时，点、线、面是基本元素。主流软件 Maya 和 3D Max 用于角色设计，其中 Max 因其骨骼系统的动作数据库而适合动作制作，Maya 则在模型建立和道具制作中较为便利。

C4D 操作难度较低，初学者也能快速上手，并且该平台具有思维灵活的特色，适合广告角色创意。Max 的优势在于骨骼绑定，而 C4D 的角色系统在更新后也改进了权重调节，并增加了权重平滑笔刷。C4D 在毛发特效制作上表现优异，制作和渲染速度快。

建模常用多边形，通过点、线、面组合模型；也有样条线建模，通过外部工具生成轮廓，使模型表面更平滑。模型建立的关键是参考角色原画，并选择合适的尺寸，以平衡计算和渲染之间的压力。模型设计需考虑角色动作和材质，例如，复杂动作需在关节处增加线条以支持大幅度运动。

（三）动画角色配乐要素

动画是综合艺术，角色配乐在设计中至关重要。音乐和音效能发挥不俗的作用，例如，《加勒比海盗》背景音乐响起时，海盗形象便会进入脑海；《大圣归来》和《哪吒之魔童降世》使用的中国民乐也增强了角色表现。动画制作从策划到配乐，细节把控直接影响成品质量。因此，动画制作者再设计角色的同时，也应根据其形象和气质选取富有识别度的配乐，以达到烘托角色、加深观众印象的效果。[①]

---

① 李瑞雪．古蜀鱼凫地域文化在三维动画角色设计中的应用研究［D］．成都：成都大学，2023.

第二节　三维动画角色设计的方法

一、三维动画中的角色设计方法

（一）动画角色特点分析

动画角色设计是将剧本角色视觉化。区别于影视和舞台剧，动画设计更自由，不需考虑演员特质，设计完全由创作者掌控。角色设计属于前期工作，涵盖人物、动物和道具等。

1. 动画角色的非现实性

动画艺术以其独特的“非现实性”亦即“虚拟性”，与电影等传统艺术形式划下了鲜明的界限。电影倾向于对真实世界的直接映射，而动画则巧妙地以虚拟之姿，重塑并再现真实。在这一艺术领域中，无论是人物、动物，抑或是场景构建，皆源于设计者的无尽想象，由无至有，逐步成形。动画，这一虚拟的艺术表达形式，赋予了创作者无限的自由，让想象之翼得以翱翔。

2. 动画角色的夸张性

夸张作为动画艺术的一大显著特征，根植于其虚拟再现真实的本质之中，而非对现实的简单复刻。此手法巧妙地增强了艺术表现力，使角色形象跃然纸上，深入人心。在角色设计的广阔天地里，无论是人物的性情刻画，动物的灵动捕捉，还是景物的意境营造，均可通过不同程度的夸张处理，展现出或写实细腻，或夸张不羁的多样风格，赋予了动画艺术独特的魅力与无限的创意空间。写实风格角色的骨骼肌肉结构与现实中的相似，夸张程度较小；夸张风格则在基于真实的基础上进行变形，不拘泥于真实比例，但仍遵循自然形态与结构。

3. 动画角色的整体性

影视作品的风格由场景和角色造型决定，动画尤为如此。场景是动画中展现剧情、时代背景和自然环境的重要元素，也是角色表演的空间。场景既烘托气氛，又需与角色设计风格统一，如都市高楼配都市人群，乡村小镇配朴实村夫。场景与角色的合理搭配，才能让观众感到自然，不会出现违和感。设计动画角色时，人物的造型与夸张程度需整体协调。例如，写实的人物应配写实的发型，而夸张的人物可以选择夸张或写实的行为与造型。

（二）三维动画角色设计的方法

1. 用简单几何形的组合创作角色

基于素描原理进行分析，几何形状是构成事物的要素。因此设计角色时，可以引入几何形状，而后再划分和分析其基本形态。不同头型因颧骨、脑颅、下颌等部位的差异，呈现出多样的脸型。常见脸型有圆形、方形和三角形。圆脸温和，纵向拉伸显智慧，横向拉伸显愚笨。方脸显直爽，纵向拉伸成国字脸，显刚正不阿。三角形脸有正三角与倒三角之分，正三角头小显呆傻，倒三角头大显聪明。

2. 将自然状态下的事物变形夸张成为动画角色

变形和夸张是两种设计方式，两者均基于自然形态的结构进行变化。无论如何夸张，都离不开头部和四肢，并需遵循生理特征，使角色生动。拟人化是关键手法，将动物、植物、道具等赋予人类特征，使其生动有趣。拟人化分为近拟人、泛拟人、心拟人：近拟人接近人类形象，泛拟人保留更多原始特征，心拟人则保留原始形象，仅具有人的思维。

（三）三维动画中角色设计方法的应用

1. 三维动画角色设计时要考虑立体造型

动画角色本就是立体的，不会受到二维和三维的影响。三维动画角色设计需考虑在立体空间中的动作需求，如二维动画中短手角色可轻松摸头，但在三维动画中难以实现。因此，三维角色设计需全方位考虑，并提供各角度的参考图和细节图。

2. 三维动画角色设计时需考虑建模时的可实现度

在三维动画角色的前期构思阶段，创作者往往倾注心血于细节的精雕细琢，却易忽略建模的实际操作性与技术边界，致使设计与最终模型间存在难以逾越的鸿沟。一旦此问题在后期制作中凸显，势必引发时间与精力的无谓损耗。因此，在设计之初，便应高瞻远瞩，充分考量角色的可实现性，合理调控设计难度，力求在创意与技术间找到最佳平衡点，使最终呈现的作品能最大限度地贴近初始设计蓝图，实现艺术构想与技术实践的和谐统一。

3. 角色设计与场景设计之间的相互协调

场景是主角活动的环境，为其提供舞台，因此必须合理设计以推动剧情。首先明确主题与主体，选择素材并决定场景风格，然后考虑设计是否会影响后续制作。确保场景主题鲜明、风格独特，并使其与角色造型相协调。

动画角色设计包括定位、素材收集、构思、草稿绘制、修正和正稿绘制等步骤。这些步骤的合理性直接影响角色的设立。好的三维动画角色设计需兼顾美感与剧情需求，展现鲜明性格特征。同时，还要考虑是否给动画师带来困扰，确保造型元素与场景协调，并提前预见问题并做好准备。精心把握每个环节才能设计出令人印象深刻的三维动画角色。①

二、三维动画角色造型设计方法

（一）元素符号上的设计方法

符号学家罗兰・巴特认为，符号由“能指”（物质中介）和“所指”（心理再现）组成，二者结合形成“意指”。符号是思维和信息交流的基础，人类意识和思维是对符号的组合和再生。符号不仅是信息载体，还具有传达情感的功能。哲学家波普尔创造性地引入了“符号世界”的概念，将其界定为独立于物理世界与精神世界之外

① 刘昂，王彬．三维动画中的角色设计方法研究［J］．西部皮革，2018,40(12):149，151.

的“第三世界”，这一领域囊括了思想的所有客观体现，诸如科学理论、诗歌韵律及艺术创作。动画，作为符号化艺术的一种独特表达，尤为突出地展现了符号世界的魅力，其中，角色造型的设计无疑是最具视觉冲击力的元素，它以生动的形象诠释着符号背后的深层意蕴。设计角色造型时，创作人员需要依托剧本创意，重点研究形象符号和动作符号，并扩展到角色语言、文化、商业等符号概念，统一于视听系统符号中。

（二）造型系统创意上的设计方法

三维角色动画造型，作为文化传承的生动载体，其系统设计蕴含着深邃的系统思维。这一过程始于系统分析，即一种目标明确、条理清晰的探索之旅。它旨在确立设计的宗旨与规范，深入剖析各层级系统的功能特性及其内在联系，进而评估角色系统与三维动画整体之间的相互作用与影响。通过这样细致入微的分析，为打造既富有文化底蕴又兼具创新精神的动画角色奠定坚实基础。系统分析是系统综合的基础，后者则是系统分析的目的。在三维角色设计中，符号信息分析，将结果细分为不同要素，再进行整合，确保符合评价体系。

（三）表情设计要素

在肢体语言的细腻演绎之后，面部表情的刻画显得尤为重要，尤其是眼睛的神采、眉毛的灵动以及嘴的形态，它们之间的精妙配合，为角色赋予了鲜活的生命力。这种结合肢体与面部表情的全方位展现，极大地丰富了角色造型的深度与性格的多维性。此外，非语言传播作为信息交流的重要维度，涵盖了除言语之外人类与环境所释放的一切信号，这些微妙信息，对传递者与接收者而言，皆蕴藏着不可小觑的价值。

（四）动作设计要素

动作设计要做到为每个角色制定独特的运动格式，以突出其性格。正如美国一位电影理论家所说，动画师在创造世界时如同上帝，因为他们从白纸开始，而非捕捉现实。因此，动画的动作设计尤为重要，研究物体的运动比关注物体本身更关键。鉴于动画设计的多学科特点，对动作设计的探索往往基于方法论和认识论。①

三、基于角色造型的 3D 动画设计方法

（一）三维动画角色造型要素符号化分析

动画艺术作为一种高度综合的艺术形态，巧妙融合了造型的创意、动作的流畅、语言的魅力、绘画的韵味以及声音的韵律，诸多表现手段在动画形象上得以集中展现，共同构筑了其独特的审美价值。在当今图形化、动态化、互动化并行的时代背景下，动画形象凭借其鲜明的视觉冲击力与深刻的审美内涵，赢得了广泛的认可，进而跃升为世界文化中不可或缺的影响力因素。三维动画角色造型可以被视为传承文化的系统符号，由相互联系的要素组成有机整体。系统方法通过分析对象的系统性，考察各要素的相互关系。设计时，从符号信息入手，分解并细化要素，厘清相互关系，再合理整合。在这个过程中，人的评价体系始终存在。将角色造型视为系统，各要素（性格、形体、表情、动作、声音）作为子系统，通过研究其联系和作用，分析整合方法与原则，从而得出三维动画角色造型设计的基本原理。

（二）角色内涵设计要素

1. 性格要素

动画角色设计，宛若一场精心编排的表演艺术，其核心旨趣在于使角色超脱剧本的束缚，跃然于观众眼前，达成心灵的沟通与情感的共鸣。深入剖析剧本，成为理解角色造型不可或缺的钥匙。19 世纪表演大师麦克雷蒂曾深刻指出，探寻角色的内在动机与情绪波澜，于文字间捕捉其灵魂深处的微妙，方为上策。设计之精髓在于精准捕捉角色的核心性格与独特个性。设计者对于角色的深刻洞察与细腻感受，直接关乎角色塑造的成败。而要把握人物性格的基调，

① 王施．浅析三维动画角色造型设计方法［J］．艺术科技，2017,30(4):101.

则需潜心挖掘剧本的情节脉络与角色的行为语言，从中汲取灵感，赋予角色以生命。

2. 形体要素

动画角色造型堪称动画作品中的灵魂符号，它凭借视觉与听觉的双重语言系统，精妙传达着作品的深层意旨。这一造型艺术实则是基于对现实世界的深刻洞察与创造性模仿而构建出的一套独特的符号体系。在塑造诸如“勇敢”的动画形象时，融入勇敢的文化符号显得尤为重要，因为动画形象的内在价值，往往蕴含于这些丰富的符号之中。一个成功的动画形象，其文化符号必定是饱满且和谐共生的。动画造型的意义由其符号产生，“有意义的符号”在哲学、符号学和传播学中都有所探讨。几何形体概括法可以将图形符号的喻意融入造型中。例如，女性角色常用圆形和曲线，因圆形视觉上显得完满、饱满，常用于仙女和精灵形象，传达善良可信的印象。曲线则带来柔韧性和流动感，塑造温柔优雅的女性形象，如长发。男性角色则多用长方形和直线条，长方形给人坚定、可靠的感觉，直线条表现阳刚之美，与女性角色形成对比。

3. 表情要素

在表情设计中，要兼顾角色的写实性与动画表现的特殊性。设计时需大量参考真实对象，并确保表情符合角色特征。眼睛是情感的关键，通过分析真人眼睛的变化，可以设计出符合角色特征的表情。角色通过眼睛的变化表现性格，否则看起来像模型或玩具。迪斯尼表示：“观众总关注眼睛，动画角色需在这方面投入时间和金钱。”肯安德森也提到：“赋予角色生命的基本要求是让它能眨眼，否则不算真正有生命。”角色表情需通过脸部各器官协调传达，单一表情无法准确表达意图，各器官需紧密关联以统一表情。

4. 动作要素

传统动画与绘画紧密相关，尽管电脑动画也要运用绘画技术，但高科技才是核心所在，而无论哪一种技术，都要注重角色动作设计，这样的角色才能得到观众更大认同。福建泉州的提线木偶戏中，表演时强调“傀儡意念”，即通过舞台艺术语言准确把握木偶戏艺术规律的一种创作思维。动画师应借鉴这一理念，深入分析角色性格，并以想象思维去扩展，具体到动作设计中，夸张、生动是重要要求，同时也要紧密贴合剧情。技术终归属于“服务”地位，三维角色造型的核心仍是动作符号特征。动作设计涉及角色的运动状态、性格定位等，需要根据角色运动特点予以设定，使设计成果为凸显性格贡献力量。正如前文所引之语，动画师如同造物主，在空白画布上创造世界，这使动作设计尤为重要。

5. 声音要素

优秀的三维动画不仅依靠视觉元素吸引观众，还通过配音给观众留下深刻印象。随着制作技术的发展，配音的影响愈加重要。配音在动画中是语言交流的关键手段。《电影艺术词典》将配音分为广义和狭义两种：广义配音指影视后期处理所有声音元素，如音乐、音效和解说；狭义配音则专指对白、独白、解说和旁白的后期配制。[①]

四、三维角色个性化动作设置的方法设计

（一）个性化动作的制作方法

1. 角色情感设计

想要设计出优秀动画角色，动画师需要“进入角色”，只有如此才能深入分析角色情感。角色的情绪、性格和态度是动作的驱动力，因此情感表达至关重要。动画师需要赋予角色生命，通过个性化动作来传递情感。制作前，应深入分析剧本，而分析成果需要告知动画师，以便他们在设计动作时更精准。这种前期统一设计可以减少因理解偏差导致的返工，提高制作效率和精准度，使动画师能够更快地进入角色动作构思阶段。

2. 角色的动作设计

一个有个性的角色在不同姿势下（站、坐、躺）会展现不同动态。创作

① 俞进福．基于角色造型的3D动画设计方法研究[J]．重庆科技学院学报（社会科学版），2010(10):162-163，169.

者需了解这些动态，并以“动态”视角探析人体变化规律。角色动作设计分为两类：一是根据角色性格设计动作，需在动画制作前定位角色性格并设计合适动作；二是根据故事情节设计动作，需根据情节发展和角色心情设计合适的动作。

3. 角色的物理属性

情绪、性格、态度和思想驱动角色动作。此外，个性化动作还受到角色物理属性的影响，这些属性结合了“渐进渐出”和“节奏”理论（详见相关书籍）。

物体运动的“节奏”取决于其物理特点。例如，铁球和木球的弹跳速度和次数因质量不同而异（见图 3-6）。“渐进渐出”也受物理属性影响，例如，出拳动作快速，故其“渐进”及“渐出”阶段时间就要短，以突出动作的快速性。因此，体现物理属性的方法是掌握关键帧之间的时间，动画师需理解这些时间概念以提高制作效率。

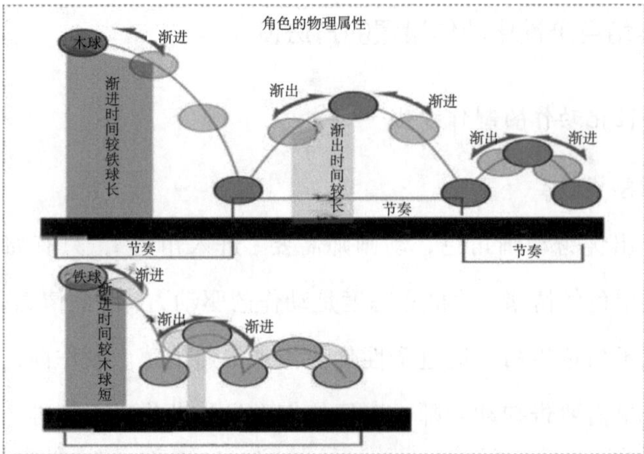

图 3-6　木球和铁球的弹跳运动

（二）预备动作和追随动作

角色动作分为三个阶段：准备阶段（动画引导）、实施阶段（动作本身）和追随阶段（动作余韵）。优秀的动画应清楚展示即将发生的、正在发生的和已发生的动作。

动作预备乃动画创作中不可或缺的初始阶段，其存在往往基于对物理法则的深刻遵循。譬如，在投球这一动作之前，手臂需先行弯曲，此弯曲之举，实则为势能的蓄势待发，是谓预备动作；而随后的投掷，则是势能释放、动作实现的过程。此类预备动作的设计，不仅遵循了物理学的原理，更为动画增添了真实感与动态美，使观众得以沉浸于流畅自然的动作表现之中。预备动作引导观众注意即将发生的动作，长时间的预备动作通常预示后续动作会很快，这也能传达角色的心情。预备动作可以通过眼部运动来指示，眼睛引导动作，随后是头、肩、身体的动作。眼睛传达角色的思想和情感。如果角色没有眼睛，则可以用头部引导动作。头部提前运动的帧数取决于角色的思考过程。因此，动画师需要理解角色的思考过程，以准确表现动作。预备动作发生在动作前，动作追随发生在动作结束前。常见的惯性追随动作让整个动作更流畅，也有助于展现角色的个性。例如，角色的悠闲动作可以通过延长动作跟随时间来体现。预备和追随动作能提升关键帧动画的质量，从而减少修改需求。

（三）动作上的夸张

在卡通角色动画中，夸张的动作和表情很重要，可以强化角色的个性。夸张通常通过变形来实现，特别是用来强调动作的突然性。但使用夸张时要根据实际需要，不可过度。制作者需明确动作目的和剧情需求，合理运用夸张来提高动画的可信度和趣味性。动作过程中的姿势可以夸张，比如让胳膊抖动或角色倾斜更多。在对话动画中，应根据音轨重音配合夸张动作。正常动作夹杂适当夸张，是优秀动画的关键。此外，夸张不仅限于躯干部位，也常见于表情，能够增强视觉效果和个性表现。[①]

① 陈凯．三维角色个性化动作设置的方法设计 [J]. 电子世界，2015(21):182-183.

第三节　三维动画角色制作的关键技术及应用

一、三维动画角色制作的关键技术

（一）三维动画角色制作要求

三维动画角色制作要求主要分为两方面。第一，应通过三维软件手动设计角色动作，并计算中间帧，确保角色动作多样且符合运动规律。虽然二维动画有相关经验，三维动画中也需注意角色运动规律，以确保角色动作的"物理真实"。第二，三维动画需模拟现实运动，结合动作规律营造氛围和叙述故事，以提高动画的完美性和真实感。三维动画角色通过行为表现角色性格特征。角色的行为受意志影响，设计时需符合角色的意志、情感、性格和生活逻辑。不同性格对事件的反应不同，需在动画中突出这些差异，确保角色的"情感真实"。

（二）三维动画角色的建模

1. 几何建模

目前有多种三维动画角色制作软件，各具建模技术。新兴的雕刻建模技术使设计者可以快速制作角色模型。然而，虽然这些软件在几何建模方面灵活，能发挥设计者的想象力，但制作流程复杂，效率较低，需要较强的美术造型能力。

2. 图像建模

在三维动画制作领域，数码相机扮演了至关重要的角色，它以其高精度捕捉能力，实现了对实物多角度的细致拍摄。随后，借助先进的三维动画制作软件，这些拍摄所得的照片被巧妙地整合，进而构建出栩栩如生的角色三维模型。图像建模技术的引入，极大地加速了模型建立的进程，不仅提升了工作效率，更为三维动画制作领域注入了新的活力与可能。

3. 三维扫描

三维扫描技术以其高精度的数据采集能力，为动画创作开辟了新径。通过对动物及演员的全方位扫描，该技术能够精准捕获其表面所有采样点的三维坐标与色彩信息，进而构建出细腻逼真的三维彩色数字模型。此技术有效弥补了传统三维动画软件中几何建模的不足，然而，高昂的成本可能成为制约创作者自由发挥的因素，对创意的无限延伸构成一定挑战。

4. 专业三维动画角色制作软件

专业三维动画角色制作软件，以其强大的功能，能够细腻呈现人物、动物乃至各类物品的立体形态。借助参数盘的精密调控，制作者得以迅速构建出动画角色模型，极大地提升了工作效率。将此类模型导入至三维动画制作软件之中，可显著加速动画制作流程，无须额外的硬件辅助，使得动画角色的制作变得更为简便。然而，值得注意的是，该软件高度依赖于三维角色造型，这在一定程度上束缚了创作者的思维，对其想象力的发挥构成了限制。

5. 动画角色制作建模对比

在动画角色制作技术中，常用的方法就是几何建模、图像建模、三维扫描以及专业三维动画角色制作软件，各自的优缺点如表 3-1 所示。

表 3-1　动画角色制作建模对比情况

动画角色制作建模技术	优点	缺点
几何建模	具有较强灵活性	制作流程多，效率不高
图像建模	操作简单，效率很高	需要较大成本投入
三维扫描	操作简单，效率很高	需要较大成本投入
专业三维动画角色制作软件	操作简单，效率很高	有一定局限性

（三）三维动画角色的运动控制

1. 动画角色骨骼控制系统

三维动画角色制作软件具有骨骼控制功能，可通过设定层级关系和 IK 控制器，最终设置骨骼的关键帧。虽然骨骼控制系统灵活，但需要人为逐根构建骨架，并用正反运动学等知识手动设置。这一过程较为烦琐，需要投入更多精力，最终结果也会受此影响，难以准确呈现。

2. 专用动画角色制作模块

3DSMAX 的 Character Studio 内置 Bipe 骨骼系统，可以自动设置骨骼层级关系和 IK，简化骨骼创建过程。相比基本骨骼系统，Bipe 操作更简单，支持手动设置关键点。Character Studio 还提供自动步迹动画功能，可以让 Bipe 骨骼行走，并手动添加关键帧以增加动作数量。此外，它支持运动混合，允许编辑和叠加多个 Bipe 骨骼动画，使动作更复杂。然而，这些功能需要自动和手动配合，整体上动画的流畅性和真实性可能有所不足。

3. 运动捕捉技术

运动捕捉系统以其卓越的性能，能够实时追踪并记录人体的动态变化，进而精准处理数据，驱动三维角色模型，达成与现实动作的高度同步。该技术以其高效、简便及高精度的特点，在动画制作领域占据一席之地。然而，高昂的硬件成本成为其广泛应用的障碍，且对于高危险性动作，如跳楼或撞击等场景，捕捉难度极大，仍需技术上的进一步突破。

4. 三维动画角色动作生成技术

Endorphin 软件，源自英国的创新之作，巧妙融合生物动力学、人工智能及基因演算技术，实现对真实人体动作的精准模拟。该软件以高精度、高效率著称，尤为难能可贵的是，它能有效处理撞击、跳楼等高危动作的模拟，展现了卓越的技术实力。此外，虚拟演员的引入，使得对专用硬件设备的依赖得以解除，极大地推动了三维动画角色制作水平的提升，彰显了技术的革新与进步。

5. 三维动画角色运动控制技术对比

4 种三维动画角色运动控制技术，主要为骨骼控制系统、专用动画角色制作模块、运动捕捉技术和三维动画角色动作生成技术，各自的优缺点对比分析情况如表 3-2 所示。①

① 潘永路．三维角色动画制作关键技术应用研究 [J]. 电子元器件与信息技术，2021, 5(2):211-212.

表 3-2 三维动画角色运动控制技术对比

三维动画角色运动控制技术	优点	缺点
骨骼控制系统	灵活性较强	操作流程过于复杂
专用动画角色制作模块	制作简单	动画角色动作不够生动
运动捕捉技术	效率高、准确性好	无法制作高危险动作
三维动画角色动作生成技术	效率高、准确性好，能够制作各种高危险动作	对设计者操作能力要求高

（四）三维动画角色中不同技术介绍分析

1. 三维动画角色中的几何建模技术

几何建模技术是三维角色动画的关键，涵盖表面建模和多种多边形建模方法。虽然它简化了制作流程，但仍脱离不了人员操作支持，建模过程尤其如此。

2. 三维动画角色中三维扫描技术

三维角色刻画需扫描真实对象，利用扫描数据进行高效制作。这种技术功能强大，但需专业人员操作和高成本投入。

3. 三维动画角色中图像建模技术

图像建模技术能精确构建三维模型，但由于其特性，对角色细节的处理精度和清晰度较低，并非完美。

4. 三维动画角色中建模制作软件

建模软件种类丰富，可满足不同的三维动画角色制作需求，处理细节并绘制基础模型。后续的模型调整则需依赖其他专业技术。尽管三维制作软件功能日益增强，仍有部分动画制作需求未能得到完全满足，需要进一步的技术突破。[①]

二、基于 MAYA 软件的三维动画角色制作技术及应用

随着科技的发展，数字技术已深刻影响生活品质。我国的三维动画技术火热发展，MAYA 软件得到广泛运用。MAYA 作为目前领先的三维动画软件，功能强大，实用性强，

① 郁蜀彬．三维角色动画关键技术研究 [J]. 河北农机，2020(8):57.

大大提升了制作效率。

（一）MAYA 软件概述

MAYA 是 Autodesk 旗下的一款动画制作软件，在国内外被广泛应用。其强大的功能不仅提高了动画制作效率，还增强了内容的真实感。经过持续更新，MAYA 已成为三维动画制作的主要工具之一，也是当前最实用的软件之一。

（二）MAYA 软件的特征

与传统三维动画软件相比，MAYA 具有更高的灵活性和更完善的功能，制作出的动画情感更贴近生活，真实性更强。它能有效提高制作效率和仿真模型的精准度，增强动画的真实感。通过灯光和摄像模拟，MAYA 能创造更逼真的虚拟场景，让观众获得身临其境的体验，这是传统软件无法比拟的。

（三）MAYA 软件在角色制作中的优势

（1）MAYA 软件中的骨骼和蒙皮工具能够增强动画角色的逼真度。通过网络变形技术，它能精准还原角色表情，提升表情的真实性。MAYA 的骨骼系统功能强大，动画制作者可以利用它为角色塑造面部表情，并对角色进行精准控制，如此一来，角色生命力将更突出。

（2）MAYA 软件是一款集三维虚拟对象合成与视频图像处理于一体的强大工具，为动画制作领域带来了革命性的改变。它内置多样化的制作工具，能够高效解决对象移动中的复杂问题，显著加速位置匹配过程，从而极大提升了三维动画制作的效率。

（四）MAYA 软件在三维动画角色制作技术中的相关应用

1. 建模制作

在动画制作中，建模是关键环节，而 MAYA 软件在这方面提供了强大的支持。利用 MAYA 进行建模，可以显著提升场景的仿真度和还原度，增强视觉体验。MAYA 的软件工具包括多面体造型和曲面造型两种。多面体造型工具是历史最悠久的建模工具，利用点、线、面元素创建模型，用户可以自主编辑这些元素，发挥创新，提升模型的真实感。而曲面造型工具则提供了更多灵活的曲面模型，使建模更精准。许多模型需要用曲线勾勒外形，通过调整曲线形态，可以更好地表达模型效果，特别是在制作角色轮廓时。

2. 材质制作

材质作为三维动画中不可或缺的元素，对动画效果的提升起着举足轻重的作用。在 MAYA 这一专业软件中，通过“Window-Rendering Editors-Hypershade”路径，用户能够轻松进入材质制作的界面。该工具集材质球、纹理、光点等多功能于一体，赋予了用户对模型各节点属性的精细调整能力。不仅如此，它还能设置场景中元素的相关参数，使得金属的冷冽、石头的粗犷、塑料的轻盈以及布料的柔软等自然元素得以被真实还原。通过无高光效果的实现，MAYA 进一步提升了三维动画中材质的质量，为观众带来了更加细腻、逼真的视觉享受。

3. 场景灯光调节

在三维动画制作的广阔天地中，灯光配置扮演着举足轻重的角色，它不仅是完善与丰富动画氛围的关键，更是引导观众情绪、营造独特视觉体验的重要手段。因此，动画制作师需深谙各类灯光的特性与效果，对光线的传播规律及色彩运用有着全面而深刻的理解。在此基础上，他们方能精准地为不同场景选定适宜的灯光色彩，从而强化灯光渲染的艺术魅力。在 MAYA 这一强大的三维动画制作平台上，灯光布置的应用分析显得尤为重要。动画制作师需首先明确灯光设计的核心主题，并悉心寻找与之相得益彰的灯光场景。随后，他们应深入分析每个角色的独特性格，为其量身定制布光方案，通过光线的巧妙运用，进一步强化角色的性格特征，提升视觉体验的层次感。最终，基于全面而细致的分析结果，制作师将精心布置光源场景，力求在光影交错间，为观众呈现出一场视觉盛宴。此外，动画制作师还需广泛借鉴现实生活场景中的灯光运用，以此增强动画氛围的真实感，使观众在欣赏动画的同时，仿佛置身于一个既虚幻又逼真的奇妙世界，享受着前所未有的观影体验。

4. 特效制作

优质的特效能提升虚拟场景的生动性和动画氛围，增强观影体验。动画师常用火焰、水域和雾气等特效来增加场景的真实感。使用 MAYA 软件时，可以先进行模型建设，再通过特效程序或粒子系统添加视觉效果，创造炫酷的特效表现。粒子系统是当前最广泛使用的特效制作方式之一，深受动画师喜爱。①

三、三维动画技术应用的要点分析

（一）三维动画的特点

三维动画相较于其他动画有三大特点：一是能实现实际拍摄无法完成的镜头。二是制作过程中不受外界环境影响，且具有较强的可修改性易于，易于提升动画质量，并能节省成本，即使面对复杂镜头也能顺利完成。三是能美化产品，结合艺术与技术，通过创意、构图、镜头和灯光等方面的合理设计，能够重塑时间和空间。

（二）三维动画技术在计算机中的实现过程

三维动画制作过程复杂，包括建模、贴图、配置摄像机、布灯光等步骤。

1. 建模

建模人员需要对角色和场景进行等比例建模。常用方式包括：多边形建模，适用于简单物体，如建筑和家居，通过几何形状连接形成模型。样条曲线建模，用于有机物体和角色，定义曲面以实现平滑过渡。细分建模，结合前两种方法的优点，被广泛应用于三维动画中。

2. 贴图

完成建模后，模型的材质表现可能不明显，影响动画效果。因此，需要进行贴图，以显示材质如金属、玻璃、塑料等。设计过程中通常使用贴图坐标将二维图片贴附到模型上，从而准确展现材质，使动画更贴近真实世界。

① 马倩倩. 基于 MAYA 软件的三维动画制作技术及应用 [J]. 电脑编程技巧与维护，2021(9):144-145，154.

3. 配置摄像机

由于需要记录动画制作过程，因此需要配置摄像机。摄像机配置通常依据分镜头脚本设计，以满足基本摄像原则。同时，可调整摄像机角度和景深，以提高画面的流畅度和稳定性。

4. 布灯光

三维动画设计中，灯光的配置至关重要，能提升场景真实感和氛围。常用灯光包括泛光灯和方向灯。泛光灯类似太阳，四面发光；方向灯则类似手电筒。泛光灯通常配置为“正面、左下、背景”三盏可调灯，以照亮整个场景并控制光线和阴影。补光灯放置在摄像机左右下方，调节阴影。背光灯放置在物体背面的左上或右上，突出轮廓，增强真实感。合理配置灯光可改善画面氛围效果。

5. 设计运动轨迹

为了让三维动画更生动，需重视运动轨迹设计。在实际设计中，要关注动画规律，设计每个片段并将其导入三维动画软件记录。设置关键动作后，根据实际情况调整运动参数，计算机将优化运动轨迹。在三维动画的制作中，动作的节奏、幅度与力度，皆可通过动画曲线得以淋漓尽致地展现。曲线的横轴展示着动作帧的流转；纵轴则展示着动画值的起伏。细观此曲线，动作之速度变化，尽收眼底。而动画设计的关键之处则是对角色表现的设计。软件虽提供骨骼绑定之功能，但蒙皮技术与模型、骨骼之绑定才是使角色灵动之关键。通过权重之设置，角色之口型、表情乃至动作皆能得以自然真实地呈现。此番细腻操作旨在确保角色于动画世界中跃动生姿、栩栩如生。

6. 渲染输出

在三维动画制作流程的尾声，渲染环节无疑占据着举足轻重的地位，它是将前期所有辛勤工作的成果转化为最终动画形态的关键步骤。无论是模型的贴图，还是静态效果图的呈现，皆需经由渲染的精心调整，方能成就佳作。渲染器的选择与应用，在此过程中显得尤为关键。依据渲染质量的不同，渲染器可细分为扫描方式、光线跟踪、辐射度渲染等多种类型。需要注意的是，渲染质量的高低与所需时间成正比，高质量渲染虽能带来更为逼真的视觉效果，却也相应地增加了渲染时间。因此，在追求高品质的同时，还需兼顾效率，以实现最佳的制作效果。

7. 后期制作

视频类型的三维动画需在主体制作完成后进行后期合成。后期制作通常使用非线性编辑软件进行剪辑，然后加入环境要素，如水、烟、雾等，使得动画画面更加真实。

第四节　三维动画设计的角色建模与行为控制

一、基于虚拟动画设计的角色建模与行为控制

（一）角色建模

创建骨骼系统三维模型是构建虚拟角色的第一步，角色模型需符合平台的实时阅览特性和逼真效果。为了简化建模过程，可以修改现有模型来创建角色，并导入动画场景。利用 POSER 软件进行三维虚拟动画设计时，具体步骤如下。

1. 在 POSER 软件内创建角色模型

使用 POSER 5.0，从模型库中选择符合需求的身体、面部、头发等模型，拼接并调整尺寸，删除多余部分以修正模型。在 POSER 软件中调整有限的三维资源，以获取所需角色模型，为后续蒙皮环节做准备。在三维动画制作的流程中，将调试完毕的模型以 3DMAX 格式导出，并导入至其他 3D 软件内进行后续调整，是确保模型质量的关键步骤。针对特殊场景的需求，制作人员需在 3D 软件内灵活运用蒙皮工具，对模型单位进行细致入微的调整。由于模型后续将在 VT 软件中进行缩小处理，因此在此阶段无须进行预先调整。另外，鉴于模型是以材质格式而非贴图形式导出，设计过程中需运用两个模型：其一为包含衣物与发型的人物整体模型（见图 3-7）；其二则为面部细节清晰的脸部模型（见图 3-8），以此确

保最终动画效果的精致与逼真。

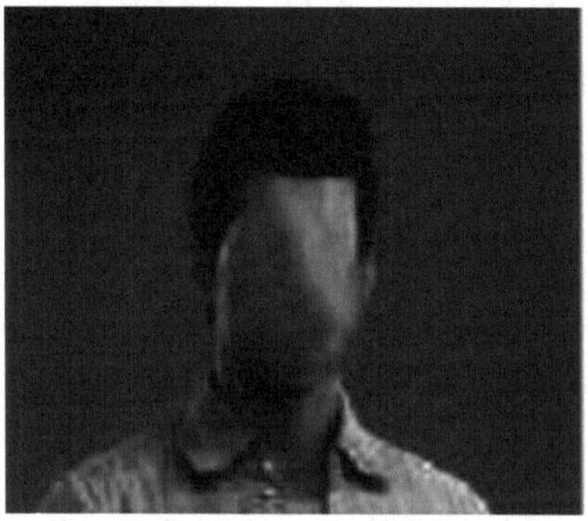

图 3-7　人物模型

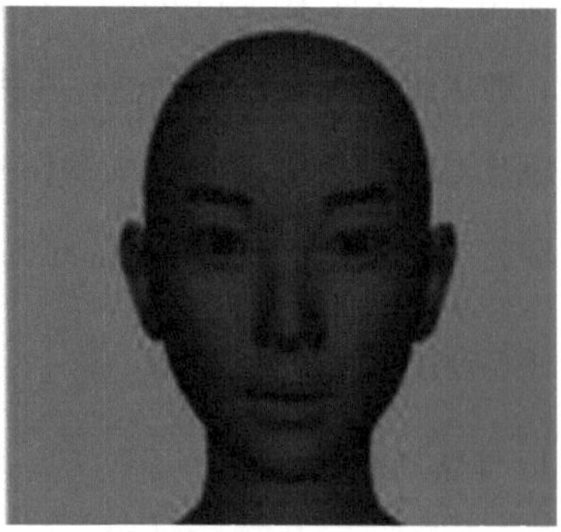

图 3-8　脸部模型

在 3D 软件的角色模型构建过程中，可采取一种创新的方法：先行移除某一模型的下半部分，仅保留其头部结构。随后，将此保留的头部与另一脸部模型进行附加操作，通过这一融合过程，最终达成角色模型的完整创建。模型示例见图 3-9。

图 3-9　创建后的角色模型

2. 在 3D 软件内创建角色骨骼

使用 3D 软件中的 CAT 插件创建角色骨骼。CAT 比自带骨骼系统更准确，支持拖动、删除、复制骨骼以调整数量。创建角色骨骼时，应调节骨骼大小，使其与角色模型对齐，为后续动作设计和蒙皮做准备。

3. 角色骨骼蒙皮

使用 3D 软件中的 Premiere 编辑器对角色骨骼进行蒙皮。选择根节点并调整封套，确保封套完全包裹骨骼，避免牵涉其他骨骼，否则会导致模型粘连或破损。由于蒙皮易出错，需设定大幅动作检测效果。若有问题，可使用软件的修改器定位并调整破损位置，或通过 Bonm 选项全选骨骼进行整体调整。

（二）行为控制

1. 骨骼动画技术

骨骼动画是三维虚拟动画设计中被最广泛使用的技术，特别适用于模拟人物和脊椎动物。该技术通过控制骨架驱动、皮肤变形来模拟角色运动。基本流程是预先用软件制作动画，运行时程序计算并按逻辑播放。结合运动捕捉技术，能提升动画的逼真度和操作便利性。如果某些动作难度过大，需要手动操作来完成。

2. 动作调整

于 3D 软件环境中，角色骨骼的创建与蒙皮工作完成后，便进入了赋予角色生命的动作调整阶段。通过运用运动信息、关键帧设置以及足迹等高级功能，制作者得以为角色骨骼添加各类动作。此过程不仅要求技术上的娴熟，更需对角色性格与情境有深刻理解，方能确保所调整之动作既符合物理规律，又能生动展现角色个性。

3. 骨骼驱动

在获取契合 3D 格式的虚拟角色动画数据后，利用 C++ 编程语言与 3D 图形库的深度融合，可为应用程序开发注入鲜活的生命力。途径有三：一是通过直接驾驭多媒体编程接口 DirectX 或开放图形库 OpenGL 的底层 API（应用程序编程接口），细腻描绘三维场景；二是借助 Open Scene Graph 图形引擎的 osg 插件，实现高效场景管理与渲染；三是在 Delt 3D 这一仿真引擎中，运用其封装的 Replica Body 库，促进角色动画的逼真再现。

4. 实现行为控制

在虚拟角色动画的实现过程中，Implement Gain about（ ）函数扮演着举足轻重的角色，它负责执行并精确控制角色的各类动作。该函数通过解读 rbody 配置文件中预设的动作名称，并将其作为输入参数，进而触发虚拟角色执行与之对应的动作数据。该函数为角色设置了直立、行走和跑步三种动作，这些动作通过 F4、F5 和 F6 键进行切换。[①]

二、三维虚拟动画设计中的角色绘画与建模

角色绘画与建模，作为三维虚拟动画设计的灵魂，融合了艺术之美、科技之力、心理学之深邃以及社会学之广博。此领域不仅要求创作者精通绘画技艺与建模技术，更需其深刻理解角色内在情感与社会背景。动画师通过细腻笔触勾勒形象，借助先进算法构建模型，使角色得以栩栩如生，跃然纸上。

（一）三维虚拟动画角色绘画与建模系统的结构设计

角色绘画与建模系统，以“三维虚拟动画角色”为核心，深入探索动态捕捉、虚拟角色绘画及三维模型设计三大领域，并融入外围链接，确保角色与外部环境的互动。在动态捕捉的广阔天地里，系统通过高精度的动作数据捕获与实时渲染技术，生动再现角色的每一个细微运动，赋予其流畅自然的动作韵律。虚拟角色绘画，则专注于塑造角色的外在风貌与独特个性，借助丰富的色彩搭配、细腻的贴图处理以及逼真的光影效果，极大地增强了角色的视觉真实感与吸引力。三维模型设计涵盖了从基础建模到细节雕刻，再到拓扑优化的全过程，确保角色在三维空间中呈现出自然流畅、结构合理的形态。而在外围链接方面，虚拟现实技术的引入，如头显、手柄等设备，为用户提供了沉浸式的交互体验，使观众能够身临其境地与虚拟角色进行互动。同时，三维建模软件如 Blender、MAYA 等，为角色的构建提供了强大的技术支持。网络技术的巧妙融合，更使得角色能够轻松实现在线互动与跨平台联动，极大地扩展了其传播范围与影响力（见图 3-10）。

① 金文玥．基于虚拟动画设计的角色建模与行为控制研究［J］．现代电子技术，2020，43(17):110-114.

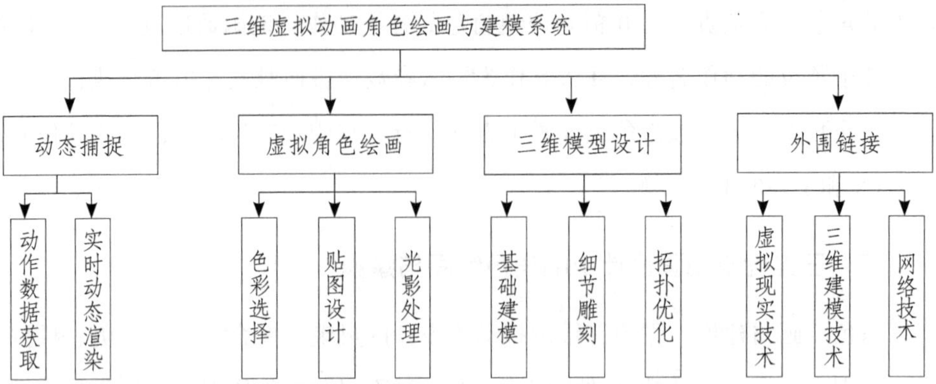

图 3-10 三维虚拟动画角色绘画与建模系统结构

（二）三维虚拟动画设计中的角色绘画与建模

1. 角色绘画过程

角色绘画这一艺术表现形式，早已超越了单纯的平面展示范畴，它融合了多种先进技术，旨在提升作品的真实感与立体性。在角色创作的初始阶段，概念设计扮演着举足轻重的角色。艺术家们以草图或概念艺术的形式，精心勾勒出角色的外观轮廓、服饰搭配、表情神态及动态特征，为后续的动画制作团队提供了清晰的视觉参考。这一环节不仅是艺术灵感的碰撞，更是确保角色形象与故事情节紧密相连的重要基石。贴图绘制环节，则是将平面的艺术构思转化为三维模型上的细腻纹理。艺术家们运用漫反射、法线以及光照贴图等多种技术手段为角色披上一层“外衣”，赋予了其丰富的色彩、纹理与视觉细节，从而创造出令人叹为观止的视觉效果。光影处理与色彩选择则是角色绘画中不可或缺的点睛之笔。通过精确模拟真实世界的光照条件，如阳光的温暖、阴影的深邃以及反射的微妙，角色的立体感与真实感得以显著提升。而色彩的搭配，不仅能够准确传达角色的情感波动与性格特点，更能够与故事背景及其他角色形成和谐统一的整体，共同营造出浓郁的氛围，引发观众深刻的情感共鸣。

2. 角色建模过程

（1）建模方法。三维动画角色建模是一项融合了数学精髓与几何美学的技术。在此提到的是动态形态建模方法，简称 DMM。在运用 DMM 方法塑造基本人体模型时，关键在于明确界定诸如头部、胸部、四肢等核心“节点”，每一节点均以精准的三维向量来表征。随后，需细致定义节点间诸如骨骼与肌肉的“连接”，这些连接的特性，则由弹性系数与初始长度共同决定。经由繁复的方程组求解，节点的精确位置得以确定，从而勾勒出角色栩栩如生的三维形态，展现了数学与艺术的完美交融，以及该技术在角色建模领域的无限可能。

（2）模型制作过程。模型制作始于对角色的深度概念化。通过对角色背景、性格及动作特性的透彻分析，艺术家们绘制出概念草图，为后续的建模工作指明了方向。随后，进入基础建模阶段，借助 DMM 方法，从简约的几何形状出发，逐步累积细节，为角色雏形赋予生命。而高级雕刻环节，则是利用 ZBrush 等专业工具，对模型进行精雕细琢，肌肉线条的流畅、皮肤纹理的细腻，均在此过程中得以完美呈现，角色的真实感与生命力随之跃然眼前。接下来是拓扑优化，目的是确保三维网格高效、有序，以保证动画形象的自然流畅移动和后续纹理映射。UV 映射和纹理绘制也是至关重要，主要将 2D 纹理映射到 3D 模型，确保角色的外观细节（如皮肤、衣物）真实，同时分配物理属性以模拟现实行为。

（3）虚拟仿真平台设计。VR 技术虚拟仿真平台，涵盖了多个关键模块（见图 3-11）。其中，3D Max 建模输出模块扮演着桥梁的角色，它使得三维角色模型能够毫无障碍地融入仿真平台。仿真核心工作模块则以多通道视觉仿真技术为基石，不仅实现了角色渲染与动画输出的高质量呈现，还在低延迟方面达到了卓越水准。而 VR 仿真内容发布模块则确保了系统的高性能与稳定性，使平台即便是面对大量用户的同时互动，亦能游刃有余。[①]

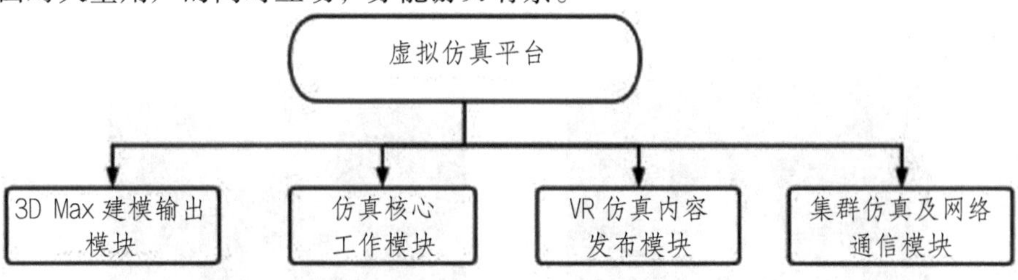

图 3-11 虚拟仿真平台结构

① 马倩倩. 三维虚拟动画设计中的角色绘画与建模研究 [J]. 玩具世界, 2023(5):57-59.

第四章　三维动画造型设计

第一节　动画造型的艺术特点与设计理念

一、二维动画角色造型的艺术特点

经典二维动画角色造型的魅力在于造型的简洁与概括。外轮廓、衣纹乃至结构，皆以简约之风呈现，简单的线条、平面上色与阴影色块交织共同勾勒出清晰明了的视觉效果。此外，这些角色造型的轮廓几何形体明确，三角形、圆形、梯形或其巧妙组合，不仅便于动画师精准把握角色形体，更赋予了角色独特的视觉特征。而线条的流畅、形体变形夸张幅度大则是二维动画角色的又一显著特点。二维动画角色造型还具有色彩唯美、风格化突出的特点。二维动画通过色彩和光影装饰提升唯美效果，增强气氛和画面风格，如《千与千寻》和《狮子王》(见图 4-1、图 4-2)。此外，二维动画不仅可以展现传统大片效果，还可创作非主流风格，突出个人特点。

图 4-1　二维动画《千与千寻》

图 4-2　二维动画《狮子王》

二、三维动画角色造型

（一）三维动画角色造型的主要技术特点

三维动画需要以三维建模技术为基础，进而获得立体设计效果，并确保形态有空间感和严谨的圆度，而非二维动画的平面随意性。三维动画能创建精致的模型和贴图，实现超现实或迷幻的效果，展现真实的三维空间和360度视角，但也缺乏二维动画的清晰边界和装饰性美感，且在主观夸张变形方面不如二维动画。尽管《功夫熊猫》等作品已较好地模拟二维动画效果，三维动画在表情细节和夸张变形的节奏感上仍逊色于二维动画。

（二）三维动画角色造型的发展趋势

三维动画，受限于其技术特性，在唯美表达、动作流畅度及节奏掌控上，或许难以与二维动画的细腻及写实电影的逼真相媲美。正因如此，它催生了两种截然不同的发展趋势。其中之一便是三维动画大片倾向于采用怪诞奇异的角色造型。通过夸张的眼睛、眉骨、鼻子等细节设计，为这些角色塑造出幽默诙谐、妙趣横生的形态，从而在观众心中留下深刻印象。例如，《小鸡快跑》和《玩具总动员》采用了这种风格（见图4-3、图4-4）。

图4-3 三维动画《小鸡快跑》

图4-4 三维动画《玩具总动员》

另一发展趋势则体现于魔幻题材的三维动画之中，其倾向于采用超写实角色造型，旨在营造奇异而震撼的视觉效果。此类动画深受真人参演魔幻电影的启发，其中那些逼真的角色造型与宏大的背景画面不仅抓住了观众的眼球，更在票房与口碑上赢得了巨大成功，如《阿凡达》和《爱丽丝梦游仙境》（见图4-5、图4-6）。

图 4-5　三维动画《阿凡达》

图 4-6　三维动画《爱丽丝仙境梦游记》

三、“中国学派”造型设计的风格特征

受社会历史和文化影响，中国动画在创作手法和技法上表现出多样化的艺术风格。以往对中国动画风格的分类方法各异。以下研究中将“中国学派”动画造型设计分为写实、意象化和装饰性三类风格。

（一）写实风格

艺术源于现实生活，又超越现实生活，动画造型设计同样基于现实。动画的核心在于夸张，完全写实会失去特色。写实风格并非精确描摹现实，而是用动画手法呈现世界，有客观表现也有夸张成分。写实风格的动画设计注重准确的结构、体积感塑造和空间透视规律。

中国传统造型艺术，素来以神似为至高追求，不拘泥于形似，写实非其主旨所在。然而，中国动画的先驱，诸如万氏兄弟与钱家骏，皆具备深厚写实功底，实为艺术与技术并重的典范。特伟导演开山之作《奇异的蒙古马》，由钱家骏担纲总设计，其场景设计巧妙融合写实风格与古代壁画工笔重彩的技法，令人叹为观止。而钱家骏之《一幅僮锦》，不仅是新中国首部动画长片，亦是首部聚焦少数民族题材之作，其背景采用绢上青山绿水，更显意境深远，彰显了中国动画在艺术与技术融合上的独特魅力与深厚底蕴。严定宪的《两只小孔雀》结合了浪漫主义和现实主义风格。钱运达、唐澄的《草原英雄小姐妹》虽用单线平涂，但角色和场景体量感十足。20 世纪 70 年代，中国动画在写实风格上达到高度，《小号手》因其对人物精神气质的表现获得国际奖项。常光希导演的《奇异的蒙古马》

场面壮阔，通过明暗光影增强了造型的体量感（见图 4-7），这在中国动画中不多见。

图 4-7　常光希导演《奇异的蒙古马》画面

“中国学派”的另一部写实风格开山作是靳夕和尤磊导演的木偶动画《神笔》。中国木偶戏起源于汉代，唐宋时期发展成熟，台湾布袋戏也是其中之一。中国偶动画起点高，保持较高水准。著名导演钱运达和靳夕曾赴捷克学习偶动画技艺，将东欧精神与中国风格融合，形成了独特的造型特色。写实风格的偶动画还有章超群、岳路、万超尘导演的《雕龙记》，章超群导演的《小哥儿俩》，靳夕的《孔雀公主》，尤磊的《半夜鸡叫》《瞄呜是谁叫的》和《小八路》，以及川本喜八郎、孙大衡的《不射之射》（见图 4-8）。此外，自万古蟾成功拍摄彩色剪纸片后，剪纸动画作为一种新型表现形式亦丰富了中国动画样式。值得注意的是，在写实动画中，角色服饰、建筑物、道具等直接反映了特定时期的社会风貌和文化思想，这也是其民族性的体现。

图 4-8　“中国学派”动画写实风格造型设计代表作品

（二）意象化风格

“意象”是指通过创作主体的情感活动，形成的具有特定意蕴和情调的艺术形象。这个概念在中国古代文论中非常重要，“意”指内在的心意，“象”为外在的物象，象承载意。意象化动画造型设计，与写实风格迥异，其深耕主观世界的表达，致力于传统文化、价值观及哲学思想的体现。水墨动画，作为中国动画的独特类型，融合了中国传统水墨画与动画叙事，不仅展现了水墨艺术之灵动与意境，更将中国动画的民族风格推向崭新的高度，彰显了中华文化的深厚底蕴与独特魅力。水墨画讲究“气韵生动、虚实相生”，水墨动画将其独特美学引入动画领域，创造出具有中国特色的艺术作品。尽管制作繁复、成本高且产量稀少，但每部作品都堪称精品（见图 4-9）。《小蝌蚪找妈妈》被认为是中国第一部水墨动画片，其独特风格曾引起国际关注，文化部长茅盾曾为其题词。早在《小蝌蚪找妈妈》之前，上海美术电影制片厂已尝试制作了数个水墨动画片段。

图 4-9　水墨动画《山水情》画面

中国艺术的造型传统本身就是变形的艺术。变形旨在传神达意，通过“不似”追求“更似”的精神实质。意象化设计的本质在于对事物的深刻理解和纯粹表现。比如，王树忱和钱运达导演的《原形毕露》和《黄金梦》以漫画式风格突出讽刺趣味。张松林导演的《没头脑和不高兴》采用儿童简笔画风格，反映了 20 世纪 60 年代中国儿童画的风潮。林文肖的《雪孩子》以清新淡雅的风格著称。阿达导演的《三个和尚》将西方动画与现代漫画手法结合，展现幽默与朴素美感；另一部作品《三十六个字》则通过抽象化、象征化的设计提升艺术效果。意象化造型风格标志着“中国学派”动画设计的成熟，脱离了直接的民族元素，体现了中国传统艺术的写意精髓。这种风格中，中国绘画的散点透视法被广泛应用，尤其在场景和镜头设计上，空间透视规律常被平面化设计取代（见图 4-10）。

图 4-10 “中国学派”动画意象化造型风格设计代表作品

（三）装饰性风格

装饰性风格的动画造型设计通·过艺术加工增强表现力和审美效果，侧重于丰富外观。与意象化风格的“减法”变形不同，装饰性风格使用“加法”来追求装饰效果。此风格基于民间艺术和传统文化，展现浓厚的民族特色。中国装饰性风格的动画造型技法丰富，许多元素被应用于动画设计中。王树忱导演之《过猴山》，与何玉门执导之《小鲤鱼跳龙门》及《好猫咪咪》，皆巧妙借鉴年画风格，展现了民间艺术之韵味。而《善良的夏吾冬》则独辟蹊径，采用新疆民间壁画风格，线条奔放不羁，色彩绚丽夺目，尽显地域文化之特色。钱家骏与戴铁郎合作之《九色鹿》，更是融入了北魏敦煌壁画之风，保留了古雅之装饰特色，彰显了中国动画在风格探索上的深厚功力与独特匠心。钱运达导演的《女祸补天》则用赛璐洛片流动颜料复印，营造了色彩斑斓的装饰画效果（见图 4-11）。

图 4-11 《女蜗补天》画面

装饰性风格的动画造型设计充满民间文化元素，色彩厚重，突出传神部位（如眼睛、花心）和关键部位（如颈、腰），并装饰杂乱部分（如发式、皮毛、云纹、火纹等）。装饰是手段而非目的，核心在于展现造型对象的精神气质，这种精神本质上体现了民族性。①

第二节　造型在三维动画设计中的重要作用

一、角色造型在三维动画中占有主体地位

从 20 世纪 60 年代起，动画领域便不断推陈出新，新元素源源不断融入，其中以三维动画、Flash 动画和合成动画等形式最具代表性，并拥有广泛的受众。无论何种形式，角色造型在动画中至关重要。即使剧情优秀，如果角色造型不鲜明，动画也难以成功。角色塑造是动画的核心，造型是吸引观众的基础。动画中的场景和剧情都需围绕角色设计，所有努力旨在突出主体，角色缺失使其他布置毫无意义。动画作品中，角色造型、场景造型和道具造型都很重要，但角色造型尤为关键。它决定了角色的形象、动作和语音，赋予角色无限可能性和吸引力。动画造型设计者要“敢想敢表现”，只有这样，造型才能有足够的内涵和发展空间，使动画更受喜爱。②

在三维动画中，角色造型的主体地位更加凸显。一方面，三维技术的发展使角色可以被塑造得更加细腻、逼真，从角色的皮肤纹理到毛发细节，都能给观众带来强烈的视觉冲击。这种高度真实感的角色造型能够让观众更容易产生情感共鸣，仿佛角色就真实地生活在一个虚拟的世界中。另一方面，角色造型在三维动画中也承担着传达故事主题和价值观的重要任务。通过角色的外貌、服装、配饰等设计元素，可以直观地展现角色的性格特点、社会地位和文化背景。例如，一

① 蔡文林 . 中国动画造型设计的风格特征研究 [D]. 苏州：苏州大学 ,2008.

② 孙雨溪 .3D 打印在三维动画造型设计中的应用研究 [J]. 参花（下）,2020(12):107-108.

个勇敢的英雄角色可能会有强壮的体魄、坚定的眼神和华丽的铠甲，而一个邪恶的反派角色则可能有狰狞的面容、黑暗的服饰和恐怖的武器。这些造型设计不仅能够帮助观众快速理解角色的定位，还能加深观众对故事主题的理解。

同时，角色造型的创新也是三维动画不断发展的动力之一。在竞争激烈的动画市场中，独特而富有创意的角色造型能够吸引观众的目光，让作品脱颖而出。动画制作团队需要不断探索新的设计理念和技术手段，创造出具有个性和魅力的角色造型，以满足观众日益增长的审美需求。此外，角色造型在三维动画的商业价值方面也起着关键作用。一个受欢迎的角色造型可以衍生出各种周边产品，如玩具、文具、服装等，为动画制作公司带来丰厚的经济收益。因此，动画制作公司往往会投入大量的资源和精力来打造具有商业潜力的角色造型。

总之，在三维动画中，角色造型占据着主体地位。它不仅是动画作品的视觉核心，也是传达故事主题、价值观和商业价值的重要载体。动画制作团队需要高度重视角色造型的设计，不断创新和完善，以创造出更加精彩、动人的三维动画作品。

二、造型在三维动画设计中的作用

（一）帮助观众深刻记忆动画的重要特征

提及《樱桃小丸子》，其标志性短发造型瞬间跃入脑海，成为角色深入人心的象征。少儿节目中，主持人化身为各式动物或玩偶，亦不乏趣味造型的典范。此等造型之作用，不仅在于提升动画的吸引力，更在于其能牢牢锁住观众目光。于三维动画而言，造型基础尤为重要，它赋予立体影像以真实和生命，为动画注入无限活力，使之更加生动有趣，引人入胜。

（二）好造型可以更好地吸引观众的注意力

动画造型想要达到优秀层次，艺术性和商业性均不能缺少。如果观众喜欢某个角色造型，并认为其体现了角色形象，他们更有可能继续观看这部动画。一个出色的动画造型能显著提升作品的吸引力。相反，如果所有造型都平淡无奇，难以引起观众兴趣。

（三）角色造型在不同风格的动画片中有着极大的影响

动画造型设计要足够慎重，确保做到全面协调。例如，“柯南”这一角色的经典形象通过佩戴眼镜展示了智慧。角色造型还体现了动画的整体风格，让观众通过造型识别作品的情感基调，如悲伤、搞笑或轻松愉快。展现角色造型是体现动画风格的最佳方式，扎实的造型基础是制作优秀动画的关键。

第三节　三维动画造型设计的要素及关键点

一、三维动画造型设计的要素

以《我的大学——奇妙之旅》动画项目中的外星人菲菲为主要角色对象进行造型设计的探讨。

（一）形体和色彩

色彩具有象征性。外星人皮肤选择黄绿色，绿色象征生命与活力，与外星人寻找生存希望的设定相符合。黄绿色代表嫩绿，适合描绘外星人小巧且弱小的形象。经典动画角色的色彩往往独特，外星人形象的颜色运用能够准确表达其特征。形象设计通过符号化特征提炼信息，圆形代表饱满与充实，圆润的线条展现外星人活泼的五官和灵活形体。为贴合剧情，作品中融入美式风格，并且将简单单线框和平面色彩作为应用对象，如利用艳丽绿色和清晰线条设计外星人。设计中加入了外星人的特殊技能配件，如额头闪电标志、伸缩眼球和手柄，增加了梦幻与活力。技能上，它通过手机游戏控制人类，性格搞怪但技能水平专业，忠诚于主人。最后成品如图 4–12 所示。

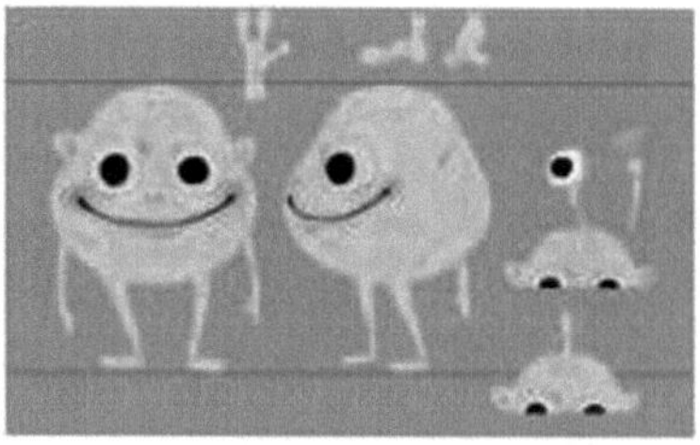

图 4-12　外星人三维角色设定成品

（二）表情和动作

角色造型实为动画片风格的直观展现，其中表情与动作之描绘对于加深观众对作品的印象尤为关键。因此，在角色造型的塑造上，不可仅局限于外在形体的刻画，更需通过对其表情与动作的描绘深入挖掘并体现其内在性格与独特气质。以外星人为例，其表情设定需涵盖喜、怒、哀、乐等基本情感（见图 4-13），以期通过细腻的表情变化传达角色丰富的内心世界，增强角色的生命力与感染力，使印象深刻。

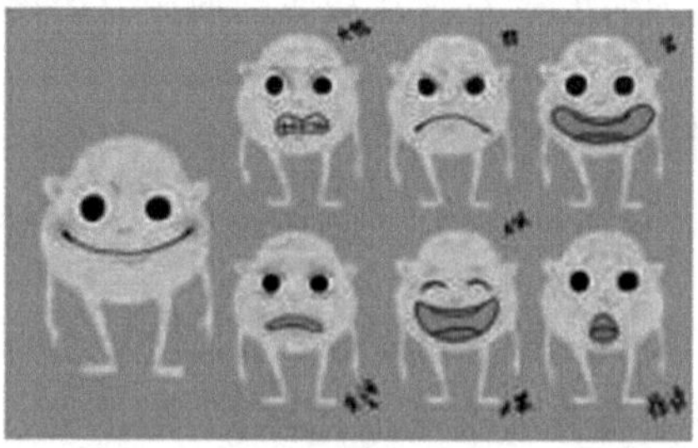

图 4-13　外星人角色表情设定

在角色动作的构思中，外星人的扶腰姿态成为一抹亮色（见图 4-14）。鉴于其长期蛰伏于手机之内，每当它现身之际，往往伴随着腰酸背痛之态，甚或因不慎摔倒而从手机中踉跄滚出，此刻，扶腰的动作便显得尤为重要。这一设计不仅生动展现了外星人的生理状态，更巧妙融入了剧情情境，赋予角色以真实可感的生命力，让观众在欢笑之余，也能深刻感受到角色所处的独特境遇。[①]

① 何隽．关于动画角色造型设计技艺的研究与实现[J]．电脑知识与技术，2019，15(32):217-219.

图 4-14　外星人扶腰动作

二、三维动画角色造型要素符号化分析

（一）符号定义

纳盖尔在《符号论与科学》中定义符号为“任意生成的事物，通过传统或语言法则标示另一事物”。符号学起源于语言学，如今已扩展到哲学、文学、自然科学和艺术等领域，成为研究符号及其功能的通用方法论。

（二）动画角色造型系统符号化特征

罗兰·巴特认为，符号由“能指”（物质中介）和“所指”（心理再现）组成，两者结合形成“意指”，即符号。符号是思维和信息交流的基础，是人类认识和表达思想的媒介。哲学家波普尔的“三个世界”理论中，符号世界是区别于物理世界和精神世界的“第三世界”，包括科学、诗歌和艺术的思想。

动画以其强烈的符号化特征和角色造型的视觉化艺术著称。首部动画《一张滑稽面孔的幽默姿态》用漫画的抽象语言刻画角色，赋予图画生命（见图 4-15）。这部由布莱克顿拍摄的动画电影通过夸张的艺术加工表现人物形象和表情，使观众迅速识别并产生共鸣。因此，符号化特征成为动画的显著特点。在设计角色时，创作者需在剧本创意基础上，研究形象和动作符号，并将其扩展至角色的语言、文化和商业符号，以统一于视听系统符号中。

图 4-15 《一张滑稽面孔的幽默姿态》的漫画展现

（三）三维动画角色造型系统创意要素探讨

动画艺术综合了造型、动作、语言、绘画和声音等表现手段，在长期发展中形成独特审美价值。在图形化、动态化和互动化潮流中，动画形象得到改变，更加贴合时代审美，进而获得广泛认可，成为影响全球文化的因素，并代表民族精神。三维动画角色造型可以视为传承文化的系统符号，由多个相互联系的要素组成，形成整体（见图 4-16）。

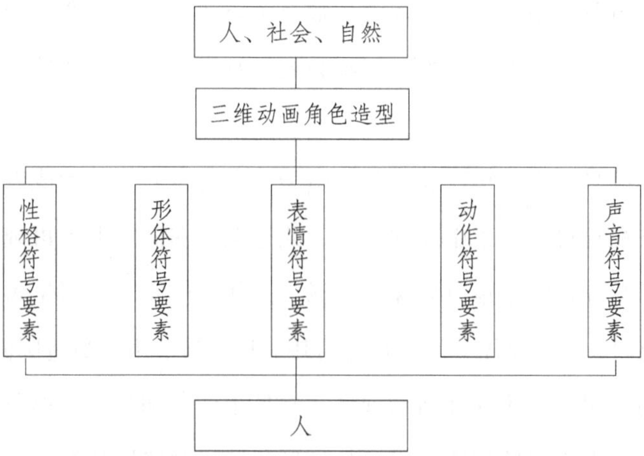

图 4-16　三维动画角色造型的要素组成

分析上表可知，三维动画角色造型系统源于人、社会和自然，分为若干子系统，通过有机结合形成完整模型，最终由人评估其功能。厘清要素间关系需运用系统论设计思想。系统方法即是通过考察对象的系统性进行科学研究（见图 4-17）。

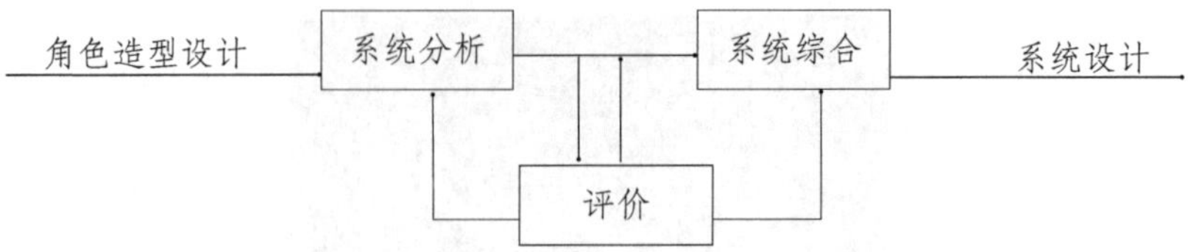

图 4-17　三维动画角色造型系统设计方法

动画角色造型的系统设计包括系统分析和系统综合。系统分析是目的明确的探索过程，旨在确定目标、分析子系统功能及其相互关系，并研究角色系统与三维动画的影响。在三维角色造型设计中，我们从符号信息入手，分解出不同要素，细分子系统，厘清关系并合理整合，最终由人评估。视角色造型为系统，研究角色性格、形体、表情、动作和声音等子系统及其相互作用，以此制定设计方法与原理。

1. 角色内涵设计要素

（1）性格符号要素。深入探索人物性格之基调，需从剧本情节、角色行为及其语言中细细挖掘。正如高尔基所言，“情节乃性格之历史”。性格之差异，赋予动画角色以鲜明生动之特质，彼此间对比映衬，共同构筑动画之灵魂。因此，精准捕捉并把握角色性格，对于影片之成败至关重要。这不仅要求创作者深入理解剧本，更需具备敏锐洞察力，方能于细微处见真章，使角色跃然于屏幕之上，深入人心。

（2）形体符号要素分析。动画角色造型，实为符号之集大成者，构成了动画作品中听觉与视觉符号的集中展现平台。此造型，非简单形象再现，而是通过精心构建的符号系统，赋予角色以深刻内涵。几何形体符号能用于角色造型，比如塑造女性角色时，圆形和优美曲线最为常用，其中圆形用于塑造圆满和充实形象，如长发姑娘的圆润五官体现纯洁和善良，常见于仙女和精灵等形象，给人可信赖的印象。曲线表现柔韧性和流动感，长发形象通过曲线展现温柔优雅的气质。塑造男性角色时，长方形和直线条最为常用，其中长方形传达出“稳固”特征，带给观众坚定可靠感觉，常见于英雄角色。直线条体现力量感，描绘男子的强壮和阳刚，与女性角色形成刚柔对比。反面角色之设计，往往通过加强线条之锐利感，以凸显其独特气质。以《长发姑娘》中后母之造型为例，其服装线条刚硬密集，五官紧凑，配以三角形大眼睛，冷艳狠毒之形象跃然纸上。而当后母化身巫婆，夸张与变形的手法更是运用得淋漓尽致。尖三角形脸庞、鹰钩鼻、突兀圆眼、黑眼圈、尖下巴、锐利手指，加之黑帽风衣，共同营造出一种强烈之威胁与不稳定的氛围。尤为值得一提的是，尖锐三角形与锐利线条的运用，无疑为巫婆的凶恶与杀气增色不少，使观众得以深刻感受角色的邪恶本质。

在动画《小美人鱼》中，爱丽儿的造型在写实基础上进行夸张，大眼睛、丰满的嘴唇和曲线分明的身体使她显得有弹性和活力。这样的形象成为新模式，后来的动画女主角如《美女与野兽》的贝儿、《风中奇缘》的宝嘉公主和《阿拉丁》的茉莉公主也多具备类似特征。男主角造型如《小美人鱼》的王子和《风中奇缘》的男主角，则在风格上更加现代，使用直线和长方形，具有符号化特征。反面角色设计上，如《怪物公司》的凶狠肥胖老板，虽然形象各异，但通常五官阴险，头部呈倒三角形，身材畸形，色彩多为黑紫色。这一阶段还打破了简单图解式造型，形成新的概念化符号规则，设计上更富生气和变化。《怪物史瑞克》刻意颠覆经典造型，史瑞克有着椭圆形头、大下巴、光头、长耳朵、小眼睛和突出的肚子，丑陋却善良。虽然外形丑陋，但圆形头部、生命力草绿色的皮肤等设计使史瑞克看起来仍显善良可爱，这种丑与善的反差成为影片的卖点。

2. 角色外延设计要素

（1）表情符号要素。迪士尼曾说："在通过肢体表现想法后，我们需要重视面部表情的价值，即眼睛、眉毛和嘴巴的结合。"在动画中，角色表演的核心是通过这些面部特征与肢体动作的结合来展现。角色必须真实且符合剧情要求，而表情作为重要符号，对角色造型和性格的表现至关重要。表情作为符号，其传达的信息量巨大。

动画角色，无论是人物还是动物，都基于现实物象进行设计和扩展。在表情设计中，需兼顾写实性和动画表演的特殊性。设计动画角色表情时，需广泛借鉴现实物象，确保表情与角色特征相契合，从而于关键帧中精准捕捉并展现角色本真表情。眼睛被誉为心灵之窗，其变化微妙，实为表情设计的关键。通过深入研究真人眼睛，不难发现，眼睛、眉毛与脸部肌肉的协调互动，可演绎出千变万化的大小与形状，进而传达丰富多彩的情感。角色眼睛的变化，更是其性格的外显，或兴奋雀跃，或开怀大笑，皆可通过眼眸流转得以彰显。反之，若动画角色的眼睛缺乏变化，则易沦为呆板的模型或无趣的玩具。为了统一各表情，各器官需紧密配合。比如，夸张地微笑时脸颊移动幅度大，几乎触碰眼睛；而放松地微笑时，面部各器官变化幅度小，以展现表情。这一原则在动画制作中一直被遵循。各部分的协调，如脸颊下移需鼻子微垂，嘴巴展开，甚至耳朵动作，能生动传达角色的内心世界。因此，细致的眼神刻画至关重要。

在《汽车总动员》中，闪电小子从傲慢到谦逊的脸庞、保时捷莉萨的高贵与平易近人，以及拖车马特滑稽却善良的面孔都令人难忘。电影讲述了赛车的故事，将汽车拟人化，创造了一个“汽车人”的童话世界。皮克斯导演利用先进技术，将汽车拟人化到新高度：挡风玻璃变为眼睛，挡泥板被忽略，拟人化嘴巴取而代之，鲜亮色彩展现不同性格。每辆车的个性表情生动逼真。闪电小子总带着自信的笑容，鲜红的车身体现其张狂；保时捷莉萨展现浪漫气息，她的紫色车身和妩媚眼角令人印象深刻；拖车马特的大板牙和锈迹斑斑的车身则突显其朴实和善良。

（2）动作符号要素。在福建泉州的传统提线木偶戏中，“傀儡意念”强调了角色表演的艺术规律。动画创作中，动画师应借鉴这一理念，通过“角色性格思维”设计角色动作，使其与剧情贴合且生动。这还需动画师具备深厚的思想、艺术修养、表演技巧以及对剧本的理解。三维动画创作中，数字技术支持艺术创作，核心仍是动作符号特征。动作设计需根据角色特征设定运动状态，充分体现性格。美正如前文所引，动画师如同上帝般创造世界。这种特殊性要求我们注重动作设计，因为动画的“怎么动”比“什么动”更重要。

幽默和戏剧性是动画动作设计的关键，表演是其中的核心。表演艺术通过典型化来升华生活，动画动作设计也追求这种美学。动作设计之风格，与造型风格息息相关，二者相辅相成。当造型趋于夸张、漫画化之时，动作设计亦应随之舞动，步入同一韵律之中。某些极度夸张之动作，虽看似荒诞不经，实则深植于人们之幻想与潜意识之中，此种“过度”设计，既合艺术之规律，又顺情感之逻辑。动画造型不仅要精准捕捉外型之特色，更需与动作风格相得益彰，方能带来新奇独特的视觉与心理体验，让观众在光影交错间，感受到动画艺术的无穷魅力。这种独特感受是动画的魅力所在。此外还需注意，动画片种类繁多，风格各异，其中“现实主义”和“表现主义”两种风格对动作设计有不同要求，前者模仿自然规律，后者则远离现实。

（3）声音符号要素。在现代动画创作中，配音已成为角色设计的关键要素，与视觉造型共同塑造生动的角色。动画影片以其极端夸张的造型和创意著称，能够突破现实限制，展现各种奇幻场景。在这种创作中，声音不仅为虚拟角色注入生命，也增强了主题的表现力。动画角色配音与创作紧密相关，完美的配音能提升动画的魅力。与传统电影不同，动画中的声音赋予虚拟角色生命，让观众接受并认同这些角色。动画配音的音色表现也具有无限可能，无论是现实物体还是虚构创作，都可以通过配音展现丰富的表达。

声音赋予角色性格和情感，使虚拟世界变得真实，音色决定角色的基本特征和印象。美国动画大片近年注重角色音色的选择和表现，确保每个角色的声音独特且互补，达到听觉上的层次感和统一性。角色配音如同乐器发声，需处理好各声音间的关系，形成和谐的整体。例如，《怪物公司》的苏利文和《冰河世纪》的曼弗雷德虽都为沉稳的英雄人物，音色却略有不同：苏利文的配音温暖且亲切，符合其善良性格，而曼弗雷德则音色坚定但沉闷，符合其冷峻形象。与这些主角搭配的大眼麦克和树獭希德则以活泼、喋喋不休的声音形成鲜明对比，尽管是配角，却往往更令人印象深刻。①

三、三维动画制作中角色造型设计的要点

（一）动画角色造型设计要符合时代要求

在三维动画创作中，角色形象是表达精神和情感的关键，决定了观众的情感

① 吴峰．三维动画角色造型设计要素研究 [D]．武汉：武汉理工大学，2009.

共鸣，也是动画艺术的核心。设计时，应考虑时代特征和社会现象，融入流行元素，以满足观众对更高精神追求的期望。

（二）动画角色造型设计必须具备技术上的可行性

动画角色造型的可行性，核心在于角色设计与整体风格的和谐统一。此一致性具体体现为设计的合理性与实用性。角色虽可千变万化，但须紧扣动画整体风格，否则易偏离设计的初衷，破坏作品的整体美感。例如，虽然二维空间中夸张的可爱角色（如大头小身）效果理想，但在三维空间中，夸张形态可能导致动作设计困难，从而影响动画制作进程。

（三）动画角色造型设计必须突出形象特征

三维动画之艺术性、教育性与娱乐性，终归借由角色造型得以展露。是以动画角色造型设计务必直观明了，能凸显角色的形象特征，尤其是在面向少年儿童的动画中。少年儿童心智未全，直观且富有特色的角色造型，更易吸引其注意，激发观赏兴趣，从而在潜移默化中传递艺术之美、教育之义与娱乐之趣，实现动画的多重价值。设计师需要在构思阶段准确定义角色的性格、特点和外观，以确保角色造型明确、单纯且具有强烈的视觉冲击力。

（四）动画角色造型设计要注重趣味性

趣味性是三维动画作品中不可或缺的元素，它在作品推出初期决定了市场反响。因此，角色形象的趣味性设计至关重要。设计师在实践中应重点关注角色的幽默性和娱乐性。设计趣味性的角色时需要理解和塑造角色，同时考虑不同观众的心理特征。

（五）动画角色造型设计要有艺术感染力

要精确捕捉并展现动画角色之精神气质与性格特点，需对形象特征进行反复推敲与精心打磨，力求达到一种既熟悉又陌生的审美效果。这样处理旨在增强艺术的表现力与感染力，促使观众对角色产生深刻的情感共鸣，进而在心灵与意识层面获得愉悦的体验。通过此途径，动画角色得以超越形式的束缚，成为触动人心的艺术形象。这种艺术手段突破了传统动画的客观描述，赋予现代动画更广泛的发展空间。[①]

第四节　动画造型三维化的现实困境

一、国内动画造型设计的现状

国内动画造型设计的现状在多个维度呈现出不同的特点。

（一）艺术风格

中国动画造型设计经历了长期的发展过程。早期具有浓郁的民族风格，如《大闹天宫》中孙悟空的形象，融合了京剧脸谱等元素，展现出独特的艺术魅力。此后，受到国外动画的影响，动画造型设计风格逐渐多样化。

（1）民族风格：部分作品深入挖掘中国传统文化资源，打造具有民族特色的动画造型，如《哪吒之魔童降世》中的哪吒（见图 4-18），其造型设计既保留了传统神话中哪吒的基本特征，又加入了现代审美和创意元素，使其形象更加丰满和立体。

图 4-18 《哪吒之魔童降世》中的哪吒

（2）多元融合风格：一些动画尝试融合多种艺术风格，创造出新颖独特的视

① 李双武，张成文．三维动画中角色造型设计的相关问题研究［J］．湖北函授大学学报，2015，28(14):97-98.

觉效果。例如，将传统绘画风格与现代数字技术相结合，或者借鉴国外优秀动画的设计理念，同时融入中国文化元素。

（二）技术应用

（1）3D 技术的广泛应用：随着计算机技术的不断进步，3D 动画造型设计逐渐成为主流。3D 技术能够更加逼真地呈现角色的形态、质感和动作，为观众带来更震撼的视觉体验。例如，《西游记之大圣归来》中的孙悟空（见图 4-19），通过 3D 建模和渲染，其毛发、表情等细节更加生动逼真。

图 4-19 《西游记之大圣归来》中的孙悟空

（2）动作捕捉技术的发展：动作捕捉技术在动画制作中的应用也越来越广泛，它可以更加精准地记录演员的动作和表情，并将其应用到动画角色上，使角色的动作更加自然流畅。

（三）人才培养

近年来，国内许多高校纷纷开设动画相关专业，培养了大量的动画造型设计人才。这些专业人才不仅具备扎实的绘画基础和设计能力，还熟悉动画制作的流程和技术，为国内动画造型设计的发展提供了有力的人才支持。

（四）市场需求

（1）儿童市场：儿童仍然是动画的主要受众群体之一，因此针对儿童的动画造型设计注重可爱、活泼、色彩鲜艳等特点，以吸引儿童的注意力和喜爱。例如，《熊出没》系列中熊大、熊二的形象（见图 4-20）简单可爱，深受儿童欢迎。

图 4-20 《熊出没》中的熊大与熊二

（2）成人市场：随着动画产业的发展，成人市场对动画的需求也在逐渐增加。成人动画造型设计更加注重角色的个性、深度和故事性，以满足成年人对于情感、思想和审美方面的需求。

（五）面临的挑战

（1）原创性不足：虽然国内动画造型设计取得了一定的成绩，但在原创性方面仍有待提高。部分作品存在模仿国外动画造型的现象，缺乏独特的创意和个性。

（2）品牌影响力较弱：与国外一些知名的动画品牌相比，国内动画造型的品牌影响力还不够强大。缺乏具有全球影响力的动画角色和品牌形象，限制了国内动画产业的国际竞争力。

（3）高端人才短缺：尽管动画专业人才数量不断增加，但在高端人才方面，如资深的动画造型设计师、创意总监等，仍然相对短缺，这也在一定程度上影响了国内动画造型设计的整体水平。

（六）发展趋势

（1）技术创新推动设计发展：随着虚拟现实、增强现实、人工智能等新技术的不断涌现，动画造型设计将迎来新的发展机遇。例如，利用 VR 技术可以让观众更加身临其境地感受动画角色和场景；人工智能可以辅助动画造型设计，提高设计效率和质量。

（2）跨领域合作增加：动画造型设计将与其他领域如游戏、影视、广告等进行更多的跨领域合作。通过与不同领域的融合，拓展动画造型的应用范围和市场空间。

（3）注重文化内涵挖掘：深入挖掘中国传统文化内涵，将传统文化元素与现代设计理念相结合，打造具有中国文化特色的动画造型品牌，这是未来国内动画造型设计的重要发展方向。同时，这也将促进中国文化的传承和传播。

二、国外的动画造型设计的现状

国外动画造型设计的现状呈现出丰富多样的特点，以下是一些主要国家在该领域的现状。

（一）美国

（1）先进技术应用广泛：美国动画产业在技术方面一直处于领先地位，3D技术、动作捕捉技术等先进技术在美国动画制作中得到了广泛应用，使得动画角色和场景更加逼真、生动。例如，迪士尼、皮克斯等知名动画工作室的作品，在技术上不断创新，为观众带来了震撼的视觉体验。

（2）注重角色个性塑造：美国动画非常注重角色的个性塑造，每个角色都有鲜明的性格特点和独特的魅力。角色的形象设计、动作表演、语言风格等都紧密围绕其性格展开，让观众能够深刻地记住这些角色。比如《疯狂动物城》中的兔子朱迪和狐狸尼克，它们的形象和性格都给观众留下了深刻的印象。

（3）故事题材多元化：美国动画的故事题材涵盖了各种类型，包括冒险、喜剧、科幻、奇幻、爱情等，能够满足不同观众的喜好。同时，美国动画也善于从全球文化中汲取灵感，创作出具有国际影响力的作品。例如，《功夫熊猫》系列，将中国的功夫文化与美国的动画风格相结合，取得了巨大的成功。

（4）商业运作成熟：美国拥有完善的动画产业链，从动画制作、发行、播出到周边产品开发，各个环节紧密配合，实现了商业价值的最大化。动画角色的形象设计不仅在动画作品中起到关键作用，还能够通过周边产品进一步拓展市场，为制作公司带来丰厚的收益。比如，《星球大战》系列的周边产品，包括玩具、服装、文具等，种类繁多，深受粉丝喜爱。

（二）日本

（1）独特的艺术风格：日本动画以其独特的艺术风格而闻名于世，通常具有细腻的画面、丰富的色彩、简洁的线条和夸张的表情。日本动画角色的设计注重个性化和辨识度，很多角色都具有标志性的外貌特征和服装风格。例如《火影忍者》中的鸣人、《海贼王》中的路飞等，他们的形象深受全球粉丝的喜爱。

（2）强调情感表达：日本动画常常通过角色的情感表达来打动观众，角色的喜怒哀乐都能够通过细腻的表演传递给观众，引起观众的共鸣。同时，日本动画也善于探讨一些深刻的社会问题和人性问题，让观众在欣赏动画的同时也能够得到一些思考和启示。比如《千与千寻》、《你的名字》等作品，都蕴含着深刻的情感和主题。

（3）强大的漫画基础：日本拥有庞大的漫画产业，很多优秀的动画作品都是改编自漫画。漫画为动画提供了丰富的素材和创意，同时也培养了大量的动画人才。漫画和动画之间的相互促进,使得日本动画产业得以不断发展壮大。例如《灌篮高手》、《名侦探柯南》等作品，都是先在漫画领域取得成功，然后被改编成动画，进一步扩大了影响力。

（4）全球化发展：日本动画在全球范围内拥有广泛的受众，其作品不仅在日本国内受到欢迎，还出口到世界各地。日本动画通过与国际市场的合作和交流，不断拓展海外市场，提高了日本动画在全球的知名度和影响力。例如《宝可梦》系列，在全球范围内都拥有大量的粉丝，其相关的动画、游戏、玩具等产品也在全球热销。

（三）欧洲

（1）艺术气息浓厚：欧洲动画通常具有浓厚的艺术气息，注重画面的美感和表现力。欧洲动画角色的设计风格多样，有的简洁抽象，有的写实细腻，有的富有想象力和创意。例如法国动画《疯狂约会美丽都》，其角色设计独特，画面风格复古，给人留下了深刻的印象。

（2）题材丰富多样：欧洲动画的题材涵盖了各种领域，包括历史、文化、社会、哲学等，能够为观众带来不同的视角和思考。欧洲动画也善于挖掘一些小众的、独特的题材，展现出与众不同的创意和风格。例如英国动画《小羊肖恩》，以其幽默风趣的故事和可爱的角色形象受到了观众的喜爱。

（3）注重实验性和创新性：欧洲动画在制作技术和表现手法上常常进行大胆的尝试和创新，探索动画的更多可能性。欧洲动画人注重个人表达和艺术探索，他们的作品往往具有较强的实验性和艺术性，能够给观众带来全新的视觉体验。例如捷克动画《鼹鼠的故事》，以其简单而富有童趣的画面和温馨的故事，深受观众喜爱。

（4）国际合作频繁：欧洲各国之间以及与其他国家的动画制作公司和艺术家之间经常进行合作，共同创作动画作品。这种国际合作促进了不同文化之间的交流和融合，也为欧洲动画产业的发展带来了新的机遇和挑战。例如欧洲多国合作制作的动画《阿斯特里克斯历险记》，融合了各国的文化元素和动画风格，取得了成功。

总的来说，国外动画造型设计在技术应用、艺术风格、故事题材、商业运作等方面都有各自的特点和优势，并且在不断发展和创新。这些国家的动画产业不仅为观众带来了丰富多样的动画作品，也为全球动画产业的发展做出了重要贡献。

第五节　动画造型三维化的实现路径

一、基于 MAYA 技术的三维动画造型设计

（一）确定三维动画的造型结构

在三维动画造型的设计中，首要任务是明确结构框架，涵盖头部、身体及道

具三大部分。头部结构需细致刻画脸型、发型、表情及面部构造，以展现角色独特韵味。身体结构则需关注四肢在不同动作下的位态，以体现动态之美。道具部分，服装与配饰的设计亦不可忽视，它们与角色形象相得益彰。设计头部造型时，需从正视与侧视双角度导入素材，以立方体为基础，经圆滑处理，调整属性与点的位置，使其逐渐逼近预期形态。五官的位置与比例亦需精心布局，通过多角度审视与调整，方能成就完美头部造型。身体部分的创建，亦可遵循此法，以立体几何为基础，逐步细化，终至栩栩如生。

（二）选择造型贴图材质

于 MAYA 软件中，初始步骤为创建一个球体，此球体将作为三维动画人物的基础模型。随后，需设定材质模式，于颜色属性中精心挑选与皮肤相匹配的材质图像，以赋予人物真实的肌肤质感。然而，逼真度的追求并不仅限于皮肤，人体各部位均需细致刻画。故需根据人体不同部位，挑选相应的贴图。毛发、头部、眼睛、口腔牙齿、四肢躯干及服装配饰，皆需通过贴切的贴图，以展现其独特的纹理与细节。这些贴图的选择，需基于对人体结构的深刻理解及对材质质感的精准把握，方能确保动画人物的逼真度，使观众仿佛置身于一个真实可触的三维世界。

（三）设置三维动画动作

设置三维动画动作主要是完善角色造型并显示其性格。过程包括四个步骤：提取轮廓、绑定骨骼、调节权重和设置动作参数。提取轮廓时，要在尽量减少失真的情况下建立模型并获取信息。蒙皮操作中要灵活调整骨骼模型，避免骨骼过大影响动画效果。最后，确定每个动作终点的位置并记录关键帧，完成动态造型设计。

（四）MAYA 技术添加三维特效

在 MAYA 技术的运用中，为三维动画造型增添配色特效，需有序组合色彩，确保整体色调的调和统一，以呈现视觉的美感。此外，粒子特效的添加，亦为动画增色不少。动力学、流体及毛发粒子特效，皆可通过综合与基础两种特效方式实现。此等特效的融入不仅使动画画面更加生动逼真，亦能提升观众的观影体验，使动画作品更具吸引力与感染力。

（五）三维动画造型渲染与输出

渲染输出是场景灯光与材质效果的完美融合。灯光设计之初，需深入剖析造型与主题，确保灯光与动画造型相得益彰，更需结合人物视角，进行补光设计。主光、辅光与背光三者共同构建虚拟场景的光影世界。渲染时务必保持角色形体与色彩的稳定，借助 MAYA 的分层渲染技术，逐步雕琢，终得佳作。此过程，既是对技术与艺术的双重考验，亦是创作者智慧与匠心的结晶。

（六）对比实验分析

为验证所提方法的有效性，本研究特别设计了对比实验。实验中，将传统三维动画造型技术与 3D Max 的技艺并置比较。实验之初，需搭建并调试 MAYA 软件平台，以此为基，创建统一的三维动画设计场景。实验的进行，皆以相同的设计理念为依归，确保实验条件的一致性，以期准确揭示两种方法的差异与优劣，为后续研究提供坚实的实证基础。通过统计计算各个参数指标得出最终的测试结果，如表 4-1 所示。

表 4-1　三维动画造型技术比较

项目	传统三维动画造型设计结果	基于 3d Max 技术的三维动画造型设计结果	基于 MAYA 技术的三维动画造型设计结果
图像清晰度 /dpi	960	1080	1280
骨骼 / 关节连贯评分	88	92	95
样本相似度 /%	89	94	98
综合评分	85	93	97

二、基于可视化技术的三维动画造型资源自动整合系统

（一）基于可视化技术的三维动画造型资源整合框架

基于可视化技术的三维动画造型资源整合框架，实乃通过先进可视化手段，对三维动画造型资源进行全面整合与优化设计的系统架构（见图 4-21）。此框架所构造的资源整合系统兼具视觉设计与人机交互两大核心特征，不仅实现了对视

觉效果的追求，更在人与系统间架起了流畅互动的桥梁，为三维动画造型资源的高效利用与创新设计开辟了崭新路径。

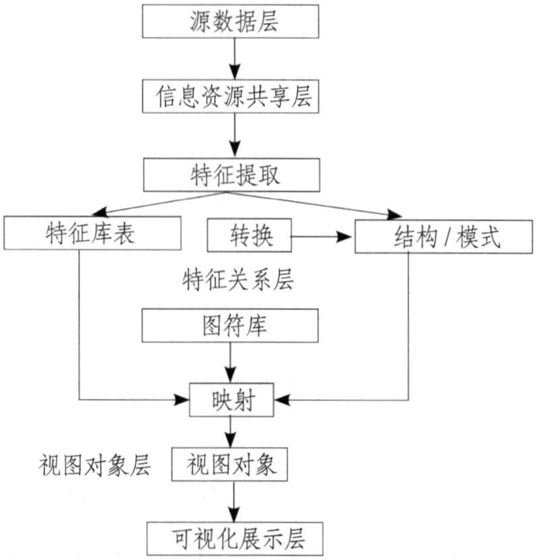

图 4-21　基于可视化技术的三维动画造型资源整合框架

1. 导入源数据

在信息资源共享层中，信息的提取与分类是至关重要的一环。此层能够精准地识别并区分网络数据、一维数据、层次数据、二维数据、时态数据、三维及多维数据等多种数据类型。借助系统，用户可以轻松打开不同格式的数据，并将其导入信息共享平台，实现对主流格式的无缝处理。此外，系统还具备将公开数据格式化为共享平台所需格式的能力，进而进行高效的可视化处理，极大地提升了数据的利用价值与操作便捷性。

2. 特征提取

信息对象的内容与外部特征的提取是数据处理的关键步骤。此过程旨在从原始数据中剥离出信息的本质，广泛应用于信息通信、检索、图像处理、数据压缩及机器学习等诸多领域。特征提取的实现往往依赖于可视化算法，以深入剖析信息中隐藏的模式与结构特征。随后，这些数据被存储于特征库中，为后续的数据分析与利用奠定基础。

3. 特征转换为结构模式

面对信息集合的大小差异，特征提取策略亦需灵活调整。若信息量少，可直接剥离其结构特征；而信息量庞大时，则需通过计算捕捉其潜在模式或结构关系。特征向量的距离计算为获取位置坐标之关键。数据格式多样，涵盖音频、图像、文本等，通过分析此等数据的网状与层次结构，并在词向量的基石上对距离关系进行细致分类，进而得出清晰的分类层次结构，为数据的深入分析与利用铺平道路。

4. 映射

在可视化与数据表结构间构建映射关系实为可视化技术的要义。此过程旨在探寻恰切的可视化隐喻，借由映射功能，将结构、属性、模式等要素与图符库中丰富的图符一一组合，从而生成视图对象。数据表与可视化结构间的映射，犹如桥梁，连接着抽象数据与直观视觉，使得数据的内在规律与特征得以显而易见，为数据的深入探索与理解开辟新径。

（二）资源自动整合系统模块设计

1. 管理员权限模块

在三维动画资源自动整合系统中，管理员扮演着至关重要的角色，他们拥有配置与操作系统权限的权力。日常管理任务涵盖资源审核、材料科目管理、设计师管理、分类管理、角色管理以及单位管理等诸多方面。这些管理功能不仅是系统正常运行的基石，更是确保三维动画资源得以高效整合与利用的关键所在，彰显了管理员在系统运维中的核心地位。

2. 资源管理模块

在三维动画资源管理模块中，操作员扮演着关键角色，他们具备请求数据的权力，以实现数据库与资源设计对象之间的无缝交互，并通过设计好的窗体，将交互结果直观地展示给用户。在数据库设计环节，CdbCriteria 类与 Cactive Data Provider 组件的运用能够高效地进行数据操作、访问及处理。而在构建用户界面（CUI）时，资源分类结果及类型得以通过清晰的列表形式展现给用户，便于用户快速查阅。同时，查询操作按钮的引入进一步提升了用户操作的便捷性。在设计三维动画资源整合系统时，应着重增强界面的友好性，严格遵循用户体验原则，以确保用户能够轻松上手，高效地完成各项操作。

3. 资源统计分析管理模块

在三维动画资源整合系统中，数据报表管理模块用于输出统计分析数据，清晰展示项目成本和管理质量问题。根据需求生成不同资源类型的统计报表。数据报表管理涉及统计和计算数据，通过项目分项明细合成总成本，并使用公式获得管理指标。

4. 设计师模块

在三维动画资源整合系统中，用户角色的划分是确保系统高效运行与安全性的基石。为提升授权效率、优化用户管理并强化数据安全，系统采纳了基于角色的权限分配策略。具体而言，系统设定了普通用户、管理员、编辑以及审核员四种角色。其中，编辑、审核员与管理员作为内部用户，肩负着系统的审核、管理、维护及编辑等重任。此等角色分工明确，各司其职，不仅提升了系统运作的效率，更在保障数据安全与用户权限管理方面发挥举足轻重的作用，为三维动画资源的整合与利用提供坚实的保障。

5. 资源分类

三维动画资源平台之中，资源库犹如心脏，承载着有效管理资源的重任。为实现资源的高效管理，分类系统的运用显得尤为关键，它构成了整合系统的核心骨架。依据资源的内在属性，采取文本分类与多媒体管理相结合的双重策略，能够显著提升分类管理的精确性与效率。文本分类有助于快速定位资源，而多媒体管理方法则确保了各类资源得以有序存储与展示。二者相辅相成，共同构建了一个既高效又便捷的资源管理体系，为三维动画资源的创作与利用奠定了坚实基础。

第五章　技术在三维动画设计中的应用

第一节　数字媒体技术在动画设计中的应用

一、数字媒体技术的主要组成

（一）追踪注册技术

追踪注册技术捕捉物体运动轨迹并将其转化为数字数据，被广泛应用于电影、电视、游戏和虚拟现实中。它通过计算机视觉技术实现，包括相机标定、特征提取、特征匹配和姿态估计。首先，对相机进行标定以确定其内外参数及物体与相机的相对位置。其次，使用特征提取算法获取物体的特征点，如角点、边缘和纹理。再次，通过特征匹配算法将这些特征点与模型匹配，获取物体的位姿。最后，利用姿态估计算法将物体的位姿转化为数字媒体数据，实现虚拟化。

（二）虚拟物体生成技术

虚拟物体生成技术是通过计算机生成逼真的虚拟物体的技术，被广泛应用于电影、电视、游戏和虚拟现实中。其基本原理是将物理模型转化为计算机模型，并通过图形学算法进行建模、渲染和动画处理，提升视觉真实感。该技术涵盖建模、渲染、动画和物理模拟四个方面。建模技术创建基础形状、曲面和点云模型；

渲染技术处理光照、材质和纹理映射；动画技术包括骨骼和关键帧动画；物理模拟则用于碰撞检测、布料和液体的物理行为模拟。

（三）数字动感技术

数字动感技术指通过数字媒体实现物体运动、力学效果和物理交互，以扩展感官体验的技术，被广泛应用于电影、电视、广告、游戏和教育领域。其核心原理是计算机对物体的物理特性进行建模和仿真，生成真实的运动效果。关键技术包括运动捕捉、刚体动力学仿真和软体仿真。运动捕捉记录人体或物体运动数据，刚体动力学仿真模拟刚性物体的运动效果，软体仿真则模拟布料、皮肤、毛发等柔软物体的运动，使动画更加生动逼真。

（四）数字合成镜头技术

数字合成镜头技术指在影视制作中将多个影像素材通过数字合成形成完整作品，这一技术已成为现代影视制作的核心技术，具备高效、精确、灵活等特点。通过 3D 建模、纹理映射、照明、特效、色彩校正等技术，数字合成将真实拍摄与虚拟影像和特效融合，创造出各种奇妙效果。

（五）数字音效技术

数字音效技术指通过数字媒体制作、编辑、处理和合成声音，使音频更方便、高效、精确。这一技术被广泛应用于电影、电视、广告和游戏中，以提升作品的生动性和观赏体验。技术步骤包括采样、编码、混音、效果处理、音频合成和处理。采样和编码指将声音转为数字信号，混音指合成新音效，效果处理指增强特殊效果，音频合成指生成多样音效，音频处理指提高音质。

二、数字媒体技术在动画设计中的具体应用

（一）三维建模和渲染

1. 三维建模技术发展历程

我国三维建模技术植根于多领域实践场景中，如地址绘测、机械工程与零件

设计等，而后逐步以独立的姿脱颖而出，在20世纪60年代正式产生。技术与实践往往是相互促进的关系，三维建模技术逐步成熟之后，现代计算机成像技术也从中受益，获得新的发展。从三维建模技术产生到成熟应用，可以划分为三个阶段：

第一是产生阶段，发生于20世纪60年代到80年代。线框技术是该技术发展演进的重要起点。线框技术的底层构建元素是“点”和“线”，当使用这两种元素构建三维图形时，无论是三维观感还是构建后的“融合度”均存在不足和缺陷。这使得用户难以观赏到精美的三维图形，使用兴趣难以提升。但是线框技术没有止步于此，而是不断发展完善，逐步突破了仅仅依靠“点”和“线”的境况，推动三维图形向更直观、更精美方向发展，由此也催生了三维建模技术。

第二是发展阶段，发生于20世纪80年代到90年代。在这一阶段，三维实体模型得到构建，这引领三维成像朝着更真实、更立体的方向进发，同时也驱动三维成像在更多领域得到应用，比如相关实验中引入三维实体模型后，可获得更贴近实际生活的数据。

第三是成熟阶段，发生于20世纪90年代至今。这一阶段的三维建模技术已然得到更广泛的应用，其中成本低是重要原因，这与特征参数的出现密切相关。此前，三维建模程序十分烦琐，需消耗更多人力物力，而依托特征参数，三维建模人员能够迅速建模和成像设计。①

2. 三维动画渲染优化策略

（1）模型优化策略。在三维动画制作过程中，模型的复杂度直接影响渲染效率。优化模型复杂度是提升渲染效率的重要手段。具体策略包括：①简化场景和模型。减少不必要的几何体、合并相近的顶点、删除隐藏的背面多边形，以降低渲染负担。使用低多边形模型（Low-Poly）可以在保持视觉效果的同时，显著降低渲染负担。②合理使用材质和贴图。在保证视觉效果的前提下，尽量选择低精度或较小的纹理

① 黄潇宇. 三维建模技术在三维游戏中的应用[J]. 卫星电视与宽带多媒体，2020，(8)：22，24.

贴图。合理设置材质的属性和效果，如减少透明度、反射和折射等复杂效果的使用，以降低渲染时的计算量。③使用代理模型。在渲染过程中，可以使用代理模型代替原始高细节模型，以加快渲染速度。代理模型通常具有较低的几何体复杂度和纹理复杂度，但足以在渲染预览中提供足够的视觉信息。④优化场景设置。减少不必要的光源和效果，关闭对最终画面影响不大的特效，以提高渲染速度。此外，对静态元素进行预烘焙处理，如光照、阴影等，也可以减少实时计算，提高渲染效率。

（2）动画优化策略。动画优化策略旨在提高动画的流畅性和真实性，同时减少不必要的计算量。以下是一些具体的策略：①关键帧优化。合理设置关键帧，避免过多的关键帧导致计算量增加。同时，利用插值算法平滑过渡关键帧之间的动画，提高动画的流畅性。②动作捕捉数据优化。如果使用动作捕捉数据来生成动画，需要对数据进行清洗和优化，去除噪声和冗余信息，以提高动画的真实性和效率。③分层渲染与合理使用后处理。将场景分为多个层次进行分别渲染，然后再将各层的渲染结果合成最终画面。这种方法可以有效利用硬件的并行处理能力，提高渲染效率。同时，合理使用后处理技术，如景深、动态模糊等，可以在保证视觉效果的同时，通过调整参数来平衡渲染性能和画面质量。④缓存与重用技术。对于需要多次渲染的动画序列或场景元素，可以使用缓存技术将渲染结果保存起来，避免重复渲染相同的帧。同时，合理利用重用技术，如实例化和骨骼动画共享等，可以减少内存占用和计算量。

（3）灯光优化策略。灯光是影响渲染性能的重要因素之一。优化灯光设置可以显著提高渲染效率和质量。以下是一些灯光优化策略：①减少光源数量。在可能的情况下，减少场景中的光源数量。光源越少，计算次数越少，渲染时间越短。对于需要阴影的几何体，使用合理的阴影分辨率，以减少渲染时间和内存占用。②合理设置灯光参数。根据场景需求合理设置灯光的强度、细分参数和类型。避免不必要的阴影计算，提高渲染效率。同时，可以采用预烘焙技术将静态光照和阴影提前计算并存储在纹理中，减少实时渲染的计算量。③使用高效灯光类型。

在三维动画中可以使用泛光灯、自由点光、聚光灯等几种灯光类型，这些系统自带的灯光效果能够有效提升渲染速度。此外，根据场景需求选择合适的灯光类型，如环境光、方向光等，以提高渲染效果。④优化灯光与阴影的计算。在渲染过程中，合理设置灯光与阴影的计算参数，如减少光线追踪的次数、降低采样率等，以提高渲染速度。同时，利用 GPU 的并行计算能力来加速灯光与阴影的计算过程。

（4）现有渲染器对渲染质量的影响。选择合适的渲染器对渲染质量有着至关重要的影响。以下是几种常见渲染器对渲染质量的影响分析：① Vray 渲染器。Vray 渲染器以其高质量的渲染效果而闻名。它支持全局光照、光线追踪等高级渲染技术，能够生成逼真的场景效果。然而，Vray 渲染器对硬件要求较高，渲染时间相对较长。但总体来说，Vray 渲染器在渲染质量上表现出色，适用于需要高精度、高质量渲染效果的项目。② Redshift 渲染器。Redshift 渲染器利用 GPU 的并行计算能力来加速渲染过程。它支持多种材质和光照模型，能够生成高质量的渲染效果。与 Vray 相比，Redshift 渲染速度更快，但对硬件的依赖性也更高。Redshift 渲染器适用于需要快速渲染且对硬件性能有一定要求的项目。③ Octane Render 渲染器。Octane Render 同样是一款基于 GPU 加速的渲染器。它以快速渲染和高质量效果著称。Octane Render 支持实时预览功能，使得用户能够在渲染过程中即时看到效果调整。然而，与 Vray 和 Redshift 相比，Octane Render 在渲染复杂场景时可能会遇到一些性能瓶颈。④ CR 渲染器。CR 渲染器以其简单易用和高质量的渲染效果而受到用户欢迎。它支持多种材质和光照模型，能够生成逼真的场景效果。与 Vray 相比，CR 渲染器操作更简单，渲染时间更可控。然而，CR 渲染器在渲染复杂场景时可能会表现出一定的局限性。[①]

（二）物理模拟和特效制作

物理模拟和特效制作通常包括以下步骤：收集资料，了解物理原理；使用

① 孙洪秀 . 探析三维动画渲染优化［J］. 传媒论坛，2019，2(3)：137.

3D 建模软件建立场景和人物，并设置属性，通过物理引擎模拟现象；对结果进行渲染和后期处理，添加颜色、纹理和光影效果。例如，《超凡战队》中的机器人变形和建筑物爆炸等场景，通过 3D 建模、粒子特效和光影效果，成功模拟出震撼的视觉效果。

（三）人物动画和角色设计

在人物动画中，数字媒体技术用于角色建模、动作捕捉、运动系统和表情设计。角色建模指创建角色的外观和骨骼结构，动作捕捉指将演员的动作转为数字动画，运动系统指匹配骨骼和动作，表情设计赋予角色生动的面部表情。以《疯狂动物城》为例，该片通过数字技术呈现逼真的动物角色，使用毛发仿真、动作捕捉和表情设计，使角色更具生命力和真实感。

（四）背景场景设计和虚拟现实技术

现代数字媒体技术，如三维建模、特效制作和后期合成，为背景场景设计带来了逼真效果。迪士尼的《冰雪奇缘》通过这些技术细致展现了雪花和冰块。虚拟现实技术增强了动画的沉浸感，如《你的名字》使用 VR 让观众身临其境。背景设计与 VR 技术相辅相成，《阿拉丁》通过二者结合，呈现出富丽堂皇的阿拉伯世界，带来丰富多彩的动画体验。[①]

三、数字技术对动画电视设计和制作方面的影响

（一）数字技术在三维动画的运用中排他性较低

三维动画技术，无疑为动画行业的蓬勃发展注入了强劲动力。昔日手绘动画的局限，在今日三维数字技术的发展中得以突破，艺术创作效果因而获得显著提升。此技术不仅拓宽了动画设计制作的边界，更使得宏大虚幻的场景得以轻松呈现，为观众带来前所未有的视觉盛宴。例如，远古打斗的场景，在传统艺术中往往表现困难，而三维数字技术则以其独特优势，使此类场景的再现变得轻而易

① 魏宇君. 数字媒体技术在动画设计中的应用[J]. 电视技术，2023，47(4):78-80，100.

举，为观众提供了震撼人心的视觉体验，彰显了技术进步对艺术创作领域的深远影响。

（二）数字媒体技术是影视动画设计的重要技术手段

影视动画在进行三维动画设计前需做好准备工作，包括手绘设计，并确保材料质量良好，以不影响后期效果。在制作阶段创建模型时，设计者需使用三维几何体的基础和扩展功能，便于后期修改和缩放，提高模型的利用和审美价值。光影效果受材料硬度、质感和反射影响，贴图制作也是关键环节，将平面图像转化为立体图像，并融合三维模型与设计框架，实现模拟运动效果。后期合成阶段将素材用三维软件编辑合成，并添加声音和特技镜头。后期编辑至关重要，需选择合适镜头并合理排列，以传达创作者的意图。编辑过程中，创作者硬关注视觉和听觉效果，调整三维动画作品以实现最佳效果。[①]

第二节　运动捕捉技术在三维动画设计中的应用及发展前景

一、运动捕捉技术概述

运动捕捉技术满足三维动画的发展需求，通过在动物或人体上设置跟踪器，捕捉动作数据并使用专业软件处理，从而提高角色在场景中的真实性和灵活性，并赋予动画角色自然的美感。

（一）运动捕捉系统的基本构成

运动捕捉系统包括传感设备、信号捕捉器、数据输送设备和数据处理器。传感设备（如 MEMS 传感器）固定在关节处，实时捕捉运动信息。信号捕捉器（如

① 周雯．数字技术在三维动画设计制作中的应用［J］．大观，2021(3):104-106.

高速摄像机）记录运动数据，提供空间和时间信息。数据输送设备将信息传输到系统中，分为实时和非实时设备。数据处理器包括软件（处理数据并生成三维模型）和硬件（计算机处理器）。

（二）各类运动捕捉技术的特点

运动捕捉技术在三维动画制作中将真实动作和表情转化为数据，并通过专业软件生成逼真的虚拟动作和表情，提升观众的沉浸感。

（1）机械式运动捕捉使用机械装置记录运动轨迹，成本低、操作简单，但设备庞大，限制应用。

（2）光学式运动捕捉用高速摄像机跟踪目标，数据采集快、便携，但设备昂贵，对环境要求高。

（3）电磁式运动捕捉成熟且成本低，实时分部捕捉，但对高频运动轨迹捕捉有限。

（4）声学式运动捕捉使用声波接收器，成本低、不受遮挡，但数据精确度低，噪音环境下效果差。

（5）惯性式运动捕捉使用惯性测量单元和航姿参考系统捕捉倾斜角、加速度和方位，应用较少，需辅助设备。不同技术适应不同需求，各有优缺点。

（三）运动捕捉技术的探索与发展

运动捕捉技术的开发后使三维动画中的动作元素表现得更灵活且更细致。《阿凡达》使用“表演捕捉”技术，实时捕捉演员的面部表情和身体动作，使运动捕捉技术成为电影动画发展的关键。《阿凡达》的成功展示了该技术在捕捉表情和动作上的高精度，但仍需不断创新。以《猩球崛起》为例，维塔数码优化了光学式运动捕捉技术，使用红外 LED 和摄像机提高了数据精度，同时用被动头戴式系统捕捉面部表情，突破了实景与运动捕捉的界限（见图 5-1）。国产动画如《秦时明月》和《西游记之大圣归来》也通过运动捕捉技术展示了中国动画的进步，特别是《西游记之大圣归来》，其角色动作和表情更加生动、合理。

图 5-1 《猩球崛起》表情捕捉

二、运动捕捉技术应用于动画设计的优势

（一）生动表现角色动作表情

运动捕捉技术通过跟踪器记录演员的动作轨迹，并将数据转换用于虚拟角色，精确捕捉高速运动中的表情和动作，推动了动画产业的发展。早期运动捕捉技术需要演员佩戴标记点，但 Open Stage 系统的出现突破了这一限制，无须标记点即可实现精准捕捉。《加勒比海盗》中的章鱼船长和《金刚》中的黑猩猩形象等经典角色均由运动捕捉技术制作。

（二）提高三维动画设计制作效率

运动捕捉技术作为三维动画设计与制作领域的一项革新，显著提升了工作效率，有效缩短了动画的制作周期。相较于传统手动调整方式，该技术利用专业设备精准捕捉演员的动作与表情，进而在虚拟场景中进行细腻微调，迅速塑造出栩栩如生的动画角色。此举不仅极大地提高了动画制作的效率，更赋予了角色以生动的灵魂，展现了技术进步的非凡魅力。新兴数字技术使运动捕捉不再局限于摄影棚，可以在真实场景中进行，简化后期处理并增强真实感。

（三）储存海量动画运动轨迹数据

运动捕捉技术所生成的运动轨迹与面部表情数据皆可上传至云端，妥善存储于专门的运动捕捉数据库中，为后续虚拟角色的构建提供丰富素材。在影视行业，借助大数据与云计算的强大能力，可建立专业的运动数据库，实现采集数据的高效传输与集中管理。展望未来，动画师将能便捷地从该数据库中筛选、编辑及重组所需数据，这一过程不仅简化了动画制作的烦琐步骤，而且更极大地丰富了数据组合的可能性，为动画创作开辟了更为广阔的天地，彰显了技术进步对影视动画行业的深远影响。

（四）推动三维动画美学维度发展

运动捕捉技术为三维动画美学带来了颠覆性改革，通过软件和设备创新，突破了角色运动 K 帧问题，提高了三维动画的制作水平。技术将角色表演从动画师转移到演员，实现了更真实的动画效果，推动三维动画向“真实”美学发展。《秦时明月》系列（2007—2020 年）在动画制作中融入运动捕捉技术，极大地增强了武打动作的真实感与冲击力，展现了技术革新对提升作品质量的显著效果。运动捕捉技术的引入，无疑突破了三维动画在现实主义表现上的局限，它不仅重新定义了电影美学，更为三维动画的未来发展指明了方向，即追求更高层次的真实感与情感共鸣，以此推动动画艺术不断迈向新的高度。

三、运动捕捉技术在三维动画设计中的应用流程

（一）三维动画设计准备工作

在制作三维动画的过程中，团队在运用运动捕捉技术之前，需依据剧本规划动作与表情的捕捉方案。此方案涵盖动作设计的时长、幅度等关键要素，力求精准无误。鉴于文字描述的局限性，导演需将动作镜头细化为分镜，以直观展现各镜头内容，确保捕捉工作的精确性。分镜绘制完成后，导演需与运动捕捉操作人员进行深入沟通，确保其对设计要求有深刻理解。随后，操作人员将运用专业设备，精准采集演员的动作与表演数据，为动画角色的生动呈现奠定坚实基础。

（二）协同交流动作采集类型

在制定初步的运动捕捉方案之后，动作导演与设备操作者需紧密合作，对动

作类型进行细致划分。舞蹈动作自然需依赖专业舞者的优雅演绎，而武打场面则要求聘请经验丰富的武师以确保其真实感与力度。至于高空跳跃、飞车追逐等高风险动作，则需特技演员来呈现。在此过程中，团队需充分协商，明确哪些动作可单纯依靠运动捕捉设备来完成，而哪些又需借助其他专业设备的辅助来完成。由于对动作和表情的要求提高，需使用昂贵设备。因此，大多数工作室租借设备，动作导演和操作者需估算捕捉周期和数量，合理安排时间，避免重复捕捉，从而节约成本并协调工作时间。

（三）制定动作捕捉方案

完成基础准备后，动画制作团队需细化运动捕捉方案，将动作分镜头标注为秒单位，并标记动作对象信息，根据动作类型和难度排序。导演团队在筹备阶段，针对一些特殊场景还需细心准备诸如刀、枪等特殊道具，这些道具对于还原真实场景至关重要。为确保捕捉工作的顺畅进行，团队应制定详尽的使用计划表，为设备操作者提供清晰的指示。此举旨在减少错误与重复捕捉，从而有效节约成本，提升工作效率。通过周密的筹备与规划，导演团队能够为动画的制作奠定坚实的基础，确保最终作品的品质与效果。

（四）捕捉采集演员表演动作

为缩短运动捕捉周期并节约资源，捕捉开始前专业捕捉师需指导运动对象练习动作，减少重复捕捉。以电磁式运动捕捉技术为例，捕捉过程包括：搭建不小于 $50m^2$ 的捕捉场景，避免大金属物品以防电磁干扰。帮助运动对象穿戴内置传感器的专业捕捉服，覆盖关键运动节点。测试软件系统，校准动作，通常用屈膝等简单动作，如有问题需重新测试。使用 MVN Studio 软件实时观察和调整捕捉的运动轨迹，如需修正，重新采集数据。数据采集后，用软件保存为 BVH 文件，便于后期在 MAYA、3dsMax、Lightwave、Softimage 等软件中使用。

（五）整合修正相关采集数据

运动数据采集完毕后，接下来的关键环节在于数据的整合与修正。此步骤对于确保动画场景与主题的契合度，以及实现动作的自然流畅至关重要。尽管运动捕捉技术在精度与效率方面相较于手动调整有着显著优势，但所采集的数据仍可能潜藏细节问题，如关键帧密集度过高。因此，动画师需借助专业软件，对数据进行细致的修正。整合修正的核心目标在于简化与优化运动数据，解决关键帧冗余问题，并仔细检查每一处细节。动画师将在生成的关键帧基础上进行编辑，随后将修正后的数据分类存储至数据库，以便为后期的角色建模与动画制作提供便利。

四、三维动画设计中运动捕捉技术的发展前景

（一）与新型数字化技术的融合运用

为提高三维动画角色动作与表情的精确度和真实感，融合运动捕捉技术与其他数字技术显得尤为重要，此举能显著增强捕捉的灵活性。例如，将运动捕捉技术与关键帧技术相融合，可以简化动画角色动作的调整流程，进而提升动作的整体效果。此外，惯性动作捕捉与无线表面肌电技术的结合，不仅提高了肌电数据的精确度，还在步态分析及运动生物力学领域得到了广泛应用。

（二）运动捕捉技术层面的优化革新

运动捕捉技术尽管在诸多领域展现出无限潜力，却仍面临若干局限性，诸如高昂的成本、对光学条件的严苛要求，以及烦琐的后期数据处理流程。光学系统易受环境反射与光照变化干扰，且依赖特定光点追踪人体关节动态，这无疑增加了实施的复杂度。为克服此等挑战，并推动技术普及，研究界正在积极探索创新路径，试图将传统光学捕捉技术转型为基于视频分析的解决方案。此举旨在通过高效算法解析视频帧，精准描绘运动轨迹，既显著降低了经济成本与技术门槛，又有效减轻了后续数据整合的重负，展现出兼顾学术价值与实用意义的双重魅力，为运动捕捉技术的未来发展开辟了崭新篇章。

（三）拓宽运动捕捉技术的应用范围

在数字化浪潮下，运动捕捉技术已悄然渗透至影视创作、动画制作、医学研究及体育训练等多个领域，其卓越成效不容忽视。在体育界，该技术能精准记录并分析运动员的每一个细微动作，不仅助力技术动作的精雕细琢，还成为辅助训练、伤病康复及预防策略制定的重要工具，为竞技水平的提升插上了翅膀。而在医疗科研领域，诸如张海峰、赵灿等学者正借助运动捕捉技术，深入剖析男性髋关节的运动轨迹，构建起科学的运动模型，为生物力学探索及运动损伤预防提供了宝贵的理论依据与实践参考，彰显了科技与医学融合的可能。在影视制作领域，尽管运动捕捉技术为三维动画注入了新活力，但要赢得观众认可，还需深入研究主题、取材、人物塑造和运镜等方面，并结合现代技术，才能创作出受欢迎的动画作品。[①]

第三节　虚拟现实技术在三维动画中的应用研究

一、虚拟现实技术在三维动画制作中的应用研究

虚拟现实技术结合了人工智能、人体交互和计算机技术，随着社会发展不断更新。它在各行业中显示出显著优势，尤其是在三维动画制作中，能够增强画面真实感并推动行业长远发展。

（一）虚拟现实技术和三维动画技术之间的联系

1. 虚拟现实技术和三维动画技术的区别

三维动画技术主要播放计算机处理好的静态图像，缺乏交互性，观众只能被动接受信息。而虚拟现实技术通过处理触觉、听觉和视觉等动态信息，允许用户

① 柳金辉．运动捕捉技术在三维动画设计中的应用及发展前景［J］. 济宁学院学报，2024,45(1):90-95.

实时交互，这是二者的主要区别。此外，虚拟现实技术注重实时性，有时牺牲真实性以提高运算速度，基本满足视觉要求。而三维动画技术则侧重艺术性和真实性，常展示夸张的角色表情和不现实的元素。

2. 虚拟现实技术和三维动画技术的联系

虚拟现实技术与三维动画技术密切相关。三维动画技术为虚拟现实模型的构建提供了基础和方法，因为虚拟现实系统依赖于三维模型。虚拟现实技术之兴起，根植于对三维动画交互潜能的深度挖掘与期待。两者在方法论、实施路径及对三维图形技术的倚重上，展现出惊人的相似性。三维动画技术的每一次革新与飞跃，都为虚拟现实技术铺设基石，不断拓展其边界。虚拟现实与三维动画，二者相辅相成，在交互性的天平上各据一端：虚拟现实以真实感与沉浸体验为追求，深度融合互联网、三维图形渲染及传感技术；而三维动画则更倾向于艺术表达，虽交互性稍逊一筹，却在视觉盛宴的营造上独树一帜。两者间的互动与融合共同绘制出数字艺术与技术进步的壮丽图景。将虚拟现实技术应用于三维动画中，可以弥补其交互性的不足，增强观众的互动体验，同时保证艺术表现力。①

（二）虚拟现实技术在三维动画制作中的应用

1. 三维动画建模中虚拟现实技术的应用

建模是三维动画制作的核心环节。技术人员在开始建模前，需要绘制场景和人物模型，并灵活应用虚拟现实技术和人机交互，使动画更加生动。在建模前，设计人员应收集动画场景和人物素材，特别是建筑物体和自然景观的航拍资料，以提供真实数据支持。虚拟现实技术可用于建模，留存物体形变数据，从多个角度观察力学特性。为确保建筑模型的真实感，技术人员应利用计算机模拟和三维扫描仪对真实物体进行扫描，并存储相应的三维数据。

2. 在动作捕捉中应用虚拟现实技术

虚拟现实技术具有很强的“捕捉”能力，使用普通相机无法拍摄的信息能依

① 刘凯，许娟. 虚拟现实技术在三维动画制作中的应用研究[J]. 艺术品鉴，2020(35)：154-155.

托这一技术进行获取。技术人员要掌握这一技术，在实际运用中还要及时调整物体的运动状态，使导演能够选择最佳镜头角度，拍摄不同视角的镜头。这种方式增强了观众的沉浸感，使虚拟环境更加真实。手工调整会浪费时间和金钱，而利用虚拟现实技术中的动作捕捉系统，可以快速生产高质量动画，降低制作成本。例如,《秦时明月》通过动作捕捉系统，使动画人物动作更真实，避免了僵硬感，提升了动画的真实性和角色的生动性。

3. 在数据调节技术中的应用

数据调节技术可以增强虚拟场景的真实性，通过计算机分析数据，及时发现并修正潜在问题，确保场景稳定和满足技术要求。此外，数据调节技术还优化了运动物体间的关系和效率，使信息处理更加规范。技术人员应结合多种方法，科学使用运动数据信息，进行数据的叠加和插入修改，确保符合技术要求。复杂的调节可使用骨骼系统，结合前向和反向动力学进行优化，从而提高工作效率，并在功能与复杂性之间找到平衡。①

（三）三维动画制作中虚拟现实技术的应用价值

1. 动画制作观念调整

在传统动画制作中，技术人员专注于实现艺术家的构思，通过摄像机拍摄并后期处理各个环节，流程复杂且成本高。虚拟现实技术以其独特的魅力，拓宽了视觉表现的边界，将平面的艺术语言升华为立体的视觉语言。它不仅革新了动画创作的传统观念，更实现了作品从单一视角向全方位展示的跨越。在此技术的助力下，人物与场景得以在虚拟空间中生动再现，构建起前所未有的立体维度，赋予观众沉浸式的观赏体验，展现了数字时代艺术创作的新高度。

2. 立体化的视觉要素形成

动画艺术发展之初，其表现形式局限于二维平面与三维立体的传统框架内，观众的视觉体验受制于固定的空间维度。然而，随着现代科技的日新月异，动画的创作手法亦随之丰富多变。尤其是三维空间构建技术与虚拟现实技术的融合应

① 温莉莎. 虚拟现实技术在三维动画制作中的应用［J］. 艺术大观 ,2021(2):125-126.

用，为观众开辟了多角度互动观赏的新天地，极大地增强了视觉冲击力与动画表现力。此番变革不仅打破了传统制作方式的束缚，更以立体化的视觉元素，为观众带来了前所未有的新奇体验，彰显了技术进步对动画艺术发展的深远影响。

3. 虚拟现实产品配合应用

VR 眼镜作为虚拟现实技术的核心头戴显示装置，其制作过程巧妙融合了仿真模拟、网络通信与传感技术，构建出互动场景，从而确立了其在交互媒介中的重要地位。在三维动画的广阔天地里，VR 眼镜以其独特的优势，不仅能在网络及移动设备上展现沉浸式、交互式的艺术作品，更以震撼的视觉效果，极大地增强了画面的情感张力与感染力，引领观众步入一个全新的视觉体验时代。同时，配合主机使用，VR 眼镜能将内容逼真地投射到屏幕上，并减轻眼睛疲劳。①

4. 革新了动画的创作模式

传统动画制作需要手工绘制每帧图像，通过摄影机逐帧拍摄，后期还需底版冲洗、样片制作和剪辑。这工序不仅烦琐且耗时，还导致画质较差。相较于传统方式，虚拟现实技术赋能的三维动画制作实现了视觉维度的飞跃，将二维平面巧妙转化为三维立体，进而达成了 360° 全景无死角的展示效果。此技术不仅极大地丰富了视觉层次，更在人与物的立体呈现上实现了显著提升，为观众带来了前所未有的沉浸式体验，彰显了虚拟现实技术在重塑动画视觉语言方面的重要作用。②

二、虚拟现实技术在三维动画场景中的运用

（一）虚拟现实技术的特点与三维动画场景的优势

1. 虚拟现实技术的特点

虚拟现实技术基于计算机，通过 VR 眼镜和耳机等设备，将物理空间与投影结合，创造身临其境的体验。主要特点有三个：

① 王景 . 三维动画制作中虚拟现实技术的应用研究 [J]. 数字技术与应用 ,2021,39(2):62-64.

② 周晓莹，吕雯雯 . 三维动画制作中虚拟现实技术的实践 [J]. 记者摇篮 ,2020(3):80-81.

（1）沉浸性，亦被称为临场感，是虚拟现实技术赋予用户的独特体验。用户通过佩戴专用的硬件设备，得以全身心地沉浸于一个由计算机生成的虚拟环境之中，与其中的虚拟对象展开语言及肢体上的实时互动。沉浸感的营造，关键在于多感知性的实现。一个理想的虚拟现实系统，应能够模拟并刺激用户的所有感知器官，使之接收到丰富的感官信息。感官刺激的多样性与深度直接决定了沉浸感的强烈程度，为用户带来更为逼真的虚拟体验。

（2）交互性是虚拟现实技术的另一核心特征。它允许用户通过专用的交互设备，以自然、直观的方式与虚拟环境进行互动。当用户在虚拟空间中操作物体时，系统会即时反馈相应的环境反应，如踢足球时脚与球的触感、球滚动的动态效果等。这种即时的互动反馈，不仅增强了用户的沉浸感，还使虚拟环境的行为逻辑更加符合现实世界的物理规律。

（3）构想性是虚拟现实技术对人类想象力的极致展现。用户可以在虚拟环境中自由构思并模拟各种事件的可能性，如建筑师在虚拟空间中比较不同建筑模型的效果，以选择最佳设计方案。这一特性，为创意的孵化与验证提供了无限的空间与可能。

2. 三维动画场景的优势

三维动画场景的构建依托于先进的三维软件模型技术，使得摄像机得以在虚拟模型中自由运动，轻松完成镜头的组接、推近与拉远等操作，从而有效打破了镜头表现的单一性局限。在制作过程中，采用四视图辅助设计，能够精准地复刻现实世界，无论是宏大的场景布局，还是细腻的画面细节，均能得到完美呈现，极大地拓宽了传统动画的设计视野与视觉享受。此外，三维动画软件内置的动画设置功能，进一步提升了场景的真实感与生动性，解决了背景处理的难题，为动画创作注入了新的活力。

3. 虚拟现实技术与三维动画场景的共同诉求

虚拟现实技术与三维动画场景，虽各自独立却又紧密相连，共同构筑了一个理想化、沉浸感十足的虚拟世界。虚拟现实凭借软件的力量，打造三维动画效果，引领观众步入一个超越现实的梦幻境地；而三维动画场景则凭借计算机技术，传达设计者的创意与信息，通过色彩的斑斓、光线的流转以及镜头的运用，勾勒出一个独具特色的空间环境。两者相得益彰，共同编织着虚拟世界，让观众流连其中。

（二）虚拟现实技术在三维动画场景中的案例分析

随着网络与计算机技术的飞速跃进，三维动画场景的应用领域日益拓宽，其在医疗、建筑、影视等多个行业均展现出了非凡的价值与潜力。

虚拟医疗系统的广泛应用正逐步革新着医疗培训的传统模式。该系统融合了3D成像技术与机械臂装置，为医生提供了一个高度仿真的手术练习平台。医生只需佩戴3D眼镜，操作机械臂，便能在虚拟环境中模拟手术过程，根据实际需求，机械臂可灵活转换为手术刀、钳子等医疗器械。系统不仅提供精确至毫厘的三维病人图像，还模拟了真实的手术触感，使医生仿佛置身于真实的手术场景中，极大地提升了培训的实效性与安全性。在房地产行业，数字楼盘的兴起为销售带来了全新的视觉提升。房产商借助交互式动画技术，为客户打造了一个全方位的房产展示平台。客户可以在数字楼盘中自由浏览小区的全景风光与房屋设施，根据个人喜好自由选择观察视角，这种高度互动与沉浸式的体验，极大地增强了购房的趣味性与参与感。传统戏曲表演亦在积极探索文化传承与创新之路。2018年，江苏大剧院便成功展示了运用虚拟现实技术重新演绎的《牡丹亭》。在这场演出中，演员仿佛置身于流动的水墨画卷之中，为观众带来了一场前所未有的沉浸式戏曲体验。虚拟现实技术的融入，不仅使戏曲表演焕发了新的生机，还实现了演员与观众之间的近距离互动，为传统文化的传承与发展开辟了新的路径。

（三）虚拟现实技术在三维动画场景中运用的现实意义

1. 虚拟现实技术发展趋势

展望未来，虚拟现实技术必将沿着低成本、高性能的轨迹持续演进，不断推动硬件与软件的双重飞跃。技术的革新将聚焦于实时三维图像的流畅显示与智能交互设备的无缝对接，为用户带来更加逼真的虚拟体验。在此基础上，虚拟现实技术将与增强现实、混合现实深度融合，共同探索 3R 技术的广阔天地，实现人机交互的自然与和谐。随着技术的不断成熟，虚拟现实的应用边界也将不断拓展，逐步渗透到公共服务、日常交流、学习教育等多个领域，为社会的全面发展注入新的活力，让虚拟现实的广泛应用成为现实世界的亮丽风景线。

2. 三维动画场景使用范畴的延伸

三维动画场景不仅在建筑与医疗领域取得了显著进展，其在文化领域的贡献同样不容小觑。数字博物馆便是其中的佼佼者，它凭借多样化的技术手段，成功复制并展示了众多珍贵展品。此举不仅有效延长了文物的寿命，减少了因展示而可能造成的损坏，更为公众提供了一个深入了解历史、亲近文化的全新途径，极大地丰富了人们的文化体验。线上展览省去场地和运输成本，解决时间和空间限制。例如，2020 年疫情使许多高校毕业设计展转为线上，展览未受限制并获得好评。三维动画技术还原历史场景，帮助人们更好地理解历史。该技术未来将广泛应用，符合社会科技文化发展的需求。

3. 虚拟现实技术与三维动画场景结合的可行性

虚拟现实技术与三维动画场景两者皆植根于计算机程序的深厚土壤，共同体现了计算机技术与现实世界的完美融合。三维动画场景以构建仿真环境为核心，而虚拟现实技术则更加注重用户在虚拟环境中的多元化体验及互动性。当虚拟现实技术被应用于三维动画场景之中，两者便能相得益彰，互为补充。这一结合不仅促进了技术的深度交融，更为科技更好地服务于社会实践开辟了新的道路，使得虚拟与现实的界限愈发模糊，为人类社会带来了前所未有的创新与发展。①

三、虚拟现实技术在三维动画设计中的应用

（一）虚拟现实技术在三维动画设计中的应用优势

1. 真实感和沉浸感的提升

虚拟现实技术通过虚拟环境引领观众步入一个超越现实的动画情境之中，使

① 袁泓洋. 虚拟现实技术在三维动画场景中的运用研究 [J]. 大众文艺，2021(5):90-91.

其体验前所未有的真实感。借助头戴式显示器与手柄等先进设备，观众得以自由穿梭，与虚拟环境实现深度互动。在三维动画的广阔天地里，虚拟现实技术大放异彩，它不仅强化了光影效果的细腻度，还精准模拟了物理碰撞与物体质感，使动画世界的真实感跃升至全新高度。电影《阿凡达》便是这一技术的杰出代表，詹姆斯·卡梅隆以其非凡的想象力，利用虚拟现实技术，打造出令人震撼的潘多拉星球，为观众带来了一场视觉与感官的双重盛宴。

2. 更高效的制作方式

传统三维动画制作，往往需依赖繁复的手工操作，涵盖角色建模、场景搭建及动作捕捉等诸多环节，这一过程不仅耗时漫长，且极耗精力。然而，虚拟现实技术的崛起为这一领域带来了革命性的改变。它极大地简化了制作流程，显著提升了工作效率。设计师们得以在虚拟环境中，借助手柄这一工具，直接对角色进行雕刻与调整，使得场景的排布与特效的处理变得更加直观而高效。这一技术的革新不仅减轻了设计师的工作负担，更为三维动画制作开辟了全新的可能性，引领行业迈向更加辉煌的未来。

3. 可视化设计和场景预览

虚拟现实技术为三维动画设计师提供可视化设计和场景预览功能。传统制作需通过屏幕观察和编辑，而虚拟现实让设计师直接进入虚拟环境进行预览和编辑，提高效率，并促进团队沟通。

4. 精准的特效处理和动作捕捉

虚拟现实技术以其卓越的性能，为三维动画设计师开辟了全新的创作天地。它不仅为设计师提供了更为精准的特效处理工具，更在动作捕捉功能上实现了质的飞跃。相较于传统特效制作所需的复杂算法与烦琐数据处理，虚拟现实技术通过摄像头与传感器的结合，直接记录人体运动与表情变化，从而极大简化了动作捕捉的流程。此外，该技术还打造了一个直观易用的特效处理界面，使得设计师能够轻松上手，随心所欲地操控特效，进一步提升了三维动画制作的效率与质量。

（二）虚拟现实技术在三维动画设计中的应用面临的挑战

1. 硬件成本高

头戴式显示器是虚拟现实技术中不可或缺的硬件，提供沉浸式视觉体验。但目前价格较高，中小企业和个人开发者难以负担。此外，虚拟现实技术的应用需要高性能计算机进行渲染，而高性能计算机的成本也较高，限制了虚拟现实技术的普及。

2. 软件兼容性问题

虚拟现实技术虽在三维动画设计的广阔舞台上展现出无限潜力，却也面临着软件兼容性的严峻挑战。由于技术标准的多样化，不同厂商推出的硬件与软件间往往存在难以逾越的兼容鸿沟，这不仅影响了操作的流畅性，更对系统的稳定性构成了威胁。此外，硬件设备的差异，如处理器、显卡、传感器等，亦可能成为兼容性问题的又一诱因，为技术的广泛应用平添阻碍。

3. 应用门槛高

虚拟现实技术发展迅速，设计师需不断学习适应。要实现广泛应用，还需优化用户体验，包括场景布置、交互方式和视觉效果，这对小型企业或个人用户来说难度较大。

（三）虚拟现实技术在三维动画设计中的应用策略

1. 确定应用目标

虚拟现实技术已成为三维动画设计的重要工具，能帮助设计师更快更准地产出高质量作品。首先，需明确应用目标，如提高效率、改善质量或降低成本，再选择合适的技术方案。其次，需考虑应用场景，不同领域如游戏、电影、广告等需不同方案。最后，需评估技术实际效果，确保资源不被浪费，并根据情况进行调整优化。

2. 选择合适的硬件设备

虚拟现实技术在三维动画设计中需要高性能硬件，但选错设备会增加成本，给设计师和企业带来负担。首先，应根据应用需求选择合适的硬件配置，考虑场景、模型复杂度和渲染需求，确保性价比高。其次，通过对比品牌和型号，选择性能和价格最优的设备，同时评估兼容性，避免不稳定性。最后，可利用云计算平台降低硬件成本，并定期更新设备以提升性能、降低维护成本。

3. 合理规划场景结构和交互模式

为深度挖掘虚拟现实技术的潜力，合理规划场景结构与交互模式显得尤为重要。场景设计应被精细分解为若干组成部分，以确保各元素间的连贯性与和谐统一。在建筑场景的构建中，需严格保持房间、门窗等元素的正确位置关系，同时，对比例与尺寸的精准把控亦是增强场景真实感的关键所在。这一系列举措，将为虚拟现实技术的应用奠定坚实基础，并为观众带来更加沉浸式的体验。大型场景可用优化技术确保流畅运行。交互是关键，设计时应根据场景和用户需求选择合适的方式，如游戏场景中可用手柄、键盘或体感控制等。

4. 合理使用特效音效

特效音效能增强沉浸感，提升用户体验。在虚拟现实应用中，合理使用音效至关重要。首先，音效应与场景结构协调，如室内用柔和音效，室外用宏大音效，配合场景气氛和情感，增强沉浸感。其次，音效应与交互模式匹配，如用户触碰物体时加入短暂音效。

5. 采用开放标准，充分测试验证

采纳开放标准与进行充分测试，是提升虚拟现实技术稳定性与可靠性的重要途径，同时也有助于降低设计成本。诸如 OBJ、FBX 等开放标准，能够有效提高软件的兼容性，确保不同软件间数据流通的无碍，进而提升工作效率，减少因沟通不畅而产生的障碍。充分测试验证也是关键，它能确保系统稳定性和准确性，通过模拟渲染等测试发现和修复漏洞，提升软件性能。

6. 注重持续学习

虚拟现实技术迅速发展，设计师需不断学习以保持竞争力和创新。设计师应通过培训、讲座、研讨会等活动更新知识，了解最新技术和行业标准。阅读技术书籍和论文、利用在线资源（如视频教程和博客）也有助于获取新信息。此外，设计师需通过实际项目积累经验，尝试新技术和方法，记录并分享经验以促进团队进步。同时，设计师还需提升沟通能力和团队协作能力，保持对艺术的敏感性，并掌握基本美术知识以更好地满足用户需求和进行创意设计。[①]

7. 建模融合应用，打造更为真实的动画内容

三维动画技术与虚拟现实技术密切相关，在融合应用中，可通过动画提升内容真实性。传统的动画制作常因数据模拟而产生失真，影响观感和发展。因此，采用物理建模融合虚拟与现实，能使动画更真实。例如，将虚拟现实技术引入建模环节，可以改进人物建模的失真问题。具体应用时，可利用虚拟现实的扫描工具扫描物品和人物，构建背景和场景，并在三维动画工具中处理和拼接，提升动画的真实感。通过虚拟现实技术的仿真优势，三维动画建模质量和效果将得到显著提升。

8. 借助动作捕捉，保障动画制作效率与质量

动画制作既耗时又费力，对人员的专业性要求高，因此经济成本也较高。此外，传统动画制作中动作常显僵硬，影响质量。为解决这一问题，可以引入动作捕捉技术。通过仿真动作捕捉替代人工和计算机配合，能够缩短制作周期，提升效率和质量，减少不必要的环节，降低成本。具体应用时，通过模特模拟动作（见图5-2），并用虚拟现实技术捕捉动作，将数据传输至建模系统，科学应用这些数据，以提高动画质量和逼真感。

图 5-2　动作捕捉技术

① 张永宁，韩乐．虚拟现实技术在三维动画设计中的应用分析 [J]. 大观，2023(12): 130-132.

9. 数据调节技术，更好保障动画制作成效

在动画制作中，景物通常占据较大画面，但制作较简单。而任务细节制作较小且变化不明显，需要关注细节以提高质量。以往任务细节处理常显不真实，动作协调性差，导致效果不佳。为解决这一问题，可在虚拟现实技术应用中引入数据调节技术，实时调整运动数据，从而提高动画质量。具体做法包括数据识别与处理、三维建模以及细节调整，以提升虚拟现实技术对动画物体的控制，使场景更加逼真。通过多次调整数据以匹配应用要求，可以显著提高动画效果。①

第四节　计算机虚拟仿真技术在三维动画制作中的应用

一、虚拟仿真技术概述

（一）虚拟仿真技术的内涵

虚拟仿真技术利用计算机创建场景，模拟事物运动和过程，为用户提供身临其境的体验。这项技术结合了计算机和网络技术，通过虚拟空间构建动画场景并生成真实感。虚拟仿真技术，于广义层面，为人们深入洞悉世界本质及剖析事物发展轨迹提供了强有力的支撑。伴随着 5G 网络的迅猛发展，其超高速的传输能力极大地拓宽了虚拟仿真技术的应用边界，使用户能够在虚拟环境中，以更加直观、深刻的方式理解并把握真实世界的复杂性与多样性。这一技术的融合应用，无疑为人类的认知探索开辟了新的维度。

（二）虚拟仿真技术应用原理

1. 基于三维图形设计技术

三维图形设计技术包括三维图形显示技术和三维图形生成技术。虚拟仿真技

① 李雅静．虚拟现实技术在三维动画设计中的创新运用［J］. 鞋类工艺与设计，2024，4(4):75-77.

术依托于多种关键技术，而三维图形显示技术正是其中不可或缺的基石。该技术显著提升了三维场景的制作效率，大幅度缩短了场景生成所需时间，实现了每秒刷新 15 幅图像的高速率，从而确保了背景、阴影等各项视觉元素均能达到既定的标准与要求，为虚拟仿真技术的广泛应用奠定了坚实的基础。三维图形生成技术还能将复杂场景分块处理，隐匿非显示部分，提升用户对不同场景的认知度。

2. 虚拟仿真技术中的交互技术

交互性作为虚拟仿真领域的核心要素，其重要性在制作三维动画的过程中尤为凸显。面对复杂多变的操作界面，人工的精细调控成为实现创意需求的关键，这无疑强调了交互式操作的不可或缺。采用物理控制技术，依托鼠标、键盘及手柄等外设，架起了用户与虚拟世界沟通的桥梁。而虚拟控制技术，则通过精密的参数调节，灵活变换场景视角，不仅加深了虚拟物体与环境的动态交互，更引导用户以一种更为直观且深入的方式（见图 5-3），洞悉虚拟环境的内在机理，从而在学术探索与艺术创作的广阔天地间，开辟出一条崭新的路径。

图 5-3　人机交互的三维虚拟场景

二、虚拟仿真技术在三维动画制作中应用的价值

（一）促使动画中的视觉要素变得立体化

在三维空间的广阔舞台上，动画艺术展现出了超越二维平面的立体质感。虚拟仿真技术的融入，无疑为这一艺术形式注入了新的生命。它不仅能够构建出逼

真的三维场景，让观众在多角度的观赏中尽享视觉盛宴，更在视觉设计上提出了更高要求，使动画作品生动鲜活，立体感十足。这一技术的运用，不仅带来了前所未有的真实感，更为观众开启了新奇体验的大门。

（二）配合应用虚拟现实产品

在三维动画制作的世界里，网络、仿真与传感技术共同构建出虚拟现实的互动场景。VR 眼镜作为连接虚拟与现实的桥梁，引领观众步入一个沉浸式、互动式的展示空间。在这里，视觉冲击力与画面感染力被无限放大，内容以更加立体、逼真的姿态跃然眼前，为观众带来前所未有的观影体验。

三、计算机虚拟仿真技术在三维动画制作中的具体应用

（一）在数据建模中的应用

数据建模是三维动画制作首要且关键的步骤，旨在为动画添加交互性元素，使角色更加灵活和动态。技术人员首先收集与动画场景和人物相关的素材，如航拍建筑和自然景观，并整理这些资料用于构建模型。在建模过程中，物体形变过程要得到保留，目的是进一步观察分析，确保建模结果符合物理动力学特征。

（二）在动作捕捉过程中的应用

动作捕捉是数据采集过程，用于记录人物的表情、肢体动作以及物体的运动。为捕捉人物动作，演员穿戴感应服装，系统记录并处理其动作数据。物体动作则通过航拍收集数据，整合分析后应用于模型，生成动态效果。这样可以优化模型的物理效果，使其运动更真实，避免违反物理规律或出现细节错误。以中国历史为题材的三维动画《秦时明月》，在制作过程中深度融合虚拟仿真技术，展现了技术与艺术的完美结合（见图 5–4）。为追求人物动作的流畅与细腻，制作团队精心保留了动作中的每一处细节，借助虚拟仿真技术与先进的计算机软件，重构历史场景，对演员动作进行详尽捕捉与分析。制作团队的匠心独运使得动画中的人物灵动异常，栩栩如生。

图 5-4 《秦时明月》中动作捕捉技术应用展示

（三）在三维动画调节中的应用

完成数据建模和动作捕捉后，需运用虚拟仿真技术调节三维动画，构建真实的虚拟场景。技术人员必须掌握多种动画制作方法，综合应用以提升虚拟场景的真实性（见图 5-5）。在三维调节中，需整理、分析信息，依据动画要求进行插入、叠加等修改，并运用机械、计算机识别和光学技术提高制作质量，不断调节动画以确保数据符合制作要求，满足观众需求。技术人员还需具备方向动力学知识，以更真实地调整动画人物动作，提高工作效率。

图 5-5 《哪吒之魔童降世》中数据建模应用展示

四、虚拟仿真技术在三维动画制作中的应用思考

（一）重视观众的体验和感受

三维动画，以其鲜明的立体性著称，经由虚拟仿真技术的支持，为观众开辟了一条通往动画世界的道路。在此过程中，观众不仅被动观赏，更主动与动画的环境、情节产生深度互动，从而获得前所未有的感官体验。因此，在三维动画的

制作中，应用虚拟仿真技术时需着重考虑如何提供独一无二的视觉感受，这既是对观众好奇心的回应，也是技术应用的追求。

（二）体现空间感

三维动画制作，其核心要义在于构筑一个引人入胜的立体空间氛围。在此艺术探索之路上，虚拟仿真技术携手数字技术、多媒体与人工智能，共同构建出一幅幅生动鲜活的动态立体图像。通过对空间的建模，这些技术不仅创造了虚拟的空间构造，更赋予了其无限的生命力与创造力，使得三维动画的世界愈发绚丽多彩。它通过 360° 视角使图像更加真实、清晰，并体现时空关系。传统动画侧重影像变化，而为了提高互动性，必须重视三维空间体验，将人物与空间紧密结合，使虚拟世界与现实世界的边界变得模糊。

（三）对多种素材进行整合运用建模

在三维动画制作中运用虚拟仿真技术，关键在于素材的多元整合，尤其在构建三维模型时。制作人员务必紧随时代步伐，深入研习相关内容，对动画人物的塑造给予高度重视。借助现代科技之力，广泛收集并整合与人物、物体形象息息相关的素材，以期在虚拟世界中重塑其生动形态，为三维动画增添魅力与深度；通过整合图像、声音、视频和地理位置元素，利用数字技术生成更具空间感的场景，从而提升仿真效果。[①]

第五节　实时渲染技术在三维动画设计中的运用

一、实时渲染技术简述

实时渲染技术，作为计算机图形学领域的重要成果，能够快速生成并展现图

① 林深豪. 计算机虚拟仿真技术在三维动画制作中的应用研究[J]. 软件,2023,44(2):129-131.

像，不仅在电子游戏、虚拟现实及计算机辅助设计等领域大放异彩，更成为推动行业进步的关键力量。该技术依托图形处理器（GPU）强大的并行计算能力，融合高效算法与优化技术，使得三维模型的光照、纹理及阴影效果得以淋漓尽致地展现。在此基础上，抗锯齿、色彩校正及运动模糊等图像后期处理技术的加入，进一步提升了画面的真实感与流畅度。以《玩具总动员 4》为例，实时渲染技术的运用，让角色表情细腻入微，质感逼真，光照与阴影效果栩栩如生，极大地增强了观众的沉浸体验。

二、实时渲染技术在三维动画设计中运用的方法

（一）光线追踪

光线追踪这一植根于物理原理的渲染算法，以其独特的方式模拟光线传播与反射，精准计算像素色彩与亮度，为计算机图形学领域带来了革命性的变化。该算法自相机发射光线始，持续追踪其在场景中的蜿蜒路径，直至光线与物体相遇或历经数次反射后归于沉寂。其核心挑战在于精确求解光线与物体的交汇点，其中，光线与球体、平面等几何体的相交计算尤为关键。以《赛车总动员 3》为例，光线追踪技术的运用，使赛道场景的光照与阴影呈现前所未有的逼真效果，赛车车身的光线反射与地面投影均细腻入微，栩栩如生，为观众营造出一种身临其境的竞速氛围，极大地提升了观影体验。

（二）阴影计算

在计算机图形学领域中，阴影计算的方法繁多，各具特色，共同为图像的逼真呈现贡献力量。其中，阴影贴图技术通过从光源的独特视角渲染场景至深度纹理，依据像素与光源间的深度差异，判定阴影的存在与否。阴影体积法则另辟蹊径，将物体投射的阴影构想为三维体积，再结合相机视角，精确判断像素是否处于阴影之下。光线追踪技术追求物理真实性，通过细致追踪光线的传播路径、敏锐捕捉物体的遮挡情况，从而精确计算阴影的强度与分布。此外，光栅化技术、阴影

映射以及阴影卷积等方法，亦各有特点，它们或基于几何形状的精细剖析，或利用纹理映射与卷积操作的数学方法，共同助力图像的逼真呈现。

（三）纹理映射

纹理映射技术将二维图像与三维物体表面相融合，丰富了计算机图形学领域的成果。其中，UV 映射以其独特的坐标系统，将二维纹理图像精准地贴合于三维物体之上，实现了像素与物体表面点的完美对应。环境映射则另辟蹊径，将周围环境的图像映射至物体表面，不仅模拟出逼真的反射与折射效果，更让物体仿佛置身于真实世界之中。投影映射、法线映射以及多重纹理映射等技术，亦各有优势。它们或借助投影之力，模拟光影交错的视觉效果；或利用法线贴图，细腻刻画物体表面的凹凸纹理；或通过多层材质的叠加，让物体的细节之处跃然眼前。这些技术的综合运用，共同为三维物体的真实呈现铺设了坚实的基石。在《冰雪奇缘》中，纹理映射技术增强了冰雪质感、皮肤光滑度及衣物和环境的纹理，使得艾莎的皮肤、衣物细节以及雪山和冰雪城堡都显得更加真实。

（四）骨骼动画

骨骼动画作为实时渲染技术中的佼佼者，以其对物体骨骼结构与动作的精湛模拟，为计算机图形学领域注入了新的活力。该技术通过一系列精细步骤，实现了从骨骼绑定到实时渲染的转变。在骨骼绑定阶段，物体的顶点与骨骼结构紧密相连，为后续的动画效果奠定了坚实基础。紧接着，通过建立骨骼层次的关系，明确了各骨骼之间的从属与影响。关节旋转的计算则让物体的姿态与动作变得栩栩如生。顶点变换与插值计算的结合更是让动画效果流畅自然。在《玩具总动员》中，骨骼动画技术的运用使每一个玩具角色都仿佛拥有了生命，关节的灵活运动、姿态的千变万化，无不令人叹为观止。

（五）粒子系统

粒子系统以其卓越的粒子效果模拟能力，为计算机图形学领域带来了革命性的突破。该技术通过一系列精密的步骤，实现了从粒子初始化到渲染呈现的完整流程。

在初始化阶段，粒子初始状态的设定为后续的动态变化奠定了基础。随后，通过粒子更新与渲染，每一帧中粒子的位置与色彩得以精准呈现。生命周期管理与碰撞检测的加入，更是让粒子的行为变得真实可信。而交互效果的引入，则让粒子系统能够根据用户输入或外部环境的变化，灵活调整粒子属性，展现出更加丰富的视觉效果。在《飞屋环游记》中，粒子系统的出色表现，让天气现象与自然元素得以生动再现，为观众打造了一场既真实又梦幻的视听盛宴。

三、实时渲染技术在三维动画设计中运用的意义

（一）提高效率

实时渲染技术能显著提高效率，它允许设计师在设计中实时了解设计效果，而后实时做出修改。具体来说，实时渲染提供即时效果反馈，使设计师无须等待渲染完成即可观察变化，并进行必要的调整。这种即时反馈提高了动画效果调整和优化的速度，进而提升工作效率。

（二）增强交互性

增强交互性的意义在于让用户能实时互动和自定义动画。实时渲染技术允许用户通过鼠标或触摸屏控制动画的视角、速度和方向，创造沉浸式体验，并提高参与感和乐趣。同时，用户还能根据个人需求调整动画参数，实现个性化效果。总体而言，实时渲染技术增强了动画设计的互动性，提升了用户的满意度和参与度。

（三）提升视觉效果

实时渲染技术显著提升三维动画的视觉效果。它通过实时计算光照、材质和阴影，使物体亮度、质感和阴影更加真实。设计师可以根据需求调整这些效果，丰富动画的层次和细节，从而提升整体的真实感和生动性。[①]

① 闫金丽．实时渲染技术在三维动画设计中的运用分析［J］．名家名作，2023(18):37-39.

第六章　艺术在三维动画设计中的表达

第一节　三维动画的艺术特征

一、三维动画在数字艺术中的表现特征

（一）三维动画在数字艺术中“画”的视觉特征

1. 艺术性

三维动画艺术以其独特的魅力，极大地丰富了动画创作的风格维度，巧妙融合了手绘线条的灵动、速写的洒脱、线描的精准以及漫画的幽默，共同编织出一幅幅多姿多彩的画面。在全球范围内，不同国家的三维动画风格各具特色，彰显出独特的文化韵味。西方国家的三维动画，往往以宏大的绘画风格与鲜明的色彩象征见长，其在画面稳定性、线条精细度及动作灵活性方面的追求堪称极致。迪士尼 2012 年力作《纸人》，便是将二维风格与三维技术完美融合的典范，不仅生动捕捉了人物的运动轨迹与表情变化，更以渐变阴影的运用，细腻传达了角色内心状态。其色彩之丰富，透视与明暗效果之精妙，共同营造出深邃的空间感，而 3D 渲染技术之细腻，则让人物形象跃然眼前。相比之下，日本三维动画在场景设计上，则展现出一种井然有序且温和明快的独特气质，既保留了传统装饰艺术

的精髓，又不失平面化的视觉美感。三维动画作为一种强大的叙事媒介，不仅以画面讲述故事，更以丰富的内容呈现深刻内涵。《灌篮高手》三维版便是在忠实还原日漫风格的基础上，巧妙运用三维技术，雕琢角色发型的质感与形状，成功再现了漫画中宝石般璀璨的头发质感。

2. 真实性

三维动画在立体空间塑造上十分出彩，特别是在自然环境中，如山谷和草地，因此可以更真实地渲染环境。它通过数字技术提高细节表现，特别是在高光反射和金属质感方面，使动画更接近现实。例如，1999 年华纳出品的《钢铁巨人》通过三维动画真实展现了巨人的结构和透视效果，使角色的钢铁特征更具戏剧性，增强了科技感。二维动画通过三维模型渲染，实现三维透视效果，同时与二维并不相斥，比如，2021 年《英雄联盟：双城之战》运用了“三渲二”技术和手绘纹理，结合了三维人物制作和二维背景，通过虚拟灯光和阴影效果增强光影氛围，提升了人物的真实感，还节省了成本。

（二）三维动画在数字艺术中“动”的视觉特征

1. 线条动作美

二维动画通过精准的线条勾勒角色，展现其性格和张力，增强视觉美感。三维动画利用透视效果呈现动态线条，使角色形象更加生动自然，尤其在大幅度运动场景中能够增强动作的冲击感和灵活性。

2. 镜头影视美

镜头是动画影片的基本单位，三维动画技术通过营造空间感和画面动感，提升镜头的连贯性和流畅度。它特别擅长展示震撼的大场景，如大量士兵或奔腾的马群，增强视觉效果。《蜘蛛侠：平行宇宙》中结合了手绘风格和三维动画，通过分割画面和动态镜头，丰富了信息呈现，并提高了镜头节奏的控制感，带来全新的视觉体验。[①]

① 刘小慧，李冰．三维动画在数字艺术中的视觉表现［J］．艺术大观，2023(26):73-75.

3. 材质动态美

三维动画能够对各种材质进行逼真的模拟，从光滑的金属到柔软的布料，从粗糙的岩石到透明的玻璃。在动画过程中，随着角色的动作和场景的变化，材质也会呈现出不同的动态效果。例如，当角色穿着丝绸衣服奔跑时，衣服会随风飘动，展现出丝绸的柔软和光泽；当角色触碰金属物体时，金属会产生反光和变形，体现出其硬度和质感。这种材质的动态美为观众带来更加真实的视觉感受，增强了动画的沉浸感。

4. 光影变幻美 .

光影在三维动画中起着至关重要的作用，它不仅可以塑造物体的形状和体积，还可以营造出不同的氛围和情感。在动画中，光影会随着时间的推移、场景的转换以及角色的动作而不断变化。比如，在日出时分，阳光会逐渐照亮整个场景，给人以温暖和希望的感觉；在夜晚，月光和灯光会营造出神秘和宁静的氛围。此外，光影还可以用来突出角色的表情和动作，增强动画的表现力。通过对光影的精细控制和动态调整，三维动画能够创造出令人惊叹的视觉效果，让观众仿佛置身于一个真实而又奇幻的世界中。

二、三维动画艺术的审美特征

（一）三维动画艺术的形式美

三维动画艺术融合了素描、水彩和雕塑等多种绘画艺术形式，展现了丰富的表现风格。例如，中国动画《大闹天宫》以其独特的传统水墨画风格，不仅娓娓道来了一段扣人心弦的故事，更将水墨画的艺术魅力淋漓尽致地展现在观众眼前，让人在享受剧情的同时，也沉醉于那如诗如画的视觉盛宴。而在国外动画领域，雕塑等艺术形式亦常被巧妙融入。又如《小鸡出逃》中，那憨态可掬的泥偶橡皮形象，瞬间唤醒了观众内心深处对童年的美好记忆。再如短片《星期一闭馆》，通过夸张至极的动作设计，生动刻画了醉汉复杂微妙的心理状态，引发了观众强烈的情感共鸣，展现了动画艺术跨越国界的独特魅力与深远影响。计算机技术的进步使三维动画艺术表现形式更加多样，从而丰富了视觉效果，并改变了观众的审美体验。各种表现形式为设计师提供了多种选择，进一步提升了三维动画的魅力和受欢迎程度。

（二）三维动画艺术的虚拟美

三维动画艺术，依托计算机技术，展现出独特的虚拟美。它能将幻想变为现实，将无法实现的场景呈现在银幕上，交汇虚拟与现实，带来全新的艺术审美。例如，斯皮尔伯格的《侏罗纪公园》生动再现了已灭绝的恐龙，给观众带来了观察古生物的梦幻体验。数字动画技术的发展使虚拟和现实的距离缩短，使想象中的生物和场景变得真实。《地心引力》通过三维动画真实呈现了外太空中的人物生存状态，结合了传统电影的细腻和动画的震撼效果，展现了人类对虚拟现实的无限想象力。

（三）三维动画艺术的造型美

三维动画艺术，凭借其逼真细腻的人物塑造与场景描绘，融合艺术化的创作手法，构筑了夸张、真实、诙谐乃至荒诞的视觉奇观，为观众带来了前所未有的感官盛宴。回溯早期，动画《白雪公主》便以贴合儿童心理的弧线设计，营造了一种温馨亲切的观影氛围，让小朋友们感受到满满的温暖与亲近。动画电影，正因其独有的亲切感与安全感，跨越年龄界限，广泛赢得了观众的喜爱与追捧，成为连接现实与幻想世界的桥梁，让每一颗心都能在光影交错间找到共鸣。三维动画不再仅仅追求真实再现，而是通过夸张的设计展现虚拟与现实的差异，提供前所未有的观影体验。例如，《疾走罗拉》中罗拉的夸张奔跑和神经质的嘶吼，通过三维动画艺术突出人物的生命力，带来巨大的视觉冲击。

（四）三维动画艺术的技术性审美

技术性审美，已然成为三维动画艺术不可或缺的鲜明特征，这一特质的形成，深深植根于其技术本质之中。伴随着计算机硬件与软件技术的飞速跃进，三维动画得以突破想象之疆界，创造出令人叹为观止的“视觉盛宴”。技术的革新不仅极大丰富了动画艺术的表现形式，更引领了一系列创新制作手段的涌现。创作者因此得以自由驰骋于无限创意之中，探索多元场景与效果，而传统人工上色与胶片拍摄的烦琐与成本，亦在此过程中得以大幅削减。从昔日的二维制作，到如今的 CG 技术（计算机生成插画），三维动画正以前所未有的速度蓬勃发展。技术的变革让三维动画艺术得以自由翱翔在幻想的天空中，形成了其独特的审美特征。①

（五）动画艺术设计在影视中的审美特征

动画电影这一独特的艺术形式在电影艺术的广阔天地中已悄然形成了一个独立且充满魅力的领域。它不仅仅是一种技术的展现，更是艺术的融合与表达，将图画、雕塑、木刻、线条、立体、剪影和木偶等多元化的造型艺术，通过银幕赋予了生命与运动的形式。动画电影正逐渐成为一种完全独立的艺术形式，它与传统的故事片有着显著的差异，就如同绘画与雕塑同歌剧之间的差异一样明显。动画电影拥有着自己独特的审美特征和表现手法，这些特征和手法，在不同的文化背景下又展现出了各自独特的魅力。在中国，动画电影的发展深受中国传统文化和艺术的影响，形成了具有中国特色的审美特征。

第二节　三维动画艺术表现的发展

一、三维动画的优势及艺术表现力

（一）三维动画的优势

动画艺术作为时间与空间、设计与节奏的组合，其魅力在于对动态瞬间的精准捕捉。三维动画凭借软件设计的特效，相较于传统人工制作方法，展现出优秀的精确性，为优秀作品奠定了坚实基础。在二维动画的基石上，三维动画引入了现代艺术与技术，极大地拓展了艺术的表现力。它不仅为创作者提供了更为广阔的自由度，还赋予了作品更深邃的表现空间，使动画艺术得以在新的维度上绽放

① 王莉．三维动画艺术的审美特征研究［J］．文艺评论，2015(12):150-151.

光彩。更为引人注目的是，三维动画以其独特的真实性，将观众带入前所未有的体验之中。它能够呈现二维动画难以触及的场景，通过技术化的人物与环境设计，构建出一个既虚幻又逼真的世界，让观众在动画的海洋中畅游，感受那份独特的真实与震撼。

（二）三维动画的艺术表现力分析

在动画艺术的广阔天地中，光影不仅是环境的烘托者，更是人物内心世界的映射。一部卓越的动画片往往能在光影的巧妙运用中，展现出非凡的艺术表现力。三维动画作为现代技术与艺术融合的典范，通过调节灯光的明暗与强弱，使光影在画面中跃动，生动而富有层次。图案的叠加与光影的交织，共同构建出二维动画难以企及的视觉效果，为观众带来前所未有的视觉盛宴。在角色与场景的契合方面，三维动画实现了对传统二维动画的超越。二维动画中，人物与场景往往被分割处理，限制了艺术的自由发挥。而三维动画，则通过虚拟化的空间处理，使角色能够在场景中自由穿梭，动作与表情的丰富性得以极大提升。角色的每一个细微表情、每一次灵动动作，都在三维动画的演绎下栩栩如生，为观众带来更加真实的观影体验。此外，三维动画还将电影语言融入其中，实现了动画艺术与电影艺术的完美融合。传统动画主要依赖美术表现力，但在实际观影过程中，这种单一的表现力往往显得力不从心。而三维动画，则通过虚拟空间和虚拟摄影机的应用，将电影的艺术表现力发挥到极致。一些真实摄影难以呈现的画面，在三维动画的演绎下得以完美展现，为观众带来强烈的视觉冲击。在角色造型的细节处理上，三维动画同样展现出卓越的优势。传统二维动画中的角色造型往往过于简化，细节处理不够真实，导致角色形象缺乏美感与个性。而三维动画则通过前期建立模型的方法，实现了角色造型的精确复制与细致修改。在模型的创建过程中，创作者充分考虑角色的性格特点、身体比例等因素，使角色形象更加逼真、生动。在后期修改过程中，创作者还可以根据需要对角色进行微调，以达到最佳的艺术效果。①

① 雷子昂．三维动画的艺术表现力探究［J］．美与时代（城市版），2015(2):106.

二、三维动画技术的艺术表现力

（一）电脑技术形成的新动画形式

电脑技术的飞速发展为动画艺术注入了新的活力，推动了动画形式的不断创新。在此背景下，基于网络平台的 Flash 动画等全新动画形式应运而生，为观众带来了更为丰富的视觉体验。在三维动画领域，电脑技术更是发挥了举足轻重的作用。三维动画师借助先进的软件工具，能够模拟现实世界，创建出逼真的虚拟空间。他们采用独特的物体造型方式，生成虚拟的三维物体，并赋予这些物体以真实的材质属性。最后，通过虚拟灯光的渲染，呈现一幅幅生动的画面。值得注意的是，“三渲二”技术作为一种基于 NPR（非真实感渲染）的渲染技术，通过离散化处理连续光照，并勾勒出模型的大致轮廓，形成了别具一格的块状填充卡通效果。这一技术的运用，进一步丰富了三维动画的表现形式，为动画艺术的发展开辟了新的道路。

（二）三维动画不同要素的艺术表现力

1. 镜头表现力

在动画艺术的殿堂中，三维动画以其独特的魅力，为电影语言的扩展开辟了新的篇章。通过模拟空间深度与摄影机运动，三维动画实现了真实摄影机的各种拍摄手法，使动画作品能够全面应用电影语言，展现出前所未有的艺术魅力。尤为引人注目的是，三维动画中的虚拟摄影机以其超越现实的自由度，实现了现实摄影机难以完成或成本极高的镜头。无论是长距离的鸟瞰，还是极近的特写镜头，虚拟摄影机都能轻松驾驭，为观众带来震撼的视觉体验。

2. 空间与角色运动的表现力

二维动画在艺术的画卷上往往将焦点凝聚于角色自身的运动，而角色与空间的互动则常被置于次要地位。当面对复杂的动态场景时，二维动画需从多个维度刻画动作，这无疑提升了场景绘制的难度与成本。然而，三维动画的崛起，为这一难题提供了破解之道。在虚拟的立体空间中，角色得以自由穿梭，不受软件动力学系统的束缚。更甚者，三维动画能与三维扫描仪、动作捕捉仪等设备无缝对接，共同塑造出生动、逼真的动态画面。

3. 光影表现力

在二维动画的世界里，手绘背景承载着光影效果的展现，然而，这背后的工作量却异常庞大。更为棘手的是，实现角色与背景间光影的互动，往往困难重重。相比之下，三维动画在光影效果的实现上，则显得游刃有余。只需轻轻调整虚拟灯光，复杂的光影变化便能轻松呈现。在《图兰朵》中，观众可以领略到，在精细的窗格下，人物悠然漫步于阴影之中，身上光斑随步伐起舞，光影互动之美，尽显无遗。三维动画的这一优势，无疑为动画艺术的创作，开辟了新的可能。

4. 造型的细节与质感表现力

在造型与场景的塑造上，二维动画对角色的刻画显得较为简约。多余的线条，不仅徒增工作量，更可能在角色运动中显得突兀，形成“lazy line”（懒人线条），破坏动作的流畅与和谐。而在质感表现方面，三维动画则展现出其独特的魅力。早期的三维动画图形学研究便聚焦于材质的着色与表现。与二维动画相比，三维动画能够塑造出更为强烈的场景感，使观众仿佛置身于一个真实可触的世界。这种独特的艺术效果，无疑为三维动画在造型与场景方面的表现增添了浓墨重彩的一笔。

5. 自然环境及视觉特效表现力

在二维动画的画卷中，自然环境往往以写意的手法被轻描淡写地勾勒而出。而三维动画则以其独特的粒子系统，为自然环境的模拟开辟了新的路径。运用粒子系统这一模型建立方法能够生成拥有自己生命周期和运动轨迹的粒子。在这些粒子的舞动中，三维动画得以创造出与现实世界相仿的雾气。雾气不仅具备深度和密度，更在色彩的变幻和远近的层次上，展现出丰富的变化。角色在这样的雾气中穿行，仿佛置身于一个既虚幻又逼真的梦境，为观众带来了一场视觉与心灵的双重享受。

（三）三维动画艺术表现的缺点

三维动画以其独特的艺术魅力引领着动画领域的潮流。然而，这背后所隐藏的技术挑战，却不容小觑。三维软件的渲染，对计算机硬件性能提出了高要求，快速的运算速度成为必备条件。此外，动作捕捉仪等大型外接设备的运用，更是为三维动画的制作增添了难度。而多重效果的渲染，更是一项耗时巨大的工程。没有强大的硬件支持，纵使技术水平再高、情境创意再妙，也难以将三维动画的艺术魅力充分展现。这些技术挑战，如同一道道门槛，考验着每一位三维动画创作者的决心与毅力。①

三、从奥斯卡动画短片看三维动画艺术表现的发展

（一）三维动画艺术表现的特点

在动画艺术中，三维动画作为一种新兴的表现形式，相比于传统的二维动画和定格动画，更加注重技术性。早期三维动画，以现实主义为追求，特效制作力求高度逼真，初时令人惊叹，却渐显乏味。艺术家们的想象力与创造力为三维动画注入了新的活力，使其超越复制现实的局限，成为艺术表现的媒介。随着技术的不断进步，三维动画在现实主义风格上实现了突破，同时融入了其他艺术表现方式。它不再仅仅是对现实的模仿，而是成为展现多样化艺术效果的舞台。无论是细腻的纹理，还是丰富的色彩，三维动画都以独特的艺术形式，呈现出令人震撼的视觉效果，为观众带来全新的艺术体验。

（二）奥斯卡动画短片中三维动画艺术表现的发展

1. 三维动画的发展历程：技术与艺术的交织

自 1989 年奥斯卡最佳动画短片奖设立以来，三维动画作为数字时代的新兴艺术形式，已经走过了三十余年的辉煌历程。这一奖项的设立，不仅标志着动画艺术在国际电影界的地位得到了显著提升，更见证了三维动画从初露锋芒到日臻成熟的蜕变过程。回溯至 1989 年，首部获得奥斯卡最佳动画短片奖的三维动画《锡玩具》，以其精湛的计算机图形技术和对现实世界的精细模拟，开启了三维动

① 范臻．三维动画技术的动画艺术表现力探析［J］. 艺术科技，2017,30(12):131.

画的新纪元。然而，初期的三维动画发展并非一帆风顺。过于追求现实主义的倾向使得许多作品在细节和材质上过分雕琢，却忽视了动画本身应有的艺术性和想象力。这种技术上的瓶颈一度限制了三维动画的艺术表达和发展空间。然而，正是在这样的背景下，一些具有远见卓识的三维动画公司，如皮克斯等，坚持走创新之路，不断探索三维动画的艺术可能性。1998 年,《格里的游戏》以其独特的卡通化人物设计和生动的光影效果，赢得了奥斯卡奖的青睐，标志着三维动画短片开始逐渐被大众所接受，其技术也被广泛应用于电影、电视等多个领域。随后的 1999 年,《棕兔夫人》更是以三维动画的形式，成功再现了定格动画的艺术风格，进一步拓宽了三维动画的艺术边界。进入 21 世纪后，三维动画的发展更是如火如荼。2002 年至 2003 年间,《为了鸟儿们》和《恰卜恰布》相继获奖，展现了三维动画在题材和风格上的多样化探索。2005 年,《瑞恩》的获奖则进一步巩固了三维动画在奥斯卡最佳动画短片奖中的地位。这些作品的成功，不仅证明了三维动画在技术上的不断进步，更彰显了其在艺术表现上的无限潜力。

2. 三维动画艺术表现的演变：从现实主义到多元融合

在三维动画的早期阶段，计算机图形技术的发展为其艺术表现奠定了坚实的技术基础。这一时期的三维动画，在模型材质和人物塑造上追求极致的现实主义。然而，这种追求往往导致作品缺乏动画应有的艺术性和想象力。《锡玩具》便是这一时期的典型代表，其人物和场景虽然细节丰富、材质逼真，但却缺乏动画的灵动和趣味。然而，随着艺术家们对三维动画艺术性的不断探索和挖掘，三维动画的艺术表现开始逐渐摆脱现实主义的束缚，向更加多元和丰富的方向发展。《格里的游戏》便是这一转变的标志性作品。它采用了卡通化的人物设计，注重动作和神态的刻画，使角色更加生动有趣。同时，其光影效果也更加生动自然，场景和人物的质感得到了明显的区分。这一突破不仅提升了三维动画的观赏性，更为其后续的艺术发展奠定了坚实的基础。随后的作品中，三维动画逐渐将卡通化人物与多种艺术形式相结合，呈现出更加丰富多彩的艺术效果。《棕兔夫人》利用三维动画技术成功再现了定格动画的艺术风格，不仅提高了制作效率，还丰富了表现形式。这一创新，为三维动画与其他艺术形式的融合提供了有益的尝试和借鉴。如今，三维动画的艺术表现形式已经多种多样，不再局限于单一的风格和题材。例如，《美味盛宴》中的模型经过特殊处理，呈现出平面插画艺术的风格，同时展现了生动的纵深场景和环境光源。这种独特的艺术效果不仅提升了作品的观赏性，更为观众带来了全新的艺术体验。而动画《失物招领》则融合了漫画和插画风格，通过三维技术还原了插画的艺术性，并融入漫画风格的镜头语言，使得其艺术表现形式更加丰富和新颖。

3. 多种艺术融合对三维动画艺术表现的影响：文化多元的碰撞与交融

观察历届奥斯卡最佳动画短片，不难发现它们在产地、技术、艺术风格、题材和主题思想上展现了文化多元的融合。这种融合不仅丰富了三维动画的艺术表现形式，更为其注入了新的生命力和创造力。奥斯卡最佳动画短片的艺术形式，从最初的传统手绘动画，发展到如今的油画动画、彩铅动画、三维动画、剪纸动画、木偶动画和黏土动画等。这些艺术形式之间逐渐出现了融合的趋势，表现形式之间也有很多相似之处。例如，《熊的故事》虽然属于三维动画的范畴，但其制作中却融入了《无敌掌门狗》系列的定格动画元素。这种融合不仅使得作品在视觉上更加丰富多彩，更为其增添了独特的艺术魅力和文化内涵。在元素应用方面，不同动画之间的相互影响和借鉴也是显而易见的。例如，《熊的故事》中机械表演的蒸汽机械元素，在《哈布洛先生》中也有所体现。这种现象在多部动画中都有所见，说明奥斯卡最佳动画短片不仅借鉴了流行的设计元素，还将这些文化融入新技术中，从而丰富了艺术表现形式。此外，多种艺术形式的融合，还为三维动画提供了更多的创作灵感和表现手法。艺术家们可以从不同的艺术形式中汲取营养，将其融入到三维动画的创作中，从而创造出更加独特和富有创意的作品。这种跨界的融合和创新，不仅推动了三维动画艺术的发展，更为整个动画行业注入了新的活力和动力。

（三）奥斯卡动画短片的艺术表现对中国三维动画的启示

奥斯卡最佳动画短片中的三维动画，往往出自皮克斯、迪士尼等顶尖制作团队之手,它们不仅是技术精湛的典范,更是艺术创新的先锋。美国多元文化的沃土,为这些动画作品提供了丰富的灵感源泉，其影响力跨越国界，深刻塑造了全球动画艺术的风格与走向。在中国，三维动画正逐步崭露头角,《大圣归来》《小门神》等蕴含中国元素的影片，日益受到国内外观众的注目。尽管目前三维短片在国内多应用于商业广告领域，实验性短片尚属稀缺，且多为学院派探索之作，但其潜力不容小觑。借鉴奥斯卡最佳三维动画短片的成功经验，中国动画在发展商业长片的同时，亦应重视短片动画的培育。这不仅要求我们在技术上不断精进，更需在艺术表现上寻求突破。通过汲取奥斯卡动画短片的艺术精髓，融合中国独特的艺术元素，我们可以提升画面的艺术层次，塑造出具有鲜明中国特色的角色风格。此外，鼓励实验性动画艺术的创作与发展，对于推动中国动画艺术的多元化进程至关重要。这不仅有助于挖掘和培养动画艺术的新锐力量，更能为中国动画在国际舞台上赢得更广泛的认可与赞誉。[①]

第三节　艺术对三维动画设计的影响

一、数字媒体艺术对三维动画中角色设计的影响

（一）三维动画角色设计中数字媒体艺术的重要作用

在动画设计与制作的领域中，数字媒体艺术的兴起无疑是一场深刻的革命，它不仅颠覆了传统的设计理念,更为动画行业的蓬勃发展注入了新的活力与可能。昔日，我国动画设计深受手绘模式的桎梏，这一方式不仅工作量大，且操作复杂，给创作者带来了诸多挑战。然而，随着数字媒体艺术的引入，这一传统模式逐渐被摒弃，取而代之的是电脑辅助的角色创建与修改。相较于手绘，电脑操作极大

① 李芳，刘露．从奥斯卡动画短片看三维动画艺术表现的发展［J］．艺术科技，2018，31(6):85.

地缩短了设计周期，提升了工作效率，降低了技术门槛。更为重要的是，它赋予了创作者前所未有的自由度，无论是角色的放大、缩小，还是细节的精雕细琢，皆变得轻松自如，从而极大地提高了设计的精细度与表现力。数字媒体艺术的应用更是为三维动画设计带来了翻天覆地的变化。它打破了以往单一的处理技术，实现了声音与影像在动漫设计中的完美融合，使得动画作品更加贴近现实，增强了观众的沉浸感与代入感。动画作为一种独特的艺术表达形式，在数字媒体艺术的推动下，正向着多元化的方向迈进。创作者们可以自如地融入中国丰富的文化元素，使动画设计呈现出更加多彩多姿的面貌，彰显出独特的艺术魅力与深厚的文化底蕴。此外，数字媒体艺术还极大地提升了三维动画的活跃性与生命力。随着技术的不断革新，观众对动画质量的要求也日益提高。二维动画因其在角色表现与人物刻画上的局限性，逐渐失去了市场的青睐。而三维动画，凭借其生动逼真的效果，迅速占据了市场的主导地位。数字媒体艺术的应用使三维动画中的角色更加灵动，表情更加丰富真实，从而极大地增强了动画的艺术感染力与观赏性。

（二）数字媒体艺术在动画设计中的实际应用

对于二维动画设计而言，数字媒体艺术的融入标志着一次技术与艺术的双重飞跃。相较于传统动画设计技术，数字媒体艺术在二维动画中的应用主要体现在两大方面。一方面，通过关键帧的设置，提升了设计的精确性。在动画的制作流程中，创作者仅需精心布局关键帧数，设备便能依据预设参数自动生成动画画面。这一特性在角色设计中尤为突出，它使人物的动作展现得更为灵活流畅，连续性得以增强，同时确保了画面的高清呈现。另一方面，数字媒体艺术还极大地丰富了动画的色彩运用，使画面色彩更为鲜明，能够更好地凸显角色的性格特质，为观众带来更为强烈的视觉冲击。而在三维动画设计的广阔天地里，数字媒体艺术的应用更是将光线、背景和形象设计等方面的制作水平推向了新的高度。三维动画的设计制作流程复杂而精细，涵盖了人物形象设计、模型建造、关键帧设置和动画生成等多个环节。数字媒体技术的先进性与科学性在这些环节中得到了淋漓尽致的展现。随着技术的不断进步，三维动画的制作水平也在持续提升。从早期的《黑客帝国》到如今的《阿凡达》与《复仇者联盟》等作品，无不彰显了数字媒体艺术在推动三维动画技术发展方面的巨大潜力与无限可能。数字媒体艺术在二维动画与三维动画设计中的应用，不仅提升了动画的制作效率与画面质量，更为动漫行业注入了新的活力与创意。它使动画作品在视觉效果与情感表达上更为丰富多元，为观众带来了更为震撼的观影体验。

二、插画艺术在三维动画中的运用

（一）插画艺术在三维动画中的重要性

插画艺术在三维动画中的重要性，不仅体现在其独特的视觉表现力上，更在于它与数字技术的深度融合，为动画创作带来了前所未有的变革。在虚拟现实的构建中，数码插图以其独特的魅力，通过模拟现实、绘制蓝图和反转现实三种方式，展现了虚拟世界的无限可能。艺术家们根据个人创意与想象，利用三维软件重现模拟现实，或是对未来世界进行虚拟描绘，超越现实的束缚，呈现出令人震撼的未来场景。而反转现实的手法更是打破了现实与虚拟的界限，通过数码插画艺术的独特表现形式，将那些在现实中无法找到的原型，以惊人的视觉效果呈现在观众面前。相较于传统插画，数码插图在三维动画的制作过程中，展现出了精准高效、规则性强的特点。这得益于计算机程序、三维制作软件以及其他数码工具的辅助。数码插图的制作遵循着图形制作软件中特定程序的规定，使得艺术家们在创作时有了明确的标准尺度。这种规则性与精准性，不仅提高了动画制作的效率，更确保了动画画面的质量与观感。此外，插图艺术的综合特性在数字插画的视觉传达效果中得到了淋漓尽致的体现。随着科技的飞速发展，数码插图的出现使传统绘画与数码绘画的融合成为可能。艺术家们通过图形软件，模拟传统绘画的效果，将多种资源整合到同一作品中。这种整合性不仅丰富了动画画面的视觉层次，更带给观众一种前所未有的美的体验。在三维动画中，数码插图以其独特的艺术形式，将传统与现代、现实与虚拟完美地结合在一起，为观众呈现了一场场瑰奇的视觉画面。

（二）插画艺术在三维动画中的实际应用

1.CG 插画艺术在动画场景设计中的艺术表现

随着数字技术的成熟，CG 插画在各设计行业的广范应用，给观众带来了前所未有的视觉盛宴。特别是在动画设计领域，CG 插画已经成为主要的动画场景设计的艺术表达形式。

（1）CG 插画的概念。CG 插画，即计算机生成插画（Computer Generated Illustration），是利用计算机图形技术和相关软件工具进行创作的插图作品。它融合了艺术和技术，通过数字绘画和图形设计软件，实现线条、色彩、光影、纹理等效果的描绘与处理。CG 插画具有高度的灵活性和可编辑性，能够精确快速地呈现画面，且支持无限次修改和编辑。这种插画形式广泛应用于动漫、游戏、电影特效、广告、出版物等领域，为作品增添视觉吸引力和艺术表现力。CG 插画不仅继承了传统插画的艺术价值，还融入了数字技术的创新性和高效性，成为现代艺术创作的重要组成部分。

（2）CG 插画艺术在动画场景设计中的艺术表现可以分为以下三个方面：

①光影氛围渲染。在动画场景设计中，光影氛围的渲染是至关重要的一环。CG 插画技术通过精确的光影计算，能够模拟出真实世界中的光照效果，为动画场景营造出丰富的视觉层次和深邃的空间感。光影不仅定义了物体的形状、质感和空间位置，还通过明暗对比、色彩变化以及光影的流动，传达出场景的情绪氛围和故事背景。在动画场景中，光影的运用需考虑光源的类型、位置、强度和颜色，以及它们如何与场景中的物体相互作用。例如，柔和的散射光可以营造出温馨、宁静的氛围，而强烈的直射光则可能带来紧张、刺激的感觉。通过 CG 插画软件的灯光模拟功能，设计师可以自由地调整光源参数，试验不同的光影效果，直至找到最能表达场景情感和氛围的光影组合。此外，光影的动态变化也是动画场景设计中不可忽视的元素。随着时间的推移，太阳的位置、云层的厚薄、天气的变化都会影响光影的效果。CG 插画技术使这种光影的动态变化成为可能，为动画场景增添了生动性和真实感。

②色彩的体现。色彩是动画场景设计中最为直观和感性的元素之一。CG 插画艺术通过数字色彩管理系统，提供了比传统绘画更为丰富和精确的色彩表现手段。设计师可以自由地选择、混合和调整色彩，创造出符合故事情境和角色性格的色彩方案。在动画场景中，色彩的运用需考虑色彩的对比、和谐、饱和度和明度等因素。合理的色彩搭配可以营造出不同的情绪氛围，如温暖、寒冷、欢快、悲伤等。同时，色彩还可以用来强调或弱化场景中的某些元素，引导观众的注意力。CG 插画技术使色彩的运用更加灵活和多样化。例如，色彩渐变、色彩叠加和色彩映射等技术可以创造出丰富多变的色彩效果。此外，数字色彩管理系统还提供了色彩校正和色彩管理的功能，确保色彩在不同设备和平台上的准确性和一致性。

③材质、肌理的表现。材质和肌理是动画场景设计中表现物体表面特征和质感的重要手段。CG 插画艺术通过模拟真实世界的材质和肌理，为动画场景增添了丰富的细节和真实感。在动画场景中，不同的物体具有不同的材质和肌理特征。如金属的光滑和反射、木材的粗糙和纹理、布料的柔软和褶皱等。CG 插画技术通过材质编辑器和纹理贴图等功能，可以精确地模拟这些材质和肌理特征。设计师可以选择预设的材质库中的材质，也可以根据自己的需求自定义材质参数和纹理贴图。此外，CG 插画技术还支持材质的动态变化。例如，通过模拟物体表面的磨损、腐蚀、燃烧等过程，可以创造出更加生动和逼真的动画效果。同时，利用程序化纹理生成技术，可以生成无限变化的纹理图案，为动画场景增添更多的细节和变化。在动画场景设计中，材质和肌理的运用还需考虑与光影、色彩的协调配合。合理的材质和肌理设置可以使得光影效果更加真实自然，色彩表现更加丰富多样。同时，材质和肌理还可以用来强调或弱化场景中的某些元素，增强场景的层次感和立体感。①

2.CG 插画艺术在动画场景设计中的应用路径

（1）解析 CG 插画艺术对比传统插画具有更加智能化、便捷化的优势。传统手绘插画和 CG 数字插画都具有各自优点。传统手绘插画有着悠久历史，所用工具包括画笔、笔刷、颜料、纸张、调色盒等，而当画作完成后，通常通过纸张、

① 严天明.CG 插画艺术在动画场景设计中的艺术表现[J].明日风尚，2018(16):50.

木板、布匹等载体进行传播。作画者需要具备多种能力，如造型能力、构图能力、色彩运用能力等，并且要有足够耐心，才能创作出高水平的作品。到了现代社会，信息技术支撑下的绘画技术越来越“智能”，只要创作者通过计算机输入相关指令，便能快速输出符合要求的绘画作品。这类作品可通过互联网实现广泛传播。CG插画是这类作品中的典型代表，与传统手绘插画相比，创作者可在各类绘画软件助力下更快获得作品，并能对不满之处随时调整。

CG 数字插图和传统的手绘插画在操作过程中是类似的，只是所用工具有较大差异，比如 CG 数字插画在完成后，可以随时进行修改，还可以将“修改”撤销，重新回到之前的画作，因此创作者并不怕出错，能更放心大胆地进行创作；传统手绘插画创作时，创作者不能出错，如果出错就得重新再来。CG 数字插画创作中还能进行多种灵活操作，如复制、剪切、变形等，使得画作更具表现力。

（2）国内动画场景设计中 CG 插画艺术的发展现状：

①我国对动画产业的扶持。我们国家在近几年，确实在各种政策和经济上对动画产业的发展提供了很大的扶持，“十一五”期间，在党、国家以及我国各级政府的重视下，我国动画产业发展规模逐渐壮大，整体进入了快速发展时期，并开始向成熟期过渡，我们国家也在逐步迈向动画强国。

同时，画一些高等院校开设了 CG 插画专业的计算机研究课程。随着国外 CG 插画技术的发展，我国的一些 CG 插画师也受到启发。更多的年轻人通过了解外国网络游戏和知名动画大片等，激发了投身到 CG 插画事业发展的热情。当前 CG 插画的应用集中在广告设计、卡通形象设计和出版杂志的创作设计方面。

② CG 插画艺术带动第三产业发展。CG 插画的发展与商业市场推动分不开，无论 CG 插画的发展还是中国动画市场的发展大部分都受到商业利益驱动。商家通过各种宣传手段刺激消费者的购买行为，使得 CG 插画事业的发展成为可能。近年来，我国动画作品发展势头迅猛，更多的插画设计人员参与到国内动画作品制作中来。

在全球数字化发展的大背景下，我国动画市场创作吸取国外优秀 CG 插画技法，不断丰富作品内容的同时，注重多元化、个性化 CG 插画设计特点。满足不同阶层观众的审美需求及视觉感受。随着商业环境的影响，越来越多的 CG 插画设计者不断变换创作风格，适应和满足市场和科技发展的需要。

（3）动画场景中 CG 插画艺术应用路径：

①用 CG 插画艺术直观表达动画场景。在动画场景设计中，根据剧情的发展需要经常会特别展现空间及背景等环境。为了满足动画场景的艺术表现风格，在设计中会添加人文、背景、物质等基本元素。通过动画场景设计创作新的组合元素。

例如，由索尼营业出品的动画电影《愤怒的小鸟》讲述了一群不会飞的小鸟挤在一座热带小岛上，生活和睦宁静，但当神秘的绿色小猪登陆岛屿时，小鸟们平静的生活被打破的故事。在动画场景设计中，小鸟们的形象各异、情感丰富，创作人员运用数字技术完美塑造了空间及形象。加上后期音效处理，直观地表达设计灵感和创作理念。

②用 CG 插画艺术趣味生动地表达动画场景。受商业市场的影响，众多动画艺术作品表现出积极向上、轻松快乐的创作风格。使欣赏观众不局限在低年龄人群段。其风格的实现主要通过 CG 插画技法，让画面变得更加夸张、诙谐，从而凸显作品风趣幽默的调性。同时，CG 插画技法的应用应结合动画剧情的地理环境、文化风貌和时代背景，使动画整体叙述完整。

例如使日本宫崎骏的《龙猫》中，画面大量运用动画场景，到处是充满着农村田园的清新气息，在宫崎骏神来之笔的点缀下，龙猫可以当软床睡，当魔术师膜拜的软萌“宠物”，还会陪五月、梅采摘山果子。每一个桥段都透着大自然对人类的呵护之情，将观众们带回童真年代。①

三、特效艺术在三维动画设计中的应用和表现

（一）影视特效的含义及分类

影视特效作为影视艺术中不可或缺的一环，其精妙之处在于视觉与听觉的双

① 贾媛.CG 插画艺术在动画场景设计中的应用研究[J]. 卫星电视与宽带多媒体，2020(1):205-206.

重震撼，细分为视觉特效与声音特效两大领域，共同演绎着光影与声波的魔幻交响曲。在胶片电影的黄金岁月，视觉特效以艺术之名，展现着匠人之心。烟火特效的绚烂、室外搭景的宏伟、化妆技术的神奇，共同编织了一个个超越现实的梦幻场景。如杨洁导演的经典之作《西游记》，其视觉特效凭借精湛的化妆技艺与巧妙的烟雾布置，不仅刻画了角色超凡脱俗的形象，更赋予了剧集浓厚的神秘色彩与无穷的观赏乐趣。而声音特效，则是影视世界的另一维度，它追求的是声音的真实再现与艺术创造。这一领域，录音师、拟音师与混音师三者携手，共筑声音的艺术殿堂。拟音师以其敏锐的听觉捕捉那些难以自然收录的声音细节，如轰鸣的爆炸、细微的脚步；录音师则专注于现场，捕捉演员情感的流露与环境的真实氛围；混音师则是最终的调音师，融合录制与模拟之声，使影视作品的声音效果达到和谐统一，增强故事的感染力与沉浸感。

（二）特效艺术在三维动画设计中的表现

1. 光影艺术表现

在三维动画制作中，光照渲染对影片的基调和氛围营造至关重要。光影不仅能展现故事的季节、气候和时间，还能烘托影片情绪，表达角色内心，塑造角色形象，增强叙事性，从而提升影片的真实性和艺术表现力。通过光影的运用，如强烈明暗对比勾勒坚毅角色，逆光柔影铺陈抒情氛围，特效艺术家细腻地刻画角色的内心世界，传递影片深层意蕴。此外，眩光、柔光及高亮等特效手法，如同画笔般点缀画面，既增强了视觉冲击力，又微妙地引导着观众的情感流向，使其在享受视觉盛宴之时，亦能深刻领会影片所传递的复杂情感与丰富思想。这些都能更好地渲染氛围，提升视觉效果。

2. 氛围营造艺术表现

在动画影片中，影片的基调和氛围很大程度上依赖于特效制作。例如，要表现一个阴森神秘的城堡，需要使用幽暗的绿色光效和大气散射特效，制造气雾弥漫的视觉效果，从而营造出一个充满神秘与阴森的氛围，暗示着潜在的危机。同样，大气散射特效还可以增加画面的空间感。在二维动画中，透视法不仅是近大远小的空间构图智慧，更融入了色彩透视的艺术。艺术家们通过降低远方物体的色彩饱和度与对比度，营造出一种空气感，使画面空间层次分明。而三维动画的特效技术则直接编织出空气透视的奇幻效果，让空间感跃然屏上。此外，气候条件的融入为动画情感表达增色添彩。雨，这一自然元素，常被赋予悲伤的意象，它不仅以直观的视觉形态浸润画面，更深深触动观众的心弦，引发共鸣，使情感体验愈发深刻而细腻。

3. 材质模拟艺术表现

在三维动画的领域中，特效的应用范畴广泛而多样，其中材质模拟尤为引人注目。诸如毛发、水、火等自然元素的逼真再现是特效技术的重要内容。《玩具总动员》初期试映时遭遇的材质困境，即物体表面呈现的橡皮质感，催生了特效插件的研发浪潮。在此背景下，《怪物公司》的技术团队独树一帜，开发出模拟毛发飘动的软件，使得主角苏利文的毛发栩栩如生。而《长发公主》则将毛发渲染推向极致，使毛发在不同场景与光照条件中呈现细腻变化，为观众呈现了一场视觉的华丽盛宴，彰显了特效技术在材质模拟领域的非凡成就。

（三）特效艺术在三维动画中的应用方法与策略

1. 在三维动画创意呈现中的应用

三维动画的魅力，不仅限于对现实世界的精准模拟，更在于其超越现实的无限创意与想象。从浩瀚宇宙的探索，到微观昆虫世界的揭秘，乃至大脑内部的奇妙之旅，三维动画以其独特视角，引领观众步入一个又一个奇幻领域。在此过程中，制作者需借助三维软件，将手绘稿的创意转化为生动的动画形象，并依赖特效技术，确保每一处细节都能精准传达创意精髓。以《寻梦环游记》为例，该片以墨西哥亡灵节为背景，融合文化特色与奇幻元素，通过精细的灯光设计与特效渲染，展现了一个既幽暗神秘又色彩斑斓、光怪陆离的亡灵世界，生动诠释了墨西哥文化中对于死亡与生命的独特理解，以及亡灵节作为与逝去亲人精神相聚的重要意义。

2. 在三维动画艺术表现中的应用

在三维动画制作的流程中，特效的应用贯穿始终，它渗透于角色原画创作、动画绑定及特效动画这三大核心阶段，不仅深度连接动画故事与角色形象，更以强大的感染力塑造独特的视觉语言风格，全面激活观众的视觉体验。以《变形金刚》这一经典之作为例，特效的巧妙运用，不仅生动再现了能量块燃烧的炽热、陨石滑落的壮阔等宏大场景，构建出震撼人心的背景画卷，还融合机器人冷峻而蕴含暴力美学的动作设计，使角色性格与故事情节相得益彰，共同编织出现实与虚拟交织的梦幻篇章，实现了以假乱真的视觉奇迹。此等特效的精湛运用，无疑为观众开辟了一片前所未有的想象空间，带来了心灵的震撼，展现了三维动画特效在艺术创作中的价值与魅力。

3. 在三维动画细节处理中的应用

在动画艺术的多元化表达中，三维动画以其对细节的极致追求而独树一帜。近年来，伴随三维技术与特效艺术的日新月异，三维动画场景愈发趋向宏大壮观。然而，值得注意的是，并非所有三维动画均依赖于宏大场面的堆砌，部分温婉细腻之作同样能深深打动观众的心弦。以《冰河世纪》为例，其中母松鼠向鼠奎特抛媚眼的经典桥段，便通过特效的精雕细琢，将睫毛眨动的微妙瞬间展现得淋漓尽致，生动逼真，令人印象深刻。特效在此类细节处理上的运用，不仅丰富了动画的色彩层次与光线变化，更营造出一种精致而富有美感的视觉效果，迅速捕获观众的注意力，证明了在三维动画领域，细腻入微的处理同样能成就非凡的艺术魅力。[①]

4. 特效艺术在三维动画设计中的应用

在三维动画设计的广袤天地里，特效艺术以其独特的魅力，扮演着举足轻重的角色，它不仅极大地增强了作品的视觉效果，更为动画艺术带来了深刻的变革与无限的可能。视觉效果的增强是特效艺术在三维动画中最直观的体现。借助粒子系统、光影效果及动态模拟等尖端技术手段，艺术家们得以打破现实的束缚，创造出色彩斑斓、栩栩如生的画面，引领观众踏入一个超越日常的数字奇境。这些特效不仅丰富了动画的视觉层次，更赋予了作品震撼人心的力量，使观众在享受视觉盛宴的同时，也能感受到艺术创造的无限魅力。而特效艺术对叙事深度的

① 姜宾虹．三维动画中特效艺术的应用探究［J］．艺术教育，2019(12):255-256.

提升，则是对三维动画艺术内涵的深刻挖掘。艺术家们通过特效的运用，为观众营造出丰富多元的视觉与感官体验，进而凸显故事情节的错综复杂与角色成长的深刻内涵。这种叙事深度的增强，不仅体现在对现实世界的精准还原上，更在于对时间、空间及情感的创造性重构，使三维动画得以突破传统的叙事框架，展现出更为广阔的艺术表现力。艺术家们通过对光影、色彩及纹理的操控，引导观众的视线与情感，使故事的主题与内涵得以更加深刻地传达。特效艺术在改善用户体验方面亦发挥着不可忽视的作用。在交互式娱乐领域，特别是随着虚拟现实与增强现实的蓬勃发展，特效艺术的创新应用为用户带来了前所未有的沉浸式体验。它使观众能够更加直接地与作品进行互动，仿佛置身于一个既真实又奇幻的虚拟世界之中。这种体验不仅增强了观众的参与感与代入感，更为三维动画艺术的多元化发展开辟了新的道路。

5. 多技术的协调

在三维动画创作的复杂过程中，多技术的协调运用对创作者提出了高要求，既需拥有扎实的技术基础，又需具备活跃的创意思维。光影艺术、氛围营造、材质模拟等诸多特效技术各具特色，适用范畴各异。创作者需具备敏锐的判断力，精准定位每项技术的最优应用点，以期达到视觉效果的极致。此外，技术间的平衡亦不容忽视，过度堆砌特效易使画面繁复，干扰观众视线，影响其对剧情的理解。因此，创作者需审慎把握特效的使用尺度，确保其在增强视觉冲击力的同时，亦能和谐融入叙事流程，避免成为情节展开的累赘。这一过程，实则是对创作者技术素养与艺术感知的双重考验，唯有两者兼备，方能成就既震撼视觉又触动心灵的三维动画佳作。①

四、剪纸艺术在三维动画创作中的运用

（一）剪纸艺术在三维动画创作中的运用价值

1. 独特的艺术风格

剪纸艺术作为中国传统民间美术的瑰宝，以其独特的可塑性和丰富的内涵，

① 闫素．三维动画设计中特效艺术的运用与融合［J］．上海包装，2023(10):178-180.

为三维动画的创新发展开辟了新径。这一艺术形式与三维动画的融合，不仅相得益彰，更在动画作品中融入了深厚的文化底蕴。剪纸艺术以其简洁明快、流畅自如的线条，为三维动画中的人物塑造增添了别样的风采，使角色形象愈发饱满立体，跃然纸上。与皮影艺术相仿，剪纸在三维动画创作中的应用，同样展现了中国传统美学的独特魅力，为动画艺术注入了新的活力，使其在技术与艺术的双重维度上，均达到了新的高度。

2. 造型更加具有寓意

剪纸艺术是我国传统民间艺术，创作灵感多来源于日常生活。在社会经济不断发展和文化政策变化的背景下，传统剪纸艺术对社会风俗和文化的表达也在不断演变。利用多媒体技术可以更直观地展现剪纸艺术，使其视觉语言得到更好的体现，并使人物形象变得更加生动，这与传统剪纸动画有显著差异。在将传统剪纸艺术应用于三维动画时，不能仅仅依赖剪纸艺术来完成人物形象的创作。需要将剪纸艺术中的色彩表达和造型效果有效融入创作中，这样才能使人物形象更加饱满，线条衔接更加自然和立体。

3. 色彩更加具有象征性

剪纸艺术在三维动画中的应用，不仅汲取了传统建筑艺术与皮影艺术的精髓，更在色彩表现上实现了创新突破。它赋予动画以跃动、明快的色彩，使整体色调圆润而饱和，洋溢着吉祥与欢快的氛围。剪纸艺术那强烈的色彩表达触动着观众的心弦，极大地丰富了他们的观看体验。在色彩的选择上，传统剪纸艺术尤为注重象征意义与寓意，并强调视觉的冲击力。当这一艺术特色融入三维动画之中，便使作品的色彩更加鲜艳夺目，明快动人，从而为观众带来了一场视觉与情感的双重盛宴。

（二）剪纸艺术在三维动画创作中的具体运用

1. 剪纸艺术表现形式在三维动画创作中的运用

剪纸艺术以其彩色剪纸的套色、点色与分色等多元形式，展现了独特的美学魅力。此艺术融合阳刻线条之灵动与阴刻块面之沉稳，二者相辅相成，既精炼了线条之美，又赋予了板面以生动的形象，使整体表现更富韵律感与灵活性。以三维剪纸动画短片《屠夫与狼》为例，其开头部分便采用了平视构图，将天空与地面融为一幅画卷，直观呈现了故事背景。而当屠夫转身瞥见狼群之时，画面则通过放大狼的比例，结合透视渲染技法，营造出一种紧张而扣人心弦的氛围，极大地增强了画面的生动性与感染力。

2. 剪纸艺术特殊造型在三维动画创作中的运用

剪纸艺术在刻画人物形象时，展现出别具一格的表现手法，尤以阳刻技法为甚。在正面及四分之三侧面的塑造中，艺术家将眉毛与鼻子相连，形成一线，而嘴巴的中部则直接贯通鼻子与下巴，勾勒出鲜明的面部轮廓。当视角转向侧面，人物形象更显夸张，眼睛被拉长，呈现出狭长的独特韵味。以《屠夫与狼》为例，其中屠夫与狼的角色设计，采用了硬朗的线条，棱角分明，彰显出角色的刚毅与力量。而《女儿情》中的女儿国国王与唐僧等角色,则转而以曲线为主,线条流畅柔和，透露出温婉与细腻。这种独特的造型手法，不仅使人物形象细腻入微，更在无形中突显了剪纸艺术的民族特色与文化底蕴，为观众带来了深刻的视觉与情感体验。

3. 剪纸艺术传统图案在三维动画中的运用

剪纸艺术于三维动画中的运用还深刻体现在对传统图案的应用上，这一手法极大地丰富了画面的表达层次。各式各样的图案造型，以其独特的韵味，精准捕捉并展现了不同物象的鲜明特征。以《屠夫与狼》这部动画短片为例，其在创作过程中充分汲取了剪纸艺术的传统图案精华，并将其融入三维技术之中。通过在三维软件里贴合剪纸风格的纹理，该片成功保留了剪纸艺术的原汁原味，同时实现了仿二维剪纸的视觉效果。尤为值得一提的是，创作者在刻画动物毛发时，借鉴了剪纸艺术中细密而富有节奏感的锯齿状纹路，生动展现了动物皮毛的柔软与细腻，为观众带来了一场视觉与艺术的双重享受。

4. 剪纸艺术色彩特点在三维动画创作中的运用

在三维动画创作中融入剪纸艺术，色彩的运用成为创新的关键一环。创作者往往摒弃繁复的色彩层次，转而以五行色彩为基石，呈现出简洁明快的平涂效果。这一色彩运用策略在《功夫熊猫 2》中得到了淋漓尽致的展现。该片深谙剪纸艺术色彩之精髓，采用厚重的颜色基调，以五行色彩为依托，通过渐变，实现了画面色彩的平滑过渡，展现出一种均衡而自然的美感。尤为值得一提的是，影片对猴子的形象采用了单色处理手法，不仅未显单调，反而以其简洁纯粹获得了理想的视觉效果。这种色彩运用方式既彰显了剪纸艺术的独特魅力，又为三维动画的创作注入了新的活力，使作品在视觉表现上更具特色与感染力。①

（三）剪纸艺术在三维动画创作中的前期应用

剪纸艺术这一深植于平面的艺术形式，在三维动画的疆域中寻求着新的表达维度。传统二维动画面对剪纸艺术的平面化特性往往采取平移与关键帧突变的策略以图缓解，然而，此举虽在一定程度上削弱了平面感，却也不可避免地影响了动画的流畅韵律。三维动画设计凭借其立体模型的构建，为观众提供了 360 度的全方位视角，有效规避了动作的机械与不自然，但立体所带来的光影问题却成为表现剪纸艺术的一大障碍。经深入研究，发现在模型表面施加自发光材质能巧妙消除多余光影，进而强化剪纸艺术的多元表达，使其在三维空间中焕发新生。进一步地，多层次创新镜头运动设计成为剪纸艺术与三维动画融合的又一关键。三维模型的法线特性为线条颜色材质的定制提供了可能，通过与表情、骨骼的紧密关联，运动镜头的流畅度与表现力得以显著提升，镜头语言因此而更加丰富多变。然而，镜头设计的创新需遵循合理逻辑，确保动画整体艺术性的和谐统一。场面调度与摄影运动，既可模拟实拍效果，亦可突破传统运镜束缚，构建出超越现实的画面与镜头体验。剪纸艺术有其独特的线条构成，要求在模型处理时，需精心选择相应线条，以准确表达不同的韵律与节奏，从而实现动态镜头的合理且富有创意的呈现。

① 张佩权 . 剪纸艺术在三维动画创作中的运用 [J]. 今古文创 ,2021(17):87-88.

第七章　三维动画与中国文化的结合与创新

第一节　文化在动画创作中的作用

一、三维动画艺术立足于文化的创新发展

（一）文化的回首与动画的创新

三维动画艺术作为一种强有力的文化传播媒介，其发展与革新深深植根于对本土文化与艺术形式的深入研究及应用之中。这一路径，不仅是中国三维动画崛起的关键，也是其艺术探索与创新的必由之路。回溯历史，16 世纪的文艺复兴从古希腊文化中汲取灵感，20 世纪的新派艺术则向原始艺术寻求质朴与纯真的回归。这些艺术运动无不证明，历史文化的深厚底蕴是艺术创作不可或缺的源泉。三维动画艺术在继承动画本体艺术的基础上，若要进一步深化作品内涵、创新视觉语言，就必须向历史文化深处挖掘，寻找那份独特的艺术力量。当前，中国动画走本土文化之路已成为一种必然的选择。通过非真实感的渲染风格，将传统文化与现代视觉语言结合，创造出独具特色的审美体验。如《新神榜：杨戬》中的水墨太极图，便以流动的墨线、空灵的意境，生动展现了中国传统艺术的魅力与民族精神，实现了传统艺术与现代视觉语言的完美融合，探索了三维动画在文化

表达上的新方向。而在国际舞台上,《蜘蛛侠:平行宇宙》同样以其独特的艺术风格,传达了美国的文化思想与审美记忆。影片中的漫画线条、波普色彩、印刷网点的黑白蜘蛛侠，以及代表美国卡通黄金时代的 Poke“蜘猪侠”等元素，共同构建了一个充满美国式英雄精神的视觉世界。这些作品所蕴含的文化与艺术，经过艺术家的提炼与再创造，不仅保留了原有的美学特征与精神内涵，更在此基础上发展出了当代的艺术语言与文化意蕴。无论是《新神榜：杨戬》还是《蜘蛛侠：平行宇宙》，它们都以各自独特的方式，展现了三维动画艺术在文化传承与创新上的无限可能。这些作品不仅是对传统文化的致敬，更是对当代艺术语言的探索与拓展。它们以生动的视觉语言传达了深邃的文化内涵与民族精神，为三维动画艺术的发展注入了新的活力与可能。

（二）动画艺术的一脉相承

《新神榜：杨戬》与《蜘蛛侠：平行宇宙》两部作品，犹如两扇窗，透射出中美两国在非真实感渲染三维动画领域各自独特的文化艺术背景。从纵向的历史脉络审视，中国动画与西方动画在计算机拟真技术广泛普及之前，便已各自沿着不同的艺术轨迹前行。中国动画，其灵感之源深植于传统文化之中，通过传统艺术形式的演绎，展现出独有的韵味。《山水情》中的水墨画，以其流动的笔触与淡雅的色彩,勾勒出一幅幅如诗如画的景致;《大闹天宫》则采用了装饰画的风格,将神话故事的瑰丽与奇幻展现得淋漓尽致;《葫芦兄弟》更是以剪纸动画的形式,将民间艺术的质朴与纯真融入动画之中。这些传统艺术特征与美学语言与动画语言的巧妙结合，不仅发展出了具有“流动的线条”美学风格的中国动画，更逐渐形成了一个独具特色的动画体系。相比之下，西方动画在《玩具总动员》之前，主要以二维手绘动画为主，如《仙履奇缘》和《白雪公主》等经典作品。这些动画的美学特征，源于西方传统油画，通过细腻的笔触与丰富的色彩，营造出一种逼真的视觉效果。随着技术的不断发展，这些传统艺术形式在现代动画视觉语言中得以延续，并演变出美国主流三维动画的写实人物比例与逼真的质感。而在非真实感渲染三维动画方面，西方动画则更多地模仿传统二维动画或油画，通过三维动画技术的创新，实现本土化的艺术表达。中国三维动画的发展，虽曾遭遇断层，但在一代代动画人的不懈努力下，逐渐调整了方向，走向了民族化的道路。如《哪吒》中的装饰艺术特征、《白蛇》中锦衣素纱的柔美以及《封神榜：杨戬》中写意的大战场景，无不透露出东方美学的独特韵味。这些动画作品，从传统文化艺术中汲取养分，将三维动画与中国本土艺术紧密结合，发展出了具有中国特色的动画艺术。中美两国的动画美学风格，虽源自不同的传统艺术形式，如绘画、卡通画、国画和戏剧，但都在动画艺术家的不断探索中，得到更广泛的体现。这些民族化的美学特征，不仅成为现代三维动画创作中的文化基因，更为动画艺术的多元化发展注入了新的活力。无论是中国动画的流动线条与写意美学，还是西方动画的写实比例与逼真质感，都在各自的艺术道路上，绽放出独特的光彩。而这种对传统文化的深入挖掘与创新演绎，不仅为动画艺术的发展提供了源源不断的灵感之源，更让动画成为了连接过去与未来、传统与现代的桥梁，让观众在欣赏动画的同时，也能感受到深厚的文化底蕴与艺术魅力。

二、民族文化在动画创作中的重要作用

（一）我国早期动画设计中对民族文化的融入

民族文化在中国动画艺术的早期探索历程中，无疑扮演了先驱者的角色，其历史轨迹映射出民族文化与现代技术交融的独特光芒。20 世纪 20 年代，万氏三兄弟以一部《大闹画室》成功地将中国动画引入了历史的长河，这一创举不仅标志着中国动画的诞生，更为后续的艺术探索奠定了基石。彼时，动画这一新兴艺术形式在中国尚属新鲜事物，其发展与探索之路充满了挑战与机遇。20 世纪 40 年代至中华人民共和国成立初期，中国动画在技术与资源双重匮乏的境遇下，其制作风格、故事取材及工艺流程，主要借鉴了苏联等国家的经验。这一时期的作品，虽在技艺层面有所精进，部分佳作亦在国际舞台上崭露头角，但风格与内容的同质化问题显著，缺乏鲜明的本土特色，以至于国际影评人时常误将其归为他国之作。这一现象深刻揭示了中国动画在追求国际化进程中，所面临的身份认同

与文化表达的双重困境。对此，中国著名动画艺术家特伟先生高瞻远瞩，提出了“探民族风格之路”的响亮口号，这一理念犹如一股清流，激励着国内动画创作者们深入挖掘丰富的民族文化资源，致力于打造具有中国特色的动画作品。在此号召下，中国第一代动画人开始从浩瀚的民族文明宝库中汲取灵感，将民间传说、寓言故事、生活琐事等融入动画创作，同时对中国传统工艺如水墨、木偶、皮影、蜡染等进行创新性的改良与运用，逐步塑造出被国际动画界誉为“中国学派”的独特风格。历经数十载的不懈探索与努力，至20世纪70—80年代，中国动画电影实现了从无到有、由粗至精的华丽蜕变，迎来了一个崭新的黄金时期。这一阶段，中国动画人对民族题材的运用愈发娴熟，不仅在故事创作上达到了新的高度，技术表现亦日臻完善，一系列优秀的民族题材动画片如雨后春笋般涌现，为观众带来了视觉与心灵的双重盛宴。其中，《蝴蝶泉》作为改编自云南白族民间故事的杰出作品，以其深情动人的故事情节，赢得了1983年文化部优秀影片奖的殊荣。该片不仅展现了中国动画在民族题材挖掘上的深厚功底，更通过细腻的画面与丰富的情感传达了中华民族深厚的文化底蕴与人文情怀。这些作品的成功不仅证明了中国动画在民族风格探索上的正确道路，更为世界动画艺术的多样性贡献了独特的中国力量。

（二）改革开放时期国外动画

20世纪70—80年代，中国民族动画艺术独树一帜，然伴随改革开放洪流，国际动漫界的璀璨星辰亦悄然照亮了中国市场。尤其是日本与美国的动漫作品，凭借其迥异于传统中国教育动画的叙事结构与夸张而凝练的表现技法，深受中国儿童青睐。此中不乏巧妙融合中国文化元素之作，如1984年鸟山明所绘《龙珠》，其角色雏形便溯源于中国古典文学瑰宝《西游记》，展现了跨文化交流的独特魅力。除了孙悟空，《西游记》中的牛魔王、猪八戒等经典角色也被融入其中，只是这些角色在动画中被重新塑造，例如孙悟空变成了一个胖乎乎、可爱的带尾巴的小男孩，而牛魔王则被设定为搞笑的大叔，甚至成为孙悟空的岳父。对于熟读《西游记》的中国观众来说，这种改编颇为意外，但正是这种创新使得《龙珠》获得了成功。它结合了熟悉的名字和全新的构思，加上幽默的对白和动作，给习惯了传统教育动画的中国儿童带来了新鲜感。

（三）21 世纪三维动画设计中民族元素的重要性

20 世纪 80—90 年代，我国动画处于停滞不前的状态。21 世纪初，面对内外困境，我国动画进入了尴尬的境地。随着电脑数字技术的发展，动画创作迎来了新纪元。1995 年，美国首部完全由电脑制作的动画片《玩具总动员》的问世，开启了三维动画设计的新篇章。这部作品不仅在题材转换和技术进步上具有革命性意义，还使三维动画成为行业新主流。其强大的表现力、较短的制作周期以及显著的经济效益引发了广泛关注，许多公司纷纷模仿，中国的新一代动画人也在这种趋势下积极尝试。2006 年，中国动画界迎来历史性突破，首部三维动画巨制《魔比斯环》横空出世，此作不仅是中国动画迈入高科技三维时代的里程碑，亦被赋予了开启中国动画新纪元的重任。该片以国际市场为视野，融合国际化叙事线索、语言对话及场景构建，更邀集众多国际动画精英共襄盛举，其制作之精良展现了中国动画向高科技、国际化迈进的坚定步伐。其预告片在国际上引起了强烈反响，获得了许多积极评价。然而，当这部耗资巨大的三维动画在中国市场初次放映时，票房表现却不尽如人意，留给制作者的是深深的遗憾。

事后，《魔比斯环》的主创人员承认在制作过程中忽略了许多重要因素。尽管三维技术日益成熟，大家的关注点往往集中在技术本身，但角色造型、引人入胜的故事情节，以及最关键的本土特色同样重要。在三维动画泛滥的今天，作品要在众多优秀作品中脱颖而出，本土特色不可或缺。《魔比斯环》虽未达预期，却未使主创团队气馁，他们深入剖析个中缘由，汲取宝贵经验，转而将这些智慧结晶与中国传统文化精髓相融合，打造出蕴含深厚中国韵味的数字动画《桃花源记》。此作将中国传统美学元素与现代三维技术相结合，实现了中国特色三维动画设计的飞跃，迅速赢得国内外广泛赞誉，一举夺得 2006 年中国国际动漫影视作品“美猴奖”最佳短片桂冠及亚洲数码内容大赛金奖，彰显了中国动画的独特魅力与创新能力。此后，魔法动画工作室亦沿袭此道，其短片《佳人》同样秉持将中国民族文化与现代三维技术深度融合的创作理念，续写了中国动画在国际舞台上的辉煌篇章，进一步巩固了中国动画在全球文化交流中的独特地位。[①]

第二节　基于中国文化的三维动画设计与制作

一、明确主题与内容：文化之魂的提炼

三维动画短片创作时的首要任务便是明确主题与内容。这要求创作者具备深厚的文化底蕴，能够深入挖掘传统文化的精髓，提炼出具有代表性和时代感的主题。在明确主题的基础上，还需结合受众需求，发挥想象力，构思出既符合传统文化内涵又吸引现代观众的故事情节。同时，制定科学的制作计划和技术方案，确保创作过程的顺利进行。这一过程，不仅是对传统文化的深刻理解与提炼，更是对现代观众审美需求的精准把握。

二、收集资料：文化之基的构建

在确定三维动画短片的主题后，收集相关资料成为创作过程中的关键步骤。这包括对传统文化文献的查阅、对民间故事的收集、对传统艺术形式的考察等。通过资料的收集与整理，创作团队能够更全面地了解传统文化的历史背景、文化内涵和艺术特色，为后续的动画制作提供坚实的支撑。此外，资料的收集还有助于激发创作者的灵感，为动画短片的创作注入更多的文化元素和艺术创意。

三、设计故事情节与塑造角色：文化之韵的演绎

故事情节与角色塑造是三维动画短片的核心。在设计故事情节时，创作者需注重传统文化的融入与创新，通过巧妙的情节设置和悬念安排来吸引观众的注意

① 陈璇．浅析民族文化在动画创作中的重要作用［J］．电影文学，2013(3):70-71.

力。同时，故事情节还应具有深刻的文化内涵，能够引发观众对传统文化的思考与共鸣。在塑造角色时，创作者需注重对角色的性格刻画与行为表现，使角色形象鲜明、生动，具有独特的魅力。此外，角色的设计还应与故事情节相契合，共同演绎出传统文化的韵味与风采。场景设计作为故事情节与角色塑造的重要补充，同样不容忽视。独特的场景设计能够增强动画的视觉效果，提升观众的观看体验。在场景设计中，创作者需注重传统文化的呈现与创新，通过巧妙的场景布局和细节处理，营造出具有传统文化特色的氛围与意境。

四、制作三维模型：文化之形的塑造

三维模型是三维动画短片创作的基础。在制作三维模型时，创作者需根据设计的故事情节和人物角色，运用专业的三维建模软件，如 Blender、MAYA 等，创建出角色、场景和道具的模型。在模型制作过程中，创作者需注重细节的处理和传统文化的融入，使模型既具有真实感，又富有文化特色。同时，为了提高渲染效率和动画效果，还需对模型进行拓扑优化，使其在动画中更加流畅自然。在模型导出时，需确保其格式和设置与动画软件兼容，以便进行后续操作。此外，创作者还应注重模型与故事情节、角色塑造的协调性，共同构建出具有传统文化特色的动画世界。

五、制作动画：文化之动的展现

完成三维模型制作后，便进入了动画制作阶段。动画制作是三维动画短片创作中的关键环节，它决定了动画的流畅度、自然度和观赏性。在制作动画时，创作者需为角色添加骨骼，并设置动画关键帧，确保角色的动作流畅自然。同时，合理的镜头切换能够突出情节，提升视觉效果；角色动作设计需与角色性格和故事情节相匹配，以展现出角色的独特魅力。此外，动画节奏的控制也至关重要。创作者需根据故事情节和角色情感变化，调整动画节奏，使动画更加生动有趣。在动画制作过程中，创作者还需注重传统文化的呈现与创新，通过巧妙的动画设计和细节处理，展现出传统文化的动态美与韵律感。

六、制作音效与配乐：文化之声的渲染

音效与配乐是三维动画短片创作中的重要组成部分，它们能够增强动画的真实感、营造氛围并提升故事表现力。在制作音效时，创作者需注重模拟自然声音，如风声、雨声等，以营造出更加真实的动画环境。同时，音效的选择还应与故事情节和角色情感相契合，以增强动画的感染力。配乐的选择同样重要。创作者需根据动画的主题和情感基调，选择合适的配乐，以营造出相应的氛围和情绪。在传播传统文化时，使用传统乐器如古筝、二胡等演奏的音乐能够加深观众对传统文化的理解和感受。音效与配乐的巧妙结合能够为动画短片增添更多的文化韵味和艺术魅力。

七、渲染及后期处理：文化之彩的呈现

渲染是三维动画制作中不可或缺的步骤，它决定了动画画面的最终效果。通过渲染引擎，创作者能够为动画添加阴影、光照和纹理等效果，使角色、场景和道具更加真实可信。在渲染过程中，创作者需注重画面质量的把控和渲染效率的提升，以确保动画画面的精美与流畅。后期处理是动画制作的最后阶段，它包括剪辑、调色等环节。剪辑时，创作者需将各个镜头有序组合，形成流畅连贯的故事情节。同时，还需注重镜头切换的流畅性、节奏控制和情节紧凑性，以提升动画的观赏性。调色则为动画画面增添色彩和氛围，调整整体色调和局部色彩，使画面更加和谐统一，并突出重点元素，增强动画的感染力。

八、测试与反馈：文化之桥的完善

测试是确保动画作品质量的重要环节。在测试过程中，创作者需多次播放动画，仔细观察每个场景和角色的动作是否自然流畅，并确保动画效果符合预期。同时，还需检查故事情节的连贯性和场景切换的自然性，以确保动画短片的整体质量。反馈是改进动画短片的重要途径。创作者可以邀请专业人士从技术、艺术和故事情节等方面提出意见和建议，以发现潜在问题并为后续改进提供方向。同时，还可以通过观众反馈了解动画作品的受众反应和接受程度，为未来的创作提供参考和借鉴。

九、发布与推广：文化之翼的翱翔

发布与推广是三维动画短片走向观众的关键步骤。在选择发布平台时，创作者需根据动画短片的主题和受众群体，选择具有广泛覆盖面和传播力的新媒体平台，如微博、微信、抖音等。同时，还需深入分析这些平台的特点和用户的习惯，以制定合适的发布策略和推广计划。推广策略的制定同样重要。创作者可以利用社交媒体的分享、转发和评论功能，吸引更多用户的关注和参与。同时，还可以与其他媒体或平台合作，通过联合推广、互动营销等方式，提升动画短片的影响力和传播效果。此外，还可以利用线下活动、文化展览等方式，扩大动画短片的受众范围和影响力。①

第三节　三维动画与中国文化融合的实践案例

一、三维动画与中国文化的融合与创新思路探索

在三维动画这一现代艺术形式的广阔天地中，中国传统文化的渗透与融合，不仅为动画创作提供了丰富的灵感源泉，也为文化的传承与创新开辟了新的路径。创作者在三维动画的构思与实现过程中，需深入挖掘传统文化的精髓，将其转化为生动直观的视觉元素，从而使动画作品成为连接过去与未来的桥梁，让观众在享受视觉盛宴的同时，也能深刻感受到中国传统文化的独特魅力。

在三维动画的创作实践中，将中国传统文化融入其中，并非简单的元素堆砌，而是一种深层次的文化对话与艺术创新。创作者需具备高度的文化自觉与审美素养，能够精准把握中华民族独特的精神品质与文化内涵，并将其巧妙地融入动画的人物塑造、场景设计以及故事叙述之中。例如，通过细腻的数字技术，将中国书法的流畅笔触、皮影戏的灵动剪影、传统图案的丰富寓意、国画的淡雅韵味以

① 李雅静．传统文化赋予三维动画独特魅力［J］．文化产业，2024(7):112-114.

及壁画的恢弘气势，一一呈现在动画作品之中。这不仅为观众打开了一扇通往千年文化积淀的窗口，更让他们在动画的世界里，亲身体验到年画、皮影、水墨画以及民间传说等传统艺术的无穷魅力。这种融合，不仅提升了观众的审美意识，更在艺术特点与素材特征的交织中，激发了观众的情感共鸣，使动画作品成为传递民族文化、弘扬时代精神的重要载体。

然而，吸收中国传统文化元素并非一味地照搬与模仿，而是要在尊重传统的基础上，进行创新与理性传承。创作者在三维动画的创作过程中，需不断提升自身的创造力、观察力与理解力，深入挖掘传统文化与现代文化之间的内在联系，寻找两者融合的最佳契合点。通过解读传统文化与三维动画的内在关系，创作者可以广泛收集并融合各种民族文化信息、地域特色与风土人情，使动画作品既具备鲜明的时代感，又能准确把握设计的风格与形象，从而创作出既有文化底蕴又不失现代气息的动画佳作。

在三维动画创作中呈现民族文化是创作者不可推卸的责任与使命。中国神话、传说、古典名著以及古代寓言都是民族文化宝库中的璀璨明珠，为动画创作提供了取之不尽、用之不竭的灵感源泉。创作者应深入挖掘这些文化资源的内涵与价值，结合当代艺术美学进行创新演绎，使动画作品不仅具备深厚的中国文化底蕴，还能满足现代观众的审美需求。例如，从传统水墨画中汲取意境之美，从民间雕版画中领悟构图之妙，从地方戏曲中感受节奏之韵，从民间艺术中捕捉生活之趣，将这些元素巧妙地融入动画作品之中，使其展现出深远的意境与古朴简洁的艺术风格，同时表达出丰富的风格意蕴与文化内涵。

二、三维动画与传统文化的结合与创新——以《白蛇：缘起》为例

（一）崛起的国产动画

在国家政策的有力引导与市场导向的双重驱动下，国产动画创作领域迎来了前所未有的繁荣景象，吸引了众多才华横溢的人才投身其中。这一时期，国产动画电影在探索中逐渐找到了属于自己的独特发展轨迹。2015 年，《西游记之大圣

归来》以其精湛的艺术表现力和深刻的文化内涵，荣获第30届中国电影金鸡奖最佳美术片奖及第16届中国电影华表奖优秀故事片奖，票房收入更是高达9.56亿元，为国产动画电影树立了新的标杆。2019年，《哪吒之魔童降世》以50.35亿元的票房佳绩，再次证明了传统角色IP与三维动画创新结合的巨大市场潜力。此外，《大鱼海棠》《姜子牙》《白蛇：缘起》等影片亦凭借独特的艺术风格和深刻的主题思想赢得了观众的广泛好评，进一步推动了国产动画电影市场的繁荣发展。

（二）《白蛇：缘起》基于传统文化的别出心裁

1. 老题材新故事

《白蛇:缘起》取材于晚唐背景，巧妙融合历史与神话，讲述了一段跨越种族、超越世俗的爱情传奇。剧中，白蛇为刺杀国师不慎失忆，幸得捕蛇村少年相救，二人于患难中相知相守，终获幸福。此故事的灵感追溯至唐代文学大家柳宗元的《捕蛇者说》，该文借捕蛇者蒋氏之口，揭露“苛政猛于虎”之社会现实，而《白蛇：缘起》所描绘的魔乱景象，亦隐喻皇朝末路的动荡不安。创作者以非凡的想象力重塑捕蛇人许宣与蛇妖小白的情缘，既保留了传统文化的精髓，又赋予故事以新颖独特的面貌。相较于传统戏剧《白蛇传》的广为流传，本作并未拘泥于旧有框架，而是另辟蹊径，聚焦于许宣与小白前世之缘，既与传统故事一脉相承，又融入新角色与情节，避免了审美的疲劳，展现出创作者对传统文化的深刻理解与创新精神。《白蛇：缘起》不仅是一部视觉盛宴，更是一次心灵的触动，它让观众在享受艺术之美的同时，也能感受到创作者对传统文化深深的敬意与创新的勇气。此剧的成功，无疑为国产动画电影的发展开辟了新的道路，也为传统文化的现代传承提供了宝贵的启示。

2. 对传统形象的大胆创新

许宣之形象，在动画《白蛇：缘起》中呈现得颇为考究，其装扮朴实而得体，黑漆头巾覆顶，脑后点缀白玉环，青罗道袍飘逸，皂靴稳踏，手中轻摇一柄描金美人春罗扇，整副行头整洁有序，尽显角色的独特韵味。在明清古典小说中，许仙（即许宣）常被刻画成性格懦弱、观念固执的书生形象。然而，在《白蛇：缘起》动画里，许宣的性格得到了颠覆性的重塑，他变得勇敢、坚强，兼具善良、憨厚与阳光的气质，这一转变赋予了角色新的生命力。动画中，白素贞与许宣的情感关系亦发生了微妙的变化。许宣不再是被动的接受者，而是主动站出来保护小白，成为两人感情发展中的引领者。小白则展现出温婉与果敢并存的性格特质，她对许宣的深厚依赖与信任成为动画中情感线的重要支撑。相较于传统戏剧中白娘子为爱情牺牲千年修行、勇敢面对法海威胁的情节，动画《白蛇：缘起》通过细腻的情感描绘，让观众更加直观地感受到小白对许宣那份深沉的情感纽带。这样的改编既保留了传统文化的精髓，又赋予了故事以新的时代气息，展现了创作者对传统故事的深刻理解与创新演绎，这样对于经典故事形象的再创造十分大胆（见图 7-1）。

图 7-1 《白蛇：缘起》中许宣与小白

3. 对 CG 技术的创新

《白蛇》背后的制作公司——追光动画，在 CG 技术领域取得了令人瞩目的成就，成功地将国产动画的艺术表现力提升至一个崭新的高度。面对影片中蛇类角色复杂多变的运动形态，追光动画的核心技术团队开发出一套专门针对爬行运动的动画系统，这一创新极大地提升了动画制作的效率与精度，展现了团队在技术层面的深厚功底。在场景设计方面，追光动画针对国内外 CG 技术中鲜少涉及中国审美表达的现状，进行了深入的探索与实践。团队运用“减法”原则，以适应中国艺术风格中特有的留白与写意，使得画面中的留白处理更为精致，角色表演与台词设计也呈现出一种舒缓而深邃的节奏感。这种处理方式不仅保留了水墨画的古典雅致，还通过 CG 技术的精确还原，在真实与虚幻之间架起了一座桥梁，实现了视觉上的完美平衡。追光动画在技术积累的基础上，成功实现了影片中小狗肚兜角色毛发数量的惊人突破，达到了 220.8 万根之巨。这一成就得益于团队在《猫与桃花源》中对四足动物动作捕捉与毛发系统的深入研究，以及对《小门神》中花仙角色的制作经验。通过 CG 技术的运用，团队有效解决了传统古装布料间复杂的物理碰撞问题，进一步推动了国产动画在技术领域的持续进步与创新。追光动画的每一次技术革新，都是对国产动画艺术表现力的一次有力提升，为行业树立了新的标杆。

（三）《白蛇：缘起》对传统文化的提炼

1. 人物塑造取自中国民间传说

《白蛇：缘起》一片深植于中国民间传说《白蛇传》的沃土，其人物设计巧妙融合了传统美学精髓与现代审美视角。主角小白以丹凤眼之妩媚、柳叶眉之柔美、星眸月肤之清丽、胭脂唇之娇艳，尽显古代女子之优雅风姿。而小青则以墨绿与青灰之色调，与小白形成鲜明对比，增添了视觉上的层次感。动画中宝青坊主的形象尤为引人注目，其将少女的纯真与狐狸的狡黠完美融合，深刻体现了传统文化中狐的复杂性格。此角色神秘莫测、活泼灵动，兼具神通广大之能，既符合古代文化的想象，又以其半少女半狐狸的独特造型，平添了几分奇异魅力，令人印象深刻（见图 7-2）。

图 7-2 《白蛇：缘起》中的宝青坊主

2. 场景设计中的写意风格

《白蛇：缘起》作为一部杰出的三维动画电影，不仅在技术上实现了三维与二维水墨画的流畅转换，细腻地描绘了主角小白的心境变迁，更在艺术创作上巧妙地融合了传统与现代。故事背景设定于唐末那段动荡不安的历史时期，永州城的场景设计精心参考了唐代建筑的风格，而捕蛇村则巧妙地利用竹子搭建在山岩之上，生动展现了地形的险峻与独特。创作者在场景构建上，深入挖掘中国大江大河的自然特色，设计出高山巍峨、城楼矗立的壮阔景象。画面的构成与节奏安排独具匠心，小白与师兄的打斗场景尤为引人入胜，高山之巅、船只穿梭、云雾缭绕、笛声悠扬，共同营造出一种中国水墨画特有的典雅与超逸。此等艺术处理，不仅彰显了创作者深厚的文化底蕴，更为观众带来了一场视觉与心灵的双重盛宴（见图 7–3）。

图 7–3 《白蛇：缘起》中的场景设计

3. 致敬经典的音乐设计

电影大量使用中国传统乐器。例如，小白与师兄打斗的场景中，运用对称画面和琵琶的渐急演奏营造紧张气氛。蛇妖山洞中的诡异氛围则通过排箫的尖锐空灵声来表现。歌曲方面也别具匠心，船夫演唱《渡情》引发观众对青城山爱情故事的联想，而许宣用《何须问》打断他，宣示与小白之间开启的新篇章。影片结尾，小白与许宣在桥上重逢，经典桥段和熟悉音乐巧妙地展现了新故事。

4. 对传统价值观的传达

《白蛇:缘起》讲述了许宣与小白的爱情故事，同时传达了善恶有报的价值观。《尚书 · 汤诰》提到“天道福善祸淫”，故事中的国师和蛇妖首领最终遭报应，而善良的许宣和小白则与之形成鲜明对比。许宣的“人世间多的是长了两只脚的怪物”反映了他的价值观。小白虽然是妖，却与恶劣的师父师兄形成对比。捕蛇村的弱小村民对他们的冒死相救也突显了善恶的报应。[①]

三、三维动画与传统文化的融合及其市场适应性

（一）三维动画与传统文化融合的市场价值分析

1. 用户聚集，年轻人市场潜力巨大

当下，年轻人市场已然成为内容平台竞相争夺的焦点，各平台竞相推出贴合年轻人口味的内容以吸引其关注。在此背景下，三维动画凭借其独特的魅力，在年轻人市场中展现出得天独厚的优势。艺恩数据显示，中国动漫用户规模已攀升至3.1亿，同比增长14.8%，其中“90后”与“00后”群体占比超过六成，成为推动这一市场快速增长的主力军。这一群体的消费潜力不可忽视。新时期的“中国风”为三维动画注入新活力，国人对传统文化的认同感增强，推动了相关作品的市场潜力。

2. 视频网站崛起，资本雄厚

视频网站的蓬勃兴起，为中国原创动画的传播与创作开辟了崭新路径，亦为其积累了丰厚的资本基础。依据伊恩数据的统计，中国动漫产业的产值，自2010年的471亿元，至2020年预计突破2160亿元大关，实现了近五倍的飞跃式增长。动漫、影视、游戏三大领域，并立为中国文娱产业的支柱，其中动漫虽尚未完全步入其黄金时代，然其产值已悄然超越昔日辉煌的影视行业。各大视频网站凭借全产业链的布局，有力推动了动画行业的发展。蕴含深厚中国文化内涵的三维动画，其未来发展潜力无疑值得期待。

3. 政策友好，国家扶持动画产业发展

中国动画行业的稳步前行，与国家政策的持续扶持息息相关。自21世纪伊始，国家便颁布了一系列扶持政策，为原创动漫的蓬勃发展提供了宽广的舞台。这些

① 赵炜祎．三维动画与传统文化的结合与创新——以《白蛇：缘起》为例［J］．美术教育研究，2022(13):96-98.

政策不仅鼓励国产动画的创作、制作与播出，还通过限制进口动画的数量，为本土动画企业创造了更多的市场机会。此外，国家对动画企业实施了补贴与税收优惠，有效促进了动画产量的显著增长。从“十五”规划至“十三五”规划，国家始终给予动画发展以明确的指导与支持，彰显了对其的高度重视。尤为值得一提的是，三维动画中融入中国文化元素，不仅有助于弘扬爱国主义精神，还能促进传统文化的广泛传播。在此背景下，国家政策的持续支持，无疑将进一步推动中国动画行业迈向更加辉煌的未来。

（二）当前三维动画融合传统文化的具体策略分析

1. 注重对中国民族文化思想的传承

中国动画以其独特的风格与丰富的内容，广泛吸纳传统文化的精髓，赢得了广泛的认可与赞誉。中国传统文化博大精深，民间故事、文学名著与神话传说皆为三维动画创作提供了取之不尽、用之不竭的灵感源泉。将这些文化元素融入动画之中，不仅极大地丰富了动画的内容与形式，更为动画产业的发展带来了前所未有的商机。在创作过程中，三维动画应深入洞察市场需求，精心挑选那些传递正能量、个性鲜明的文化素材。同时，要充分挖掘民族文化的深厚底蕴与独特思想，注重对中国文化的传承与弘扬。通过借鉴国内外成功的经验，不断提升三维动画的艺术水准与技术含量，力求在实现经济效益的同时，也促进文化的广泛传播与交流，让世界更加了解与欣赏中国民族文化的独特魅力与深厚内涵。

2. 借鉴国内动画领域优秀作品

在我国文化娱乐市场中，动画电影以其独特的艺术魅力扮演着不可或缺的角色。随着互联网技术的飞速发展，动画产业已然成为一股与时俱进的文化力量，它不仅打破了“动画仅适用于儿童”的传统偏见，更在拓宽受众市场、丰富人们精神生活的同时，有力地推动了现代文化产业的蓬勃发展。尤其值得一提的是，中国文化元素的巧妙融入，为动画电影增添了别样的风采。如《大鱼海棠》一作，便将民间故事与富有中国特色的景观、文化元素紧密结合，其服饰造型亦透露出浓厚的中国韵味。尽管对该片评价褒贬不一，但其画面之流畅、表达之细腻，无疑彰显了中国动漫在本土化方面的重要探索，这一尝试对于三维动画产业的未来发展，无疑具有深远的借鉴意义。

3. 借鉴国外动画在中国传统文化元素运用上的经验

三维动画制作不受时间和空间限制，能打破现实常规，充分发挥想象力。随着中国经济的强大和文化自信的提升，中国文化元素在国内外广受欢迎，掀起了“中国风”。例如，美国动画《花木兰》运用了大量中国传统文化符号，如传统色彩和画面构图，采用低饱和度色彩和国画风格，给予观众丰富的东方文化体验。这证明，即使是西方制作的电影，也能展现中国传统文化的魅力。中国动画应认识到传统文化的市场潜力，挖掘其精髓，提升三维动画制作能力，向世界展示中国文化的独特魅力。[①]

四、三维动画与非物质文化遗产的融合与创新——以岭南醒狮为例

（一）岭南醒狮的文化概述

《后汉书》有载，安息王于公元 87 年与 101 年两度向东汉朝廷呈献狮子与鸵鸟作为贵重礼物，此举标志着狮子这一物种及其名称首次正式进入华夏文明的视野。据考证，“狮子”一词或可追溯至古波斯语“sre”，后经由文化交流融入汉语词汇。狮子伴随西域文化的东渐，以其雄壮威武之姿，被赋予了瑞兽的崇高地位。醒狮文化这颗华夏文化宝库中的璀璨明珠历经千载沉淀，不仅深植于岭南民间艺术的沃土，更被公认为中华优秀传统文化的重要组成部分。其滥觞于明代佛山，初名瑞狮，蕴含吉祥之意。后因粤语发音而易名为醒狮，寓意唤醒民族之魂，振奋国家精神。2006 年，醒狮文化入选中国首批国家级非物质文化遗产名录，彰显其在传承与发展中的重要地位与价值。

（二）岭南醒狮文化在三维动画中的应用价值

1. 艺术美学价值

岭南醒狮涵盖佛山狮、鹤装狮与遂溪狮三大流派，其中佛山狮以其独特韵味

① 高阳．试析三维动画中中国文化的植入与市场适应性［J］．营销界，2021(2):25-26.

成为翘楚。佛山狮的形象，生动传神，其牙齿巧绘于口腔内侧，摒弃立体刻画，彰显醒狮艺术的开放与创新。作为非物质文化遗产，岭南醒狮在武术、音乐及舞蹈领域均有深厚造诣，而扎狮工艺与非遗符号之精妙，同样引人注目。狮头之上，五彩纹样绚烂夺目，狮子眼下小球跃动，犹如珍珠般灵动，据传此设计灵感源自云龙吞珠的古老图腾。其下颚毛发形似胡须，长短依狮子角色性格及粤剧角色而定，赋予每头狮子独一无二的风貌与秉性。在三维动画领域，岭南醒狮融合美术、音乐、体育及现代科技，为观众带来沉浸式的视听盛宴，展现了传统文化与现代技术的交融。

2. 文化价值

岭南地区是中国的文化交流和经济贸易重地，岭南醒狮是其特色之一。作为中华文化瑰宝，岭南醒狮蕴含深厚的文化底蕴。尽管醒狮多用于商铺开业等民间庆典，寓意吉祥如意，但它不仅是商业行为，更是文化现象。岭南醒狮承载了人们对吉祥和健康的美好愿望，是岭南文化传承的载体，展现了中华民族的坚韧精神。

3. 个性化与大众化的时代价值

网络科技的进步加快了信息传播的速度，拓宽了信息传播的渠道，丰富了网络文化语境。新媒体的碎片化、个性化、多样化特点推动了人们对个性化的需求。将岭南醒狮与三维动画结合，既跟随时代潮流又展现了艺术创新。岭南醒狮文化在传承传统的同时，也融入新时代的价值观和文化意识，继续发展并承担保护非物质文化遗产的使命。岭南醒狮文化通过创新表现形式进行改造，如在疫情期间使用不同的舞狮卡通形象在粤康码上，以“无事”谐音赋予时代特色。这种结合新时代内涵的方式增强了人们对岭南醒狮文化的认同感和获得感。通过三维动画与现实结合，舞狮表演展示了醒狮精神和岭南风貌，使观众更深入地了解其文化魅力，同时满足了对传统文化的需求。这有助于传统文化和地域文化在新时代的传承。

（三）三维动画与岭南醒狮文化的融合与创新

1. 岭南醒狮文化和三维动画融合的优势

三维动画作为新时代科技与文化艺术深度交融的结晶，近年来在中国电影市场上大放异彩，尤其是“国漫”的崛起，标志着中国三维动画电影已步入一个崭新的发展阶段。这一系列成就不仅彰显了数字技术的飞速进步，更重要的是促进情节创意与传统文化精髓的融合，共同推动了中国动画艺术的蓬勃发展。2021 年问世的《雄狮少年》便是对岭南醒狮文化进行三维动画化探索的一次成功尝试。该片在人物设计、故事脚本及主题内涵上，均实现了传统与现代创新的和谐共生，为同类作品的创作提供了宝贵启示。当前，中国三维动画正迎来其发展的黄金时期，动画艺术科技的日新月异，为其提供了更为广阔的创作空间与表现平台。在此背景下，岭南醒狮文化与三维动画的融合无疑是一次富有意义的尝试。通过艺术化的处理手法，岭南本土人物与文化的魅力得以在三维动画中焕发新生，技术的活力与表现力在此得到了淋漓尽致的展现。这样的融合不仅为观众呈现了一场场视觉上的盛宴，更激发了人们对岭南醒狮文化的深刻共鸣与浓厚兴趣。它以一种新颖而生动的方式，促进了非物质文化遗产的保护与传承，让古老的文化智慧在现代科技的助力下，焕发出新的生命力与光彩。这一实践，无疑为中国动画艺术的多元化发展，以及传统文化的创新性传承，开辟了一条充满希望的道路。

2. 岭南醒狮文化与三维动画的创新性

三维动画数字技术以其独特魅力，打破了岭南醒狮传统创作的局限，既承袭醒狮的文化韵味，又赋予其艺术化、夸张化的创新。此等形式，不拘一格，跨越年龄界限，广纳各层次观众，非止于单一群体的欣赏。国产三维动画，矢志传承中华优秀传统文化，致力于讲述中国故事，深掘历史题材，与时代潮流相融。其间，非物质文化遗产的传承与创新，尤为瞩目。岭南醒狮的故事情节，亦在新旧题材间进行融合，实现传统与现代的完美对接。三维技术突破现实约束，让创作者在岭南醒狮文化上展开想象，以更具设计感的形象展示传统文化，激发观众的兴趣和热情。该技术能突破传统印象，创造难以实现的形态，保留独特风格，同时满足现代审美需求。

3. 三维动画对岭南醒狮文化的创新型研发

三维动画以其独树一帜的表现形式与传播方式，在动画艺术领域中占据重要一席。其制作与创新流程，与传统动画制作相较，呈现出显著差异。首先，三维动画的建模尤为注重人物与场景的创新性设计。角色建模需保持生动立体与构建简便之间的平衡；场景构建则须保留物体的力学特性，确保贴近现实。在设计实践中，常采用三维扫描仪来精准捕获物体三维数据，并辅以坐标系统，实现数据的保存、计算与运用。此等建模方式灵活高效，不仅大幅节约资源，更在速度、质量上实现飞跃，有效降低制作成本。其次，三维动画制作技术对角色动作的灵活性与精密度提出了更高要求。当前，三维动画创作通过测量数据捕捉角色动作，使得四肢、头部等关键部位能自动与电脑相连，实现数据的即时传递与应用，无须依赖额外工具。再者，三维动画制作系统提升了视觉、听觉和触觉体验，并能根据感官反馈实时调整环境和视觉效果。感官体验技术增强了观众对动画中运动和速度的直观感受，例如，使撞击和眩晕的效果更加明显。尽管实际物体不存在，数据仍能使观众感受到打击和抓握等动作。三维动画还可以感知观众动作并将其反馈到电脑，实现虚拟空间的动态变化，从而提供交互体验。利用三维动画对岭南醒狮文化进行再创造，要结合三维动画的交互性与创新性，并将醒狮艺术风格数字化、立体化。在此过程中，工作人员应根据采集的数据创建醒狮的骨骼模型，使用传统影像进行数字化捕捉，并将数据同步到动作数据库中以进行管理和更新。①

① 易铭禧．非物质文化遗产与三维动画的融合与创新——以岭南醒狮为例［J］．艺术品鉴，2023(2):146-149.

第八章　三维动画设计课程的教学与改革

第一节　三维动画设计课程教学的现状

一、教材与教学结构不合理

当前，三维动画专业的毕业生的就业领域主要集中在游戏开发与广告影视制作等岗位。然而，审视国内多数高校的相关专业设置，不难发现仍固守传统，如动画设计、剪辑师、动画师等专业划分，未能充分考量毕业生实际求职的需求。此等设置导致学生技能培养不全面，难以满足招聘单位的严苛要求。学生在动画软件操作上显得生疏，基本功不扎实，操作多停留于模仿层面，缺乏独立思考的能力，因而难以实现动画教学的灵活目标。因此，高校专业设置与教学内容的革新，已成为提升毕业生竞争力的关键所在。

二、课程安排和教师的教学方法存在问题

目前，众多高校在三维动画教学中，仍沿用传统方式，以教师演示软件操作为主，学生则以模仿为主，按步骤练习。此种教学模式，虽能确保教学流程的规范，却在一定程度上束缚了学生的发散思维，易使其陷入固定思维的泥淖。加之动画课程每周课时有限，教师难以深入剖析课程内容，使学生既感到课堂知识难

以消化，又缺乏足够时间进行实践操作，导致学习效果欠佳。因此，改革传统教学模式，增加动画课程课时量，注重培养学生的发散思维与实践能力，已成为提升高校三维动画教学质量的关键。

三、三维动画教学设备有限

众多高校在动画教学领域面临软件配置低下、硬件设备难以达到高端要求的困境。普遍采用的普通台式电脑在实践操作中往往会出现诸如卡顿、图像畸变、色彩不均等诸多问题。更有甚者，部分高校因设备匮乏，学生难以获得充分的实践机会，这无疑严重制约了动画教学的成效，亦对学生的未来发展构成阻碍。鉴于此，提升教学软硬件配置，确保学生能够在先进的设备环境中进行实践操作，已成为优化动画教学条件、促进学生全面发展的迫切需求。①

第二节　三维动画设计课程教学方法研究

一、三维动画设计教学的优化创新

（一）开拓学生视野，培养学生创新意识

三维动画设计专业的创新教学应重点培养学生的创新意识。尽管计算机创作对原创性要求较低，不同渲染的同一模型仍可被视为原创，但艺术设计要求创作者具备创新意识。结合三维动画设计的艺术、科学和人文特点，打破学科界限，帮助学生整合理论知识，促进新的创作灵感生成。

（二）组织校园活动，提高学生专业应用能力

三维动画设计对学习者的技能要求颇为严苛，需熟练掌握众多计算机软件的操作，并深入理解其功能特性。只有经过持续的实践与对优秀三维艺术作品的鉴

① 许彤．三维动画教学模式的研究与创新［J］．农家参谋，2019(19):273.

赏，学生方能逐步提高专业能力。与传统艺术创作迥异，三维动画制作涵盖多个环节与流程，往往需依托团队合作。组建团队并围绕特定主题开展创作，可使学生充分施展并应用所学专业技能，同时，在团队协作中，通过观察他人创作，学生亦能洞察自身的不足，及时归纳总结，以期技能的提升。此等实践方式不仅锻炼学生的专业技能，更培养其团队协作精神与问题解决能力，为日后投身三维动画领域奠定坚实基础。

（三）改善课堂环境，提高学生参与性

改善课堂环境可以显著提高教学效率。在三维动画设计课程中，应围绕专业特点进行环境优化。在艺术作品鉴赏教学中，教师可以让学生自主分析艺术作品，利用绘图软件进行改造，并分享各自的看法，以促进课堂参与并培养学生的创新意识和想象力。艺术类专业需要一定的艺术素养，教师应通过引导讨论而非直接讲解，以提高学生的艺术审美能力和素养。

（四）改革教学模式，建立工作室制

建立艺术工作室是艺术类专业常见的教学模式，重点在于学生与教师在创作中提升艺术修养，并满足市场需求。工作室模式让学生提前接触市场需求，通过实践提升专业水平，同时去除传统课堂的理论知识讲授，教师传授更多的是经验总结，这有助于学生理解和学习。三维动画设计教学改革应突出学科特点和实际应用，而工作室制将推动教学改革达到新高度。①

二、"双新"背景下构建高校优质三维动画课堂的具体方法

（一）构建生动有趣的教学导入情境，激发学生学习新知的热情

在三维动画课程的教学实践中，教师务必深刻认识到课堂导入环节对教学成效的深远影响。有效的课堂导入，能够激发学生浓厚的学习兴趣，引导他们深入思考和理解知识要点，进而显著提升教学效果。为此，教师可运用新一代信息技

① 杨炉兵．三维动画设计教学改革与研究［J］．电视技术，2019,43(18):11-12.

术手段，紧密围绕教学目标，精心设计富有启发性的问题或构建生动的情境。此举旨在迅速吸引学生的注意力，缓解其学习过程中的紧张情绪，鼓励他们积极主动地参与到课堂活动中来，为后续知识的深入讲解奠定坚实的基础。通过这样的方式，教师能够更有效地引领学生在三维动画的广阔天地中探索前行。

（二）组织小组讨论，引导学生在探讨之中提高思维分析能力

在三维动画课程的教学中，教师肩负着与时俱进、更新教学理念与模式的重任，以确保教育内容与行业发展保持同步。适时组织小组活动是提升学生综合能力、促进其全面发展的重要途径。通过交流与合作，学生能够自由表达个人观点，发散思维，从而在相互学习中提升分析能力，并借鉴他人之长，弥补自身之短，进一步巩固知识基础。以“飞机起飞场景动画教学”课程为例，该课程旨在帮助学生准确理解三维动画的核心概念，掌握从模型导入、素材库编辑到工具箱与关键帧使用的全套基本制作流程与技能。通过此课程的学习，学生不仅能够消除对三维动画的神秘感，激发浓厚的学习兴趣，还能逐步培养出自主思考与协作学习的良好习惯，为创新思维的培育奠定坚实基础。深入理解帧、路径、运动规律等关键概念，则是夯实三维动画设计基础的关键。在教学过程中，教师可采用表格形式，清晰展示“制作飞机加速起飞”过程中的知识要点，助力学生快速掌握各项操作命令。随后，通过布置小组任务，要求学生利用素材库中的模型资源，共同搭建“飞机起飞场景”。在此过程中，鼓励学生展开积极讨论，以深化对知识点及工具使用方法的理解。教师应适时提醒学生，在模拟机身运动时，需严格遵循正确的加速规律，确保动画效果的真实性与流畅性。面对学生在实践过程中遇到的问题，教师应引导学生首先在小组内部进行讨论，尝试自主解决。当小组努力后仍无法破解难题时，再向教师求助。这一策略旨在培养学生的自主思考与交流意识，使他们在解决问题的过程中获得成就感，进而激发更深层次的学习动力。

（三）坚持积极评价，增强学生学习三维动画设计的信心

评价是三维动画教学的重要环节。教师的评价帮助学生了解知识技能的掌握

情况，同时促使学生全面认识自身情况。这样，学生能在发挥优势和弥补不足的基础上，与教师互动，提升三维动画设计水平。在学习完“三维动画制作流程及技术方法”后，教师应布置任务，鼓励学生应用所学知识和技术。例如，安排一项不限题材的“三维动画设计任务”，让学生根据个人兴趣选择主题，按时提交作品至教师邮箱。教师将在下一节课展示和点评。评价应多元化，包括教师评价、同学评价和自我评价，全面了解学生表现，发现不足并取长补短。评价方式也应多样化，从课堂表现、作业完成情况和过程等方面综合评价，指出优点与不足，并鼓励学生弥补不足，提升技术水平。教师应积极反馈，以表扬为主、批评为辅，尊重和关怀学生，委婉指出不足，鼓励自主反思，增强学习动能。①

第三节　三维动画设计课程教学模式的创新发展

一、线上线下混合式教学模式探索与实践

（一）基于学习通平台的线上线下混合式教学设计

1. 总体目标及线上线下教学目标

三维动画设计课程的总体目标旨在完善课程体系，将文化自信深植于设计之中，以展示传统文化的独特魅力。通过精心策划的课堂案例，本课程力求实现知识传授与价值引领的和谐统一，进而提升三维动画设计课程的实施效果。在线上教学环节中，学生被鼓励提前预习课程内容，并根据自身的软件基础，选择不同难度的案例进行学习。通过这一过程，学生能够掌握曲面建模与多边形建模的精髓，深入理解建模的核心思路。对于难度较大的案例，学生需反复观看线上视频，以巩固所学知识，确保技能的提升。线下教学则侧重于案例制作的拓展内容，如古建筑的历史渊源、文化模型的传承与发展等，旨在丰富学生的文化素养。同时，

① 张伟伟．高校三维动画课程的教学实践研究［J］．新美域，2023(5):131-133.

线下课堂还承担着补充和强化线上教学中复杂知识点的任务，解决学生在实际操作和流程中遇到的问题。线上线下教学相互补充，共同构建起一个完整的课程知识体系，使学生在掌握专业技能的同时，也能深刻领悟传统文化的内涵与价值。

2. 线上资源的准备

线上资源之筹备，实为混合式教学的重点。其质量与设计直接关乎课程目标的达成。教师团队需细加编排，依循三维动画设计人才培养方案，甄选恰当案例，分批次录制内容严谨且充实的视频课件。此外，制作 PPT、构建作业库及编纂课堂教案等线上教学资料，亦不可或缺。这些筹备旨在为混合式教学奠定坚实基础，确保课程总体目标得以圆满实现。

3. 实施过程

（1）课前发布任务。如，教师在学习通平台发布了案例“中国古典宫殿的制作”的相关教学资源，包括视频、图片和数据。学生需提前了解制作背景和流程。鉴于案例复杂，学生可选择团队合作，课前完成分组工作。

（2）课中讲解。课中环节分为三个部分：教师首先阐述案例制作的目标、重难点及其深远意义，着重强调学习古典宫殿模型制作对于传承中华传统文化、增

图 8-1　学生作品展示

强文化自信的不可或缺的作用。随后，详细讲解模型制作的方法与流程，重点攻克线上视频中未涉及的技术难题，并纠正学生在制作过程中出现的错误。最终，由学生团队汇报制作进度，并展示其成果（见图 8-1），以检验学习成效。

（3）随堂练习。随堂练习在三维动画设计课程中占据举足轻重的地位，因为软件制作的技艺需经长期练习方能炉火纯青。众多学生在教师悉心指导下尚能完成案例，然一旦独立制作，便常感力不从心。因此，课堂练习显得尤为重要，它有助于学生熟练掌握软件操作，而线上视频反复观看则能进一步增强学生对制作流程的把握，使其技艺日益精进。

（4）发布作业及案例点评。课下发布作业，根据案例制作的完成进度进行赋分，并及时点评回馈，必要时团队成员进行组内探论，完成案例的制作。

4. 阶段性考核

对重点案例进行阶段性考核，以评估学生对案例制作流程和技术的掌握。线上考核比线下测试更为便捷，教师可在学习通平台发布作业，设置分值并提醒学生按时完成。学生提交工程文件和渲染文件，教师可直接下载评分并点评，简化了收发试卷和作业的流程，提高了考核效率。

5. 综合考核评价

通过学习通平台，教师可综合统计本学期学生成绩，并与往届对比。这有助于针对不同学情调整教学，优化设计，逐步扩大课堂容量，提高教学效果。

（二）“新文科”与 OBE 理念指导下的线上线下混合教学模式

1. 混合式教学模式探索

（1）“新文科”下的新探索。2018 年 8 月，中共中央在教育大会前提出“新工科、新医科、新农科、新文科”（简称“四新”建设）的概念。新文科强调在传统文科人才培养中注重创新、实践和综合发展，是对传统模式的提升。新文科理念下的文科实践和理论教学以学生为中心，注重成果导向和创新交叉，提升实践创新能力。在此背景下，艺术类学科也进行了新的教学探索。下面以《三维动画设计》

课程为例，讲述混合式教学模式的实际操作。

（2）《三维动画设计》课传统教学模式问题分析。《三维动画设计》课程具有较强的设计和实践性，涉及角色分析、动画设计和软件效果实现。传统教学中，教师先讲解运动规律和设计方法，再示范软件操作，学生跟随练习。由于课堂时间有限，学生往往只能掌握操作步骤，缺乏巩固和深入思考的机会。这导致学生在实践操作中容易遗漏细节，教师需反复演示，延长案例讲解时间，缩短了学生分析和思考的时间，影响了问题指导效率。学习能力差异使部分学生在课后复习时暴露出设计和技术问题，影响学习效率和作业效果。

（3）《三维动画设计》课混合教学路径探究。针对《三维动画设计》课程的独特性质及传统教学模式中存在的种种问题，在新文科的视野下，以学生为中心、以成果为导向、秉持持续改进的 OBE（Outcome-based Education，成果导向教育）理念探索一条旨在提升学生技术实践与创造性思维的混合式教学路径，显得尤为迫切与重要。课堂教学作为提高教学质量的核心环节，若仅在传统教学中加强案例操作与实操步骤的演示，恐将导致教师课堂时间的过度延长，因此，对课程进行混合式设计便成为一种必然选择。为了优化课程教学，培养学生的必要能力与素质，课程设计应全面涵盖审美修养、能动学习和艺术表现能力等多个维度。在传授三维动画制作技术、动画原理、动画表演等核心技能的同时，还应深入讲解物理运动和生物运动等基础知识，为学生打下坚实的理论基础。

课程结构可细分为艺术修养、创造性动画思维、技术实现和自主学习四大模块（见图 8-2），每个模块都紧密围绕学生需掌握的核心内容展开，以成果为导向构建起一个完整的闭环学习体系。为了促进学生的深入学习，采用线上线下相结合的混合教学模式显得尤为重要。线上部分，依托网络教学平台和资源平台，为学生提供丰富的学习资源和灵活的学习时空；线下部分，则充分利用多媒体教室和动画表演区域，为学生提供实战演练和创意展示的舞台。

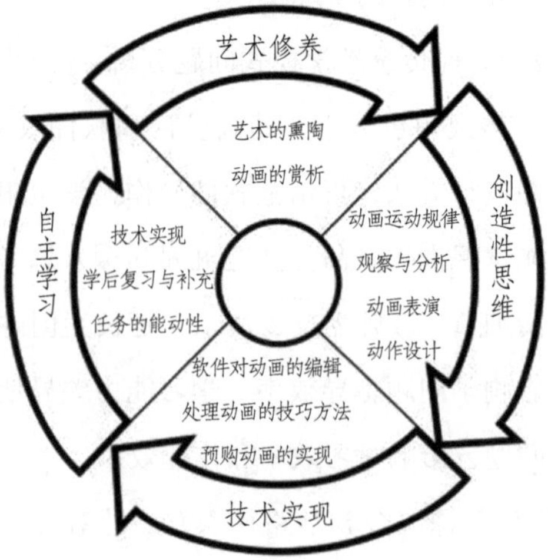

图 8-2 “三维动画设计”课程模块

在混合式教学的实施过程中，引入微课是一种行之有效的策略。通过精心制作的视频，详细讲解动画原理和三维软件操作，使学生在课前便能对基础知识和操作步骤有初步的了解。同时，安排课前任务，如微课观看和动画赏析，旨在节约课堂时间，提高学生的学习效率。在课堂上，教师应结合学生的微课预习内容，对知识和案例进行深入讲解，实现线上线下教学的无缝融合。通过快速复习线上微课中的知识和软件操作，分析解答学生在预习过程中遇到的问题，重点解析动画运动规律和软件操作中的难点，引导学生深入思考知识，观察分析动态与静态事物，从而培养他们的创造性动画思维。课程成果的展示环节同样不容忽视。通过角色动画设计等项目，要求学生为数字模型赋予鲜明的个性，最终完成一部具有创意和技术含量的三维动画作品。

混合式教学还需通过动画表演体会课前任务，培养学生的创造性思维和动作设计技能。课堂上，除了前期准备和设计，还需进行动画内容生产，采用任务练习方式，教师根据学生设计进行指导。学生需总结学习内容，记录问题和解决方法。教师通过解析、总结问题，发布提升性课后实践任务，衔接学、思、用。线下教学提升动画思维、观察、设计及技术，通过软件实现动画数字化。课后，学生复习线上微课内容，主动学习和查找资源解决深度问题，持续改进，进而实现教学目标（见图 8-3）。

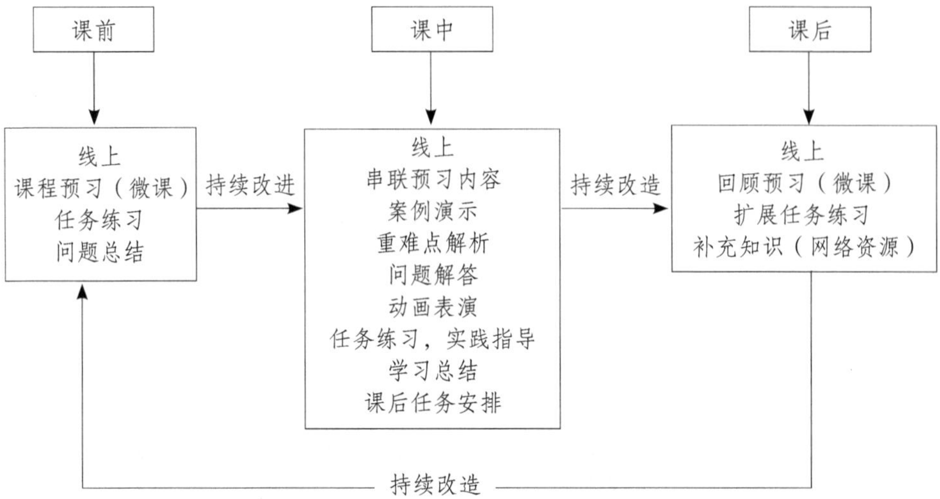

图 8-3　“三维动画设计”课程线上线下混合式教学设计路径

二、基于首要教学原理的三维动画设计课程学习模式

（一）首要教学原理概述

首要教学原理，或称五星教学模式，由美国教育心理学家梅里尔（M. David Merrill）教授提出。该原理的核心是解决问题，目的是促进学生学习，涵盖激活旧知识、示证新知识、尝试应用和融会贯通四个阶段。它基于学生的学习过程，通过逐步设疑和循序渐进的方式，培养学生的探究能力。该原理由盛群力教授首次引入中国，经过实践验证取得良好效果。

（二）基于首要教学原理的三维动画设计课程学习模式构建

在首要教学原理与建构主义学习理论的双重指引下，超星尔雅学习通平台成为设计三维动画设计课程的理想载体。该课程网站规划课前、课中、课后三大环节（见图 8-4），紧密围绕教学目标、课程特色及学生实际，充分彰显学生主体地位。

借助“互联网 +”之翼，实现课程线上线下深度融合，不仅丰富学习体验，更促进知识内化与技能提升，为三维动画教学开辟新径。

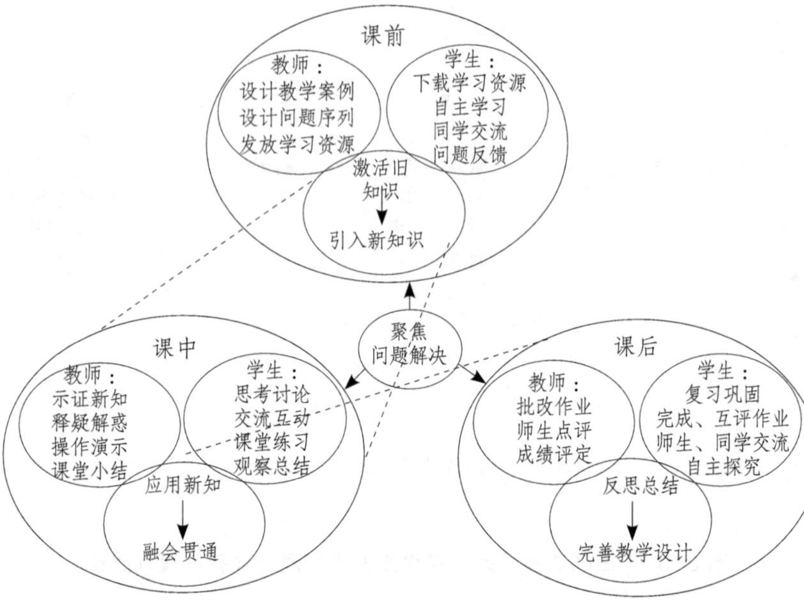

图 8-4 基于首要教学原理的三维动画设计课程学习模式

在图 8-4 所示的教学流程中，课前、课中、课后三大环节宛如三大圆轮，各自独立却又紧密相连，内部精细地划分为教师活动、学生活动以及首要教学原理的三大板块，共同围绕“聚焦问题解决”这一核心理念旋转。

课前环节，教师深谙培养方案与教学大纲精髓，梳理教学内容，捕捉课程与章节的重难点，设计出一系列深广有趣的教学案例。这些案例串联起各个知识点，难度递进，形成一套系统完整的教学体系。通过超星尔雅学习通平台，教师提前发布学习资源，引领学生预先探索新知，为课堂教学铺设桥梁。

课中环节，教师以问题为引，示证新知，解答学生疑惑，并亲自演示操作，使学生得以掌握技能。学生则在掌握新知后，以思维导图为工具，展现教学案例的知识点，助力梳理与强化，从而顺利过渡到课后环节。

课后环节，师生需充分利用时间，完成一系列后续工作，包括教学反思与作业批改等。教师应根据反馈结果，重新审视并修订教学设计，以期不断完善。

整个教学过程宛如一部精密的机器，各个环节环环相扣，构建了一个完整的“问题聚焦—激活旧知识—示证新知识—应用新知识—融会贯通”的学习闭环。在这一闭环中，学生不仅掌握了知识，更实现了知识的内化与迁移，培养了解决问题的能力。

此教学模式不仅体现了首要教学原理的精髓，更与建构主义学习理论不谋而合，充分尊重了学生的主体地位，激发了学生的学习热情与创造力。通过“互联网 +”的助力，教学空间得以拓展，教学资源得以丰富，为三维动画设计课程的教学注入了新的活力与可能。

（三）基于首要教学原理的三维动画设计课程学习模式实践

1. 课前

（1）教学准备：奠定坚实基石。常言道，磨刀不误砍柴工，课前准备无疑是课堂教学顺利实施的关键所在。在这一阶段，教师与学生双方的课前活动主要依托于学习通平台展开。教师需提前将准备的教案、课件、案例、微视频、问题序列以及测验等丰富多样的教学资源上传至平台，确保学生能够在课前获取到必要的学习材料。此外，教师还应充分利用平台的“通知”功能或 QQ 班级群，及时向学生发送学习任务，明确学习目标与要求。为了进一步提升课前准备的效率与质量，教师还可借助学习通的“讨论”功能，与学生进行在线交流。通过这一渠道，教师可以及时收集学生在预习过程中遇到的共性问题，为后续课堂教学提供有针对性的指导。同时，这种互动方式也有助于激发学生的学习兴趣，使他们在课前就能对即将学习的内容产生浓厚的兴趣和期待。

（2）创设情境，聚焦问题：点燃学习热情。教育学家苏霍姆林斯基曾深刻指出，教学的起点应在于激发学生的学习兴趣和愿望。而创设情境，无疑是最能引发学生兴趣和问题意识的有效手段。在“关键帧动画”这一章节的教学中，教师通过微课引导学生观看《最强大脑》选手速拧魔方的视频。这一情境不仅具有极高的观赏性和趣味性，更能够激发学生的挑战欲和求知欲。在观看视频后，教师鼓励学生尝试快速复原魔方，并顺势将话题引向三阶魔方旋转动画的三维设计。为了帮助学生更好地聚焦于问题，教师精心设计了一系列层层递进、逐步深入的问题。这些问题不仅涵盖了魔方模型创建（问题①）、面与棱的设计（问题②）、旋转动画的制作（问题③）等关键技术点，还涉及了三维动画的设计原理及流程、关键帧动画的创建方法以及动画的渲染等深层次问题。通过这些问题，学生可以清晰地了解到本章节的学习目标和重点难点，为后续的学习指明了方向。

（3）激活旧知识，引入新知识：构建知识桥梁。在制作魔方旋转动画之前，教师首先引导学生对任务案例进行深入分析。通过这一过程，学生可以将大问题分解为小问题，并用思维导图梳理出解决思路。这一步骤不仅有助于培养学生的逻辑思维能力和问题解决能力，还能够为他们后续的学习奠定坚实的基础。在解决“创设情境,聚焦问题”中的问题①时,教师帮助学生分析魔方模型的结构特点，并引导他们回顾已学的多边形建模知识。在教师的指导下，学生利用多边形建模技术成功创建了魔方模型，并在这一过程中注意到了建模过程中的关键细节和注意事项。对于问题②的解决，则需要学生运用材质和贴图知识。在设置之前，教师强调多边形建模阶段正确设置魔方各面及棱的 ID 号的重要性，这是确保材质和贴图能够成功完成的关键步骤。通过这一环节的学习，学生不仅掌握了材质和贴图的基本技能，还深刻体会到了细节决定成败的道理。在解决问题③时，学生需要运用到前面学习的坐标系统和轴心点的知识。通过这一环节的实践操作，学生不仅巩固了旧知识，还学会了如何将这些知识运用到新的情境中，实现了知识的迁移和应用。在成功解决问题①、②、③后，学生已经为接受新知识（问题④）奠定了坚实的基础。此时，教师适时地引导学生利用学习资源进行小组探究，并通过讨论区或 QQ 群进行交流。在这一过程中，教师密切关注学生的学习进度和问题，及时给予指导和帮助。通过小组探究和交流讨论，学生不仅掌握了新知识，还学会了如何与他人合作解决问题，培养了团队协作能力和沟通能力。最终，教师对本节课的学习进行总结，帮助学生梳理知识点和解决问题的思路，为后续的学习打下坚实的基础。

2. 课中

（1）示证、应用新知识。在课堂初始，教师用约 3 分钟帮助学生回顾待解决的问题，厘清思路，并解决线上讨论中的常见疑问，复习重点难点，为学习新内容打基础。随后，教师通过游戏引出视觉暂留、三维动画原理等知识（问题④），并示范如何在 3D Max 中创建关键帧动画，讲解关键点和注意事项（问题⑤）。接着，学生尝试为魔方动画添加变色文字，并带着问题⑥复习静态图像的渲染，探究动画渲染方法。通过案例操作，学生巩固新知识，内化学习成果。

（2）融会贯通。学生通过“小球跳墙动画”任务探究新知识，分享作品。教师表扬表现优异的学生，并通过思维导图总结课堂内容，帮助学生重构知识，指出常见错误。最后，布置作业，鼓励学生自拟主题制作关键帧动画。

3. 课后

（1）学习评价导向化、过程化。学习评价作为学习链条中不可或缺的一环，其重要性不言而喻。传统评价模式往往局限于“期末成绩 + 平时成绩”的框架，难以全面描绘学生的学习轨迹。鉴于此，新型评价模式应运而生，它将过程性评价与终结性评价融合，借助学习平台的强大功能，从预习、课堂互动、课后作业等多个层面深入考查学生的学习表现。在此模式下，平时成绩占比提升至 40%，与期末考试 60% 的占比相辅相成，共同构成了一个更为全面、客观的评价体系。其中，平时成绩细分为作业、课堂互动、签到、章节学习进度、章节测验及讨论等多个维度，确保了评价的多元化与精确性。

（2）教学反思。课堂结束后，教师根据学生表现和作业情况进行反思，总结优缺点，修订教学设计和资源，鼓励学生主动学习，完善作业，进行个人反思，攻克难点，加强实践训练，为后续学习奠定基础。①

① 丁新慧，董仕，彭榕，等. 基于首要教学原理的三维动画设计课程教学研究 [J]. 中国教育技术装备，2023(14):89-92.

第九章　中国动画产业的发展与创新

第一节　中国动画的创作、生产、服务机制

一、创作机制

信息传播过程包括两个重要角色，分别是“传播者”和“接收者”，在传统媒介时代，“接收者”往往是被动接收，而进入新媒体时代后，他们不再被动接收，而是能成为“传播者”，开启二次传播，并可以反过来影响最初的信息发出者。同样，新媒体时代动画创作会与市场建立更广泛和深层次互动关系，创作者需要基于市场诉求开展创作活动。立足于此，创作机制也要得到革新，才能支撑国产动画得到市场欢迎和认可。

（一）以受众为中心的类型化建构

在计划经济时代，动画创作者会以赋予作品传统性、艺术性、教育性等为重要出发点，希望能向少年儿童输出更多适合的、有益的内容。市场经济时代到来后，原先的创作模式依然延续，这使得社会大众依然延续过去对动画作品的认知，即“动画是为低龄儿童服务”。目前来看，国产动画在低龄市场的表现依旧不错，这促使创作方花费更多精力“深耕”这一块。对 2018 年国产动画播放量

前 15 名作品的调研发现有六成作品面向低幼儿童，剩下四成面向 12 岁以上青少年。可以看出，低龄儿童依旧是国产动画的主要受众。二次元文化兴起后，社会对国产动画接受度显著提升，吸引了越来越多高年龄段观众前来观看。随着国产动画消费群体扩展，国产动画格局出现“三分天下”的特点，具体为三大平台和三种类型。电视平台播放的动画主要面向低龄儿童，互联网平台播放的动画主要面向青少年及以上人群，影院平台播放的动画主要面向全家欢及全年龄层观众。这为满足不同受众观看需求提供了有力支持。从类型化建构层面分析，国产动画尚处于初级阶段，很多方面有所发展、但也存在短板和不足，需要不断完善和改进。

（二）传统文化的现代化改造及其吸纳的国际化视野

中国传统文化作为民族精神的载体与历史智慧的结晶，其深厚底蕴与多样形态提供了宝贵的精神财富。在动画创作领域，如何将这一宝贵财富与现代审美、技术乃至全球视野相融合，成为了一个既充满挑战又极具意义的课题。尤其是在市场经济背景下，动画作品不仅承载文化传承的使命，还需适应快速变化的市场需求与国际竞争，这要求创作者在传统文化的现代化与国际化两个维度上进行深刻探索与实践。

1. 现代化改造

现代化并非简单地以新技术替代旧工艺，或是对传统元素的直接挪用，而是一个深度挖掘、重新诠释与创造性转化的过程。在动画创作中，这意味着要找到传统文化与现代审美的契合点，使古老的故事与形象焕发新生。例如，通过对传统故事主题的现代解读，如《哪吒之魔童降世》中哪吒形象的叛逆与成长，既保留了原著的精神内核，又融入了当代社会对自我认知与命运抗争的思考。技术层面，利用 3D 建模、CG 特效等现代技术手段，为传统水墨画、剪纸艺术等赋予新的生命力，如《大鱼海棠》中梦幻般的场景构建，便是将传统美学与现代技术完美融合的典范。此外，现代化还体现在内容创新上，即如何将传统文化元素融入现代生活场景，讲述具有时代感的故事。这要求创作者具备敏锐的观察力与创新能力，能够从日常生活中提炼出与传统相呼应的元素，构建出既贴近现代观众心理又富含文化底蕴的叙事空间。如《熊出没》系列，通过熊大、熊二等角色的日常趣事，巧妙融入中国传统节日、习俗等元素，使观众在欢笑中感受到传统文化的魅力。

2. 国际化视野

在全球化背景下，动画作品的国际化不仅意味着语言的翻译与配音，更在于文化层面的交流与互鉴。这要求创作者具备开阔的国际视野，能够理解并尊重不同文化的差异，寻找共通的价值与情感共鸣点。一方面，可以通过国际合作，引入国外先进的制作技术与理念，同时保持本土文化的独特性。另一方面，国际化也意味着要勇于讲述具有普遍性的故事，探讨人类共通的主题，如爱、勇气、成长等，使作品能够跨越文化和语言的界限，触动全球观众的心弦。在国际化进程中，还需注意文化表达的准确性与尊重性，避免文化误读与刻板印象，通过细腻的文化描绘与情感传递，促进不同文化之间的理解和尊重。同时，利用国际平台与节庆活动，如国际电影节、动漫展等，加强作品的海外推广与交流，提升中国动画的国际影响力。

（三）IP联动的创作生态和个人化表达

近年来，IP作为知识产权的代称，在影视领域迅速崛起，成为炙手可热的符号象征，而动画则成为了IP联动创作的理想载体。在构建IP联动创作生态的过程中，IP的甄选与创造占据了核心地位。回顾历史，日本动画界从漫画出发所构建的创作模式为人们提供了宝贵的参考。漫画因其较低的创作与传播成本，成为培育IP、凝聚核心观众群的有效途径，进而有效降低了动画创作的风险，并实现了商业利润的最大化。尤为重要的是，围绕IP展开的多元商业活动所创造的经济价值，往往远超漫画与动画本身，这促进了产业链各环节的紧密联动。相较于日本，中国早期缺乏纸媒漫画的广泛基础，但互联网的兴起为IP联动提供了广阔的发展空间。网络文学、网络漫画、网络游戏、短视频等互联网文化产品，成为了动画IP孕育的沃土。这些产品既保持独立，又相互交织，共同构成了紧密的命运共同体。当前，网络文学与网络漫画已在互联网动画创作中占据重要地位；网络游戏在下游产品开发的同时，也在积极寻求上游突破；短视频则蓄势待发，展现出强大的增长潜力；而《庆余年》《唐人街探案》等实拍影视作品的动画化尝试，更是打破了二次元与三次元的界限，具有里程碑式的意义。除了内容层面的联动，互联网媒介凭借其强大的传播力与社交性，已成为各媒介产品推广与宣传的关键支撑。在这一从内容到媒介的全面联动中，国产动画的 IP 创作生态系统逐步成型，其持续优化程度将直接决定中国动画的市场化进程，这是未来发展的必然趋势。

商业化运作讲究系统性与模式化，而个性化与艺术化的表达则更侧重于独立性。个性化艺术探索曾是“中国动画学派”的显著特征，但在市场经济环境下，如何平衡商业需求与个人风格成为关键。强调个性化表达，首先能够打破商业规则下的作品同质化现象，丰富作品内涵，提升其独特性；其次，个性化是塑造创作者风格、增强辨识度、形成创作者个人 IP 的关键因素；最后，艺术创作也是发掘动画创作人才的重要途径。近年来，国产动画作品呈现出百花齐放的态势，饺子、不思凡、刘健等风格鲜明的导演崭露头角，同时，“哔哩哔哩新星计划”“东布洲动画孵化项目”等原创动画人才扶持项目的蓬勃开展，均显示出行业生态的积极变化，必将对国产动画创作产生深远影响。

二、生产机制

在步入市场经济洪流后，中国动画创作机制经历了深刻的双重转型：一是产量波动的宏观趋势；二是动画类型结构的微观调整。具体而言，自 2004 年政府大力扶持以来，电视动画产量急剧攀升，至 2011 年达到 26.1 万分钟的巅峰，随后逐年下滑，至 2019 年已稳定在 9 万余分钟，连续三年未突破 10 万大关。动画电影领域则经历了从 2004 年至 2011 年的低谷徘徊，年产量多维持在 20 部以下，直至 2012 年后逐渐复苏，2015 年达到 41 部的高峰，随后稳定在年产量 30 余部。与此同时，互联网动画自 2012 年起异军突起，2018 年达到 68 部，2019 年仅前三季度就已上线 58 部，展现出强劲的增长潜力。这一系列变化表明，中国动画创作在经历波动后正趋于成熟，互联网动画逐渐成为新的增长点。未来，提升品质与效率将是中国动画创作的核心目标，这一过程将涉及资本运作、生产体系优化、产业链整合等多个维度的共同推动。

（一）资本的多元化配置

资本作为动画创作的血液，其流动与配置方式深刻影响着行业的生态格局。随着市场经济的深化，动画行业的资本来源日益多元化，形成了既相互竞争又相互融合的复杂网络。从资本来源看，主要包括四个方面。一是互联网巨头。以 BAT（百度、阿里、腾讯）为代表的互联网巨头，凭借其雄厚的资本实力和庞大的用户基础，成为动画投资领域的重要力量。它们或通过直接投资动画项目，或通过建立动画平台，如哔哩哔哩、爱奇艺等，间接推动动画产业的发展。这些资本以其灵活性和前瞻性，引领着互联网动画的潮流。二是传统影视势力。光线传媒、万达影业等传统影视公司，也在积极布局动画电影领域。以光线传媒为例，其通过子公司彩条屋影业，采用投资、并购等方式，整合了国内多个优秀动画创作团队，利用自身的资源网络，推动国产动画电影产业链的完善，成为行业发展的领头羊。三是动漫原生企业。以动漫业务为核心的企业，如奥飞娱乐、华强动漫等，它们在动画创作上有着深厚的积累，同时不断探索上下游的整合路径。奥飞娱乐以“东方迪士尼”为愿景，通过收购、注资等方式，构建了涵盖漫画、动画、衍生品等多领域的产业版图。四是风险投资助力。对于初创或成长中的动画团队而言，风险投资是获取资金的重要途径。创新工场、红杉资本等风险投资机构，通过提供专业的资金支持和市场洞察，助力动画项目从创意到市场的转化。

资本的多元化配置为动画创作提供了丰富的资源，但同时也带来了周期性波动的挑战。行业需警惕资本热度的变化，坚持内容第一，以优秀作品吸引和留住观众，实现可持续发展。

（二）生产体系的现代化构建

动画创作是一项高度系统化的工程，涉及创意、技术、管理等多个层面。近年来，中国动画在生产体系构建上取得了显著进展，但仍面临诸多挑战。以《哪吒之魔童降世》等作品为例，其背后是数十家公司、上千人的团队协作，这既展示了国产动画的集大成之力，也暴露了生产力量分散、沟通成本高的问题。为解决这一问题，行业正积极探索现代化的生产体系构建。一方面，以彩条屋影业为代表的“XXL 超大号想象力”战略，通过整合行业资源，形成核心团队引领、各环节协同作战的高效模式，提升了生产效率和作品质量。另一方面，追光动画等企业通过内部改革，建立了完善的工业化流程体系，实现了动画电影的高效、低成本生产，为行业树立了标杆。这两种模式相辅相成，共同推动了中国动画生产体系的现代化进程。未来，随着技术的不断进步和管理经验的积累，中国动画有望形成更加成熟、高效的生产体系，为创作出更多优秀作品奠定坚实基础。

（三）产业链与品牌的深度打造

动画产业的繁荣离不开完善的产业链和强大的品牌支撑。产业链的构建需从内容创作、宣传推广、衍生品开发等多个环节入手，形成上下游紧密衔接的闭环。当前，中国动画的盈利渠道仍相对单一，主要依赖于票房和线上付费观看，衍生品市场的开发尚处于初级阶段。品牌是动画产业的核心资产，是连接观众与产品的情感纽带。以《熊出没》为例，其通过精心策划的衍生品战略，成功打造了具有广泛影响力的品牌 IP。从最初的电视剧集到后来的大电影，再到衍生品市场的全面拓展,《熊出没》品牌的影响力不断攀升,成为国产动画品牌打造的典范。未来，中国动画需进一步深化产业链整合，拓展盈利渠道，同时加强品牌建设，提升品牌价值和市场认可度。这要求行业不仅要注重内容的创新和质量，还要关注市场动态和消费趋势，以敏锐的商业嗅觉和前瞻性的战略眼光，推动动画产业的持续健康发展。此外，动画产业还应积极融入社会经济发展的大局，探索与文化、旅游、教育等领域的跨界合作，为动画产业链的延伸和品牌价值的提升开辟新的空间。

三、服务机制

在动画这一高度社会化与工业化的领域中，无论是创意孵化还是制作生产，皆离不开外部环境的支撑与协作。服务体系的完善程度对动画行业的兴衰起着至关重要的作用。

（一）政策引领与扶持强化

回望历史，国产动画在计划经济时期由政策直接驱动，进入市场经济后，其复兴之路同样依赖于国家政策的强力支撑。政策导向的演变轨迹清晰可见：2002至2007年间，政策聚焦于扩大动画规模、提升国产动画市场份额，通过税收优惠、资金扶持及限制外资动画播放时间等措施，有效促进了这一目标实现；2008年后，政策转向强化产业链整合，推动动画从量变到质变；而2012年以来，随着互联网的蓬勃兴起，动画产业步入新纪元，政策逐渐融入更广泛的文化产业政策之中，对动画的专项支持减少，但整体扶持力度并未减弱。当前，国产动画在政策推动下已初具自我发展能力，然而前路依旧充满未知与挑战，适时的政策引导与支持仍是不可或缺。近年来，政府一方面通过如《关于促进动漫产业发展的若干意见》更新版及后续配套措施，继续提供税收优惠、融资便利等实质性支持；另一方面，加强行业规范，如出台《网络动画片内容审核标准》及《动画产业健康发展指导意见》，引导动画行业健康有序发展。政策的灵活调整与前瞻性布局为中国动画的持续发展提供了坚实的后盾。

（二）平台构建与交流合作

动画行业的繁荣离不开广泛而深入的交流与合作，平台的建设因此显得尤为重要。在中国动画的市场化进程中，三大平台类型发挥着核心作用。首先是交流合作平台，它们以动漫展会、投资洽谈会、动画比赛等形式存在，旨在展示成果、发掘佳作、促进资本对接与资源共享。诸如“北京国际动漫游戏产业博览会”“深圳动漫节”及“白玉兰奖”等平台经过多年深耕，已成为集多种功能于一体的知名品牌。同时，以“中国动画学会官网”为代表的线上平台，以其持久性与全面性，与线下活动形成良好互补。其次是技术服务平台，这些平台多依托动漫产业园区，通过资源整合，提供政策咨询、技术支持、设施共享、研发协助及人才交流等一站式服务。近年来，“云端制作”等新兴技术服务的兴起，更是极大地拓宽了动画创作的边界。最后是国际化拓展平台，它是中国动画走向世界、传播中华文化的桥梁。尽管国产动画在国际市场的开拓已取得初步成效，但在盈利能力和文化影响力上仍有巨大提升空间。近年来，响应共建“一带一路”倡议，如《文化部“一带一路”文化产业发展规划》及“一带一路”动漫游戏国际合作项目征集等活动，为国产动画的海外拓展提供了新的机遇与方向。平台构建与中国动画的成长同步，经历了从盲目扩张到理性发展的转变，如今在政策与市场的双重驱动下，正步入稳健发展的快车道。随着新技术的融入，平台不断创新服务模式，紧密贴合时代需求，为中国动画的持续发展注入强劲动力。

（三）人才培育与梯队建设

人才是动画行业的灵魂。在市场经济框架下，人才的培养、分工与流动构成了人才队伍建设的三大支柱。首先，确保人才来源的多元化与高质量。动画教育分为学历教育与职业培训两大板块。近年来，随着行业回暖及教育结构的优化，动画专业教育质量显著提升，同时，职业培训市场蓬勃发展，特别是线上教育的兴起，为动画行业输送了大量技能型人才，成为学历教育的重要补充。其次，注重人才结构的均衡性。动画作为团队协作的艺术，其制作流程的细分要求人才的多样性与专业性并重。前期创意与后期制作的同步提升，是国产动画整体实力增强的关键。技术与艺术并重，促进人才在各个环节的均衡分布，是行业持续进步的基石。最后，促进人才的合理流动。无论是动画行业内部的岗位转换，还是跨行业的交流融合，都是行业活力的体现。通过校企合作、实习实训等机制，有效解决了人才从校园到职场的过渡问题。同时，动画行业对跨界人才的开放态度，为行业注入了新鲜血液，游戏、插画、设计等领域的精英不断涌入，为动画创作带来了新视角与新技术。当前，中国动画人才队伍建设正处于上升期，虽然高素质人才的需求与供给之间的矛盾依然突出，但随着国家对原创人才培养的持续投入、互联网对人才发掘的推动作用以及技术革新带来的人才结构变化，中国动画正迎来前所未有的发展机遇，人才梯队的建设将成为推动行业持续突破的关键力量。①

第二节　中国动画产业发展模式的转型与升级

一、中国动画产业发展模式的双重转型

（一）中国动画产业1985—2020年发展轨迹概览

1985年，中国动画产业迎来了转折点，深圳翡翠动画公司的创立开启了动画外包出口的新纪元。这一变革不仅催生了东南沿海地区众多动画企业的涌现，还迅速提升了我国动画片的年产量，使中国跃升为全球动画外包的主要国家之一，标志着中国动画产业市场化、外向型发展路径的启程。进入2000年，三辰公司以“蓝猫”系列动画片为突破口，探索出从代工到原创、从加工到IP授权的转型之路，即“蓝猫模式”，为陷入困境的中国动画产业指明了方向。此模式随后在政策推动下成为行业典范，尽管面临国内市场盗版问题，但仍有企业如上海今日动画勇敢走向国际，通过预售方式成功推出《中华小子》，实现了资金回笼与盈利，降低了经营风险。2015年后，随着国内视频网站模式的成熟，动画播出渠道实现多元化，摆脱了对传统电视与电影院的依赖，为年轻观众提供了更便捷的观看方式。这场由技术驱动的变革，加速了动画产业的迭代，吸引了更多资源涌入，显著提升了行业的整体实力与规模。回顾1985年至2020年，中国动画产业每15年经历一次重大转型：初期（1985—2000年）依托劳动力成本优势，承接国际中期制作；中期（2001—2015年）在政策引导下转向国内市场，

① 张娟，周红亚. 市场经济条件下中国动画的创作、生产、服务机制[J]. 民族艺术研究，2021,34(1):40-48.

实现创意与盈利模式的转变；近期（2016 年至今）则在技术创新推动下，迎来了产业革命，更加贴合市场需求。这三个阶段见证了中国动画从弱到强、从代工到原创的蜕变，但总体仍处于产业发展的初级阶段，真正的黄金时代尚需未来的努力。

（二）2021–2035 年中国动画产业的时空背景与展望

根据党的十九届五中全会精神及 2035 年远景目标，中国将面临两大转变：一是从出口导向转为国内国际双循环的新发展格局；二是数字化转型，即技术范式的革新。这两大转变为中国动画产业提供了新的发展思路与方向。2020 年，文化和旅游部发布的《关于推动数字文化产业高质量发展的意见》明确指出，将实施文化产业数字化战略，促进文化业态创新与消费升级，构建国内大循环为主体的发展格局。这意味着，未来中国动画产业将更加注重国内市场，以国内观众需求为核心，同时利用 5G、AI、VR 等新技术，推动产业数字化、智能化转型，创造新业态，形成新的消费模式与生态体系。具体而言，“双循环”战略将引导动画产业调整产品研发、制作与发行策略，优先满足国内市场需求；而“数字化”则是实现这一目标的关键手段，将深刻影响动画的创意、生产、传播及后续环节，带来革命性变化。政策推动、技术驱动与需求拉动三者结合，将共同推动中国动画产业迈向新的高度。

（三）2021—2035 年中国动画产业发展模式的阶段演化

在面对“双循环”与“数字化”的双重转型任务时，中国动画产业需审慎规划其未来 15 年的发展路径。鉴于转型的复杂性与挑战性，目前有三种可能的战略选择：并行推进“双循环”与“数字化”；优先实施“双循环”战略；或先行推进“数字化”转型。每种策略均蕴含独特优势与潜在风险。并行策略虽展现出高远视野，直接瞄准长远目标，但对产业基础、资源配置及抗风险能力提出极高要求。相比之下，分阶段实施策略，即先集中力量于某一转型领域，再逐步推进至另一领域，似乎更为稳健，成功概率相对较高。基于对中国经济社会宏观环境的深入分析，结合动画产业当前发展状况，这里提出一种分阶段实施的“双重转型”发展战略，旨在平衡转型的迫切性与可行性，确保产业平稳过渡与持续升级。

1. 第一阶段：以双循环战略为主导的发展阶段（2021—2025 年）

在此阶段，中国动画产业应将重心置于构建国内国际双循环的新发展格局上。首要任务是深化对国内市场的理解与挖掘，特别是在内容创作、受众定位、文化传播等方面，需紧密贴合国内消费者的文化偏好与审美需求。通过加强原创内容开发，提升动画作品的文化内涵与艺术价值，增强国内市场的吸引力与竞争力。同时，利用国际市场的成熟经验与资源，推动动画产品的国际化传播与合作。这包括参与国际动画节展、加强与海外平台的合作分发、探索跨国联合制作等方式，以拓宽动画作品的国际影响力与市场份额。在此过程中，需注重知识产权保护，建立健全动画版权交易体系，为动画作品的海外输出提供法律保障。此外，应积极响应国家政策导向，利用政策红利优化产业结构，提升产业链上下游的协同效率。通过政府引导、市场主导的方式，促进动画产业与旅游、教育、科技等领域的跨界融合，拓展动画产业的价值链与生态圈。

2. 第二阶段：以数字化转型为主导的发展阶段（2026—2035 年）

在第一阶段奠定坚实基础后，中国动画产业将进入以数字化转型为主导的加速发展阶段。此阶段的核心是充分利用 5G、AI、VR、大数据、云计算等前沿技术，推动动画创作、生产、传播与消费模式的全面革新。在创作层面，数字化转型将促进动画内容的个性化定制与智能化生产。通过数据分析洞察用户偏好，为动画作品提供精准的市场定位与创意方向。同时，利用 AI 技术辅助动画设计、渲染与后期制作，提高制作效率与作品质量。在生产与传播环节，数字化转型将推动动画产业的云端化与平台化发展。构建动画云平台，实现动画资源的共享与高效利用。通过社交媒体、短视频平台等新媒体渠道，拓宽动画作品的传播路径，增强与观众的互动体验。在消费模式上，数字化转型将促进动画产业的多元化盈利与可持续发展。通过 IP 授权、衍生品开发、线上线下融合等方式，拓展动画作品的盈利渠道。同时，利用大数据分析用户消费行为，为动画产业提供精准的市场营销策略与决策支持。

（四）2021—2035年中国动画产业发展模式面临的问题

在中国动画产业迈向“双循环”与“数字化”双重转型的征途中，一系列深层次的问题与挑战逐渐浮现，这些难题不仅考验着产业决策者的智慧与远见，也要求整个行业在理念、组织、学术、教育及创意等多个维度进行深刻反思与革新。

1. 部分动画产业决策者们没有与时俱进地跟进经营模式

随着全球经济的快速变化与科技的日新月异，动画产业的经营模式已悄然发生转变。然而，部分动画企业的决策者仍固守传统思维，未能及时洞察并适应这一变革趋势。他们或许过于依赖过去的成功经验，忽视了市场动态与消费者需求的变化，导致企业在激烈的市场竞争中逐渐失去优势。具体而言，这些决策者可能未能充分认识到数字化转型的重要性，忽视了大数据、人工智能、云计算等新技术在动画创作、生产、传播与营销中的应用潜力。同时，在“双循环”战略背景下，他们也可能未能有效整合国内外资源，构建开放合作的产业生态，从而错失了拓展市场、提升品牌影响力的良机。

2. 行业性组织服务于动画产业的功能没有得到充分发挥

行业性组织作为连接政府、企业与市场的桥梁，在推动动画产业发展中扮演着至关重要的角色。然而，当前部分行业性组织的功能发挥并不充分，存在定位模糊、服务内容单一、影响力有限等问题。一方面，这些组织可能缺乏明确的战略规划与执行力，难以有效整合行业资源，为动画企业提供有针对性的服务与支持。另一方面，它们与政府部门、科研机构及国际组织的沟通协作也不够紧密，未能充分利用外部资源为产业发展赋能。此外，行业性组织在标准制定、知识产权保护、人才培养等方面的作用也有待加强，以更好地促进动画产业的健康有序发展。

3. 动画产业学术研究的分散状态无法起到产业发展支撑作用

动画产业的学术研究是推动产业创新与发展的重要力量。然而，长期以来，关于动画产业的学术研究始终呈现出分散状态，这种分散性不仅体现在研究人员、研究问题与研究成果的分散上，更在于学术研究与产业实践之间的脱节。

（1）研究人员的分散。动画产业的研究人员往往来自不同的学科背景与机构，缺乏统一的学术平台与交流机制，导致研究成果难以形成合力，难以对产业发展产生实质性影响。

（2）研究问题的分散。由于研究人员的研究兴趣与关注点各异，动画产业的研究问题往往过于分散，缺乏系统性与前瞻性。这导致研究难以深入剖析产业发展的核心问题，也难以为产业决策提供科学依据。

（3）研究成果的分散。即便有部分研究成果具有较高的学术价值与实践意义，但由于缺乏有效的传播机制与转化路径，这些成果往往难以被产业界所知晓与应用，从而无法发挥其应有的支撑作用。

4. 动画教育存在的培养短板严重制约着动画产业的管理

动画教育作为培养动画人才的重要途径，其质量与效果直接影响着动画产业的发展水平。然而，当前动画教育存在诸多培养短板，严重制约了动画产业的管理与创新能力。一方面，部分动画教育机构过于注重技能训练而忽视理论素养的培养，导致学生缺乏深厚的艺术底蕴与创新能力。这种教育模式难以培养出既懂技术又懂艺术的复合型人才，难以满足动画产业对高端人才的需求。另一方面，动画教育与产业实践的脱节也是一大问题。许多教育机构缺乏与动画企业的紧密合作，学生难以接触到真实的产业项目与工作流程，导致毕业后难以快速融入产业环境。此外，动画教育在课程设置、教学方法、评价体系等方面也存在诸多不足，需要进一步优化与革新。

5. 动画创意问题影响了资本进入及企业要素之间的匹配

动画创意是动画产业的核心与灵魂，然而当前动画产业在创意方面存在诸多问题，严重影响了资本的进入与企业要素之间的有效匹配。首先，部分动画作品缺乏独特的创意与深刻的内涵，难以吸引观众的注意力与情感共鸣。这种缺乏创新性的作品往往难以获得市场的认可与成功，也难以吸引资本的投入与支持。其次，动画创意与市场需求之间的脱节也是一大问题。部分动画创作者过于追求个人艺术表达而忽视市场需求与观众喜好，导致作品难以找到合适的市场定位与受众群体。这种脱节不仅影响了作品的商业价值，也阻碍了资本的进入与产业的健康发展。此外，动画创意与企业要素之间的匹配也存在问题。在动画产业中，资本、技术、人才等要素需要紧密配合才能创作出优秀的动画作品。然而，由于创意的缺乏或不合时宜，这些要素往往难以得到有效整合与利用，导致产业资源的浪费与效率低下。

（五）2021—2035 年中国动画产业发展模式的对策措施

1. 建立行业性动画产业研究机构，引领动画产业的未来发展

（1）以交叉学科为基础，整合产业研究力量建设高端智库。动画产业的研究不能局限于单一的艺术或技术领域，而应是一个涵盖艺术学、传播学、经济学、计算机科学、心理学等多学科的交叉领域。因此，建立动画产业研究机构的首要任务是构建跨学科的研究平台，吸引来自不同背景的专家学者加入，形成多元化、高层次的研究团队。这一平台应鼓励学科间的交流与融合，通过组织定期研讨会、学术论坛、工作坊等形式，促进思想碰撞与知识共享，为动画产业的深入研究奠定坚实的理论基础。在此基础上，研究机构还需积极整合国内外相关资源，包括高校、研究机构、行业协会、知名企业等，形成产学研用紧密结合的创新生态。通过建立开放合作机制，如联合研究项目、共享数据库、实习实训基地等，促进理论与实践的深度融合，加速知识向生产力的转化。同时，机构应致力于成为动画产业信息的汇聚地，收集并分析国内外市场动态、政策导向、技术进步等，为行业提供权威的数据支持与趋势预测，助力企业决策与战略规划。

（2）以动画产业链为对象，开展动画产业全过程系统研究。动画产业链长且复杂，从创意策划、脚本编写、角色设计、动画制作、后期制作到市场推广、衍生品开发，每一个环节都影响着最终产品的质量与市场表现。因此，研究机构需

围绕这一链条，开展全面而深入的系统研究，揭示各环节之间的内在联系与相互作用机制。在创意与制作端，研究应聚焦于如何提高原创能力，探索符合时代审美与文化特色的故事叙述方式，以及运用新技术如 AI 辅助创作、虚拟现实（VR）、增强现实（AR）等提升制作效率与视觉效果。同时，关注版权保护与知识产权管理，为创作者提供良好的创作环境。在市场与运营端，则需深入分析消费者行为、市场细分、营销策略等，特别是利用大数据分析、社交媒体应用分析等手段，精准定位目标受众，优化内容分发与商业模式。此外，对衍生品市场的开发策略、品牌授权管理、国际市场拓展等方面也应给予充分关注，促进动画 IP 价值的最大化利用。

（3）以产业活动为引领，实现动画科研成果的转化与落地。研究成果若不能有效转化为实际应用，便失去了价值。因此，动画产业研究机构需紧密围绕产业发展需求，设计并实施一系列产业活动，促进科研成果的落地应用。一方面，可以通过举办创意大赛、项目孵化器等活动，激发行业内外的创新活力，发掘并扶持具有潜力的动画项目与人才。同时，建立成果展示与交易平台，为研究成果与市场需求搭建直接对接的桥梁，促进技术转移与成果转化。另一方面，积极参与或主导行业标准制定、政策咨询等工作，为政府决策提供科学依据，推动形成有利于动画产业发展的政策环境与行业标准体系。此外，通过开展国际合作与交流，引进国外先进技术与管理经验，同时推动中国动画文化与产品走向世界，提升国际影响力。

2. 利用互联网新技术支持，建立完善动画产业链的网上平台

（1）借助网上平台开展全方位产业链的运营活动。动画产业链涵盖从创意孵化、内容制作、发行传播到衍生品开发、粉丝互动等多个环节，每一环节都至关重要且相互关联。网上平台的建立，首先要实现的是对这些环节的全面覆盖与高效连接。一是创意孵化与项目管理。平台可设立创意征集区，鼓励创作者上传原创剧本、角色设计、故事板等，通过大数据分析和人工智能辅助评估，快速筛选出具有市场潜力的项目。同时，提供项目管理工具，帮助团队在线协作，跟踪项

目进度，确保创意从萌芽到实施的高效转化。二是内容制作与资源共享。构建云端制作平台，集成动画制作所需的各类软件、素材库、渲染服务等，支持远程协作，降低制作成本，提高生产效率。平台还应设立知识分享区，邀请行业专家、技术专家分享经验教程，促进技术与知识的交流传播。三是发行传播与市场推广。利用平台的流量优势，为优秀作品提供多渠道分发服务，包括在线视频平台、社交媒体、电视网络等。同时，通过数据分析，精准定位目标受众，制定个性化营销策略，提升作品曝光度和用户黏性。四是衍生品开发与电商销售。平台可拓展至衍生品开发领域，提供设计、生产、销售一站式服务，利用动画 IP 的影响力，开发周边商品，拓宽盈利渠道。通过电商平台，实现衍生品的全球销售，进一步放大 IP 价值。

（2）借助网上平台润滑动画产业链条的关键节点。动画产业链的顺畅运行依赖于各节点间的无缝对接与高效协作。网上平台需通过技术创新，解决传统产业链中存在的信息不对称、沟通成本高、资源分配不均等问题。一是建立智能匹配系统。开发智能匹配算法，根据项目的需求与特点，自动推荐合适的制作团队、投资方、发行渠道等，减少寻找合作伙伴的时间成本，提高合作成功率。二是完善版权管理与交易机制。建立版权登记与交易平台，为创作者提供便捷的版权保护服务，同时，通过透明的版权交易机制，促进作品的合法使用与转让，保障各方权益。三是拓宽资金众筹与风险投资渠道。平台可引入众筹机制，为小型或初创项目提供资金支持，同时，搭建与风险投资机构的对接桥梁，为有潜力的项目寻求融资机会，降低创业风险。四是反馈循环、促进内容持续优化。建立用户反馈系统，收集观众对作品的评价与建议，为创作者提供市场反馈，促进内容的不断优化与创新。同时，平台应定期分析数据，识别产业链中的瓶颈与机遇，为产业升级提供决策支持。

（3）借助网上平台规范动画产业各层次的人才管理。人才是动画产业发展的核心驱动力。网上平台需构建完善的人才管理体系，从人才培养、招聘选拔、职业发展、绩效评价等多个维度，促进人才资源的合理配置与持续发展。一是提供在线教育与培训。平台可整合优质教育资源，提供在线动画课程、工作坊、大师班等，覆盖从基础技能到高级管理的全方位培训内容，满足不同层次人才的需求。通过在线学习，降低学习成本，提高学习效率。二是协助人才招聘与匹配。建立动画行业专属的人才数据库，收录行业内外的人才信息，提供简历投递、在线面试、技能测试等功能，帮助企业快速找到合适人才，同时也为求职者提供更多就业机会。三是提供职业发展路径规划。平台应提供职业规划工具，帮助人才明确职业目标，了解行业发展趋势，规划成长路径。通过定期举办行业论坛、交流会，促进人才之间的交流与合作，拓宽视野，激发潜能。四是进行绩效评价、建立激励机制。建立科学的绩效评价体系，结合项目成果、用户反馈、团队贡献等多维度指标，对人才进行客观评价。同时，设计合理的激励机制，如奖金、股权激励、职业发展机会等，激发人才的创造力与工作热情。此外，平台还应注重行业文化的培育，倡导尊重创新、鼓励尝试、团队合作的价值观，营造积极向上的行业氛围。通过设立奖项、表彰优秀、分享成功案例等方式，提升行业整体的荣誉感与归属感，吸引更多人才投身动画事业。

3. 凝聚产业内生实力，做共建“一带一路”倡议的文化先锋

（1）带动周边国家动画市场，在文化融合中实现供需双方经济共赢。动画产业作为一种无国界的语言，具有跨越文化和地域界限的独特魅力。在共建“一带一路”框架下，中国动画产业应主动出击，加强与共建国家的文化交流与合作，共同挖掘动画市场的巨大潜力。一是实行内容共创与本土化策略。鼓励中国动画企业与国际伙伴合作，共同开发反映“一带一路”共建国家文化特色的动画作品。通过本土化改编，将中国动画的叙事技巧与外国文化元素相融合，创造出既具有国际视野又贴近当地观众审美偏好的内容，满足多元化市场需求。同时，这种合作模式也能促进文化互鉴，增进相互理解和尊重。二是促进技术共享与产能合作。利用中国在动画制作技术、数字特效等方面的优势，与共建国家开展技术转移与产能合作。通过设立联合制作中心、技术培训基地等方式，帮助提升共建国家的动画制作能力，形成优势互补、协同发展的产业格局。这不仅能促进动画产业的

国际化布局，还能带动相关设备、软件及服务的出口，实现经济共赢。三是推动市场拓展与品牌输出。借助共建“一带一路”倡议下的贸易便利化措施，积极拓展共建国家的动画市场。通过举办动画节展、国际论坛、线上推广等方式，提升中国动画品牌的国际知名度。同时，探索建立动画作品海外发行网络，利用当地合作伙伴的渠道资源，实现中国动画作品的广泛传播，促进文化产品与服务的国际贸易。

（2）以“双第一”优势，协同“一带一路”共建国家打造网上合作平台。中国动画产业在产量和市场规模上均位居世界前列，这“双第一”的优势为构建国际合作平台提供了坚实基础。国际合作平台的构建，首先要促进数字平台搭建与资源共享。依托云计算、大数据等现代信息技术，打造“一带一路”共建国家动画产业合作云平台。该平台应集项目孵化、内容创作、技术交流、版权交易、市场推广等功能于一体，为共建国家提供一站式服务。通过平台，各国动画企业可以共享资源、交流经验、寻找合作伙伴，降低跨国合作门槛，加速产业融合。二是提供在线教育、加强人才培养。利用网络平台开展跨国动画教育合作，为共建国家提供高质量的动画课程和培训资源。通过在线教学、远程实习、国际工作坊等形式，培养具有国际视野和跨文化交流能力的动画人才。同时，设立奖学金项目，鼓励共建国家学生来华深造，加深相互间的学术与文化交流。三是开展云端节庆与文化交流。在平台上定期举办“一带一路”动画节、国际动漫展等云端活动，展示各国动画成果，促进文化交流。通过线上展览、论坛、比赛等形式，搭建民间交往的桥梁，增进共建国家人民之间的友谊与理解。

4. 筑牢动画教育根本，适应双重转型下动画产业的人才需求

面对产业升级和技术变革的双重转型，动画教育必须与时俱进，为动画产业输送符合时代需求的高素质人才。

（1）在依据国家标准的基础上，实施动画课程的体系改革。一是优化课程体系。根据国家关于动画教育的相关标准，结合产业发展趋势，优化课程设置，强化实践教学环节。引入行业前沿技术，如虚拟现实、增强现实、人工智能等，更

新教学内容，确保学生掌握最新技能。同时，加强艺术素养教育，提升学生的审美能力和创新思维。二是采用产教融合模式。推动校企合作，建立产学研用一体化的教学模式。通过企业导师进校园、学生实习实训、联合项目研发等方式，实现教育资源与产业资源的深度融合。企业参与教学计划的制定，确保课程内容与市场需求紧密相连，提高毕业生就业竞争力。

（2）在依据交叉学科的要求中，强化师资与时俱进的能力。一是加强师资队伍建设。丰富教师队伍的跨学科背景，鼓励教师跨领域学习，提升其在动画技术、艺术理论、市场管理等多方面的综合能力。通过引进海外高层次人才、选派教师出国访学、参与国际学术交流等方式，拓宽教师国际视野，提升教学水平。二是坚持持续教育与培训。建立教师持续教育体系，定期组织教师培训，更新知识结构，提升教学技能。鼓励教师参与行业项目，将实践经验融入教学，增强教学的实践性和针对性。同时，建立教师评价与激励机制，激发教师的教学热情和创新能力。

5. 设立产业基金融资机构，开辟动画产业大发展的资金渠道

动画产业的高投入、长周期特性决定了其对资金的强烈需求。设立产业基金融资机构，是解决动画产业融资难、融资贵问题的有效途径。一是政府引导基金。政府应发挥引导作用，设立动画产业投资基金，通过财政出资、社会资本参与的方式，为动画项目提供初期资金支持。基金应明确投资方向，优先支持原创动画、技术创新、国际合作等重点项目，降低企业投资风险。二是引入社会资本。通过政策优惠、税收优惠等措施，吸引社会资本进入动画产业。鼓励风险投资、私募股权基金等机构参与动画项目的投资，形成多元化、多层次的融资体系。同时，建立健全退出机制，保障投资者的合法权益，增强市场信心。三是加强国际金融合作。利用共建“一带一路”倡议下的金融合作机制，与国际金融机构开展合作，为动画产业引入海外资金。通过国际银行贷款、境外上市、债券发行等方式，拓宽融资渠道，降低融资成本，支持动画企业“走出去”。四是促进风险管理与服务优化。建立健全动画产业融资的风险评估体系，加强对投资项目的尽职调查和

风险监控。同时，提供财务咨询、法律咨询、市场分析等增值服务，帮助动画企业提升财务管理能力，优化资源配置，提高资金使用效率。通过上述措施的实施，不仅能够有效解决动画产业的资金瓶颈问题，还能促进动画产业的健康快速发展，为共建“一带一路”倡议下的文化交流与经济合作贡献更多动画力量。动画产业作为文化创新的重要领域，将在推动文化多样性、增进民心相通、促进经济繁荣等方面发挥更加积极的作用，成为连接不同文明、推动构建人类命运共同体的桥梁与纽带。①

二、中国动画产业再升级的关键因素

中国动画产业在不同的发展阶段均不同程度地存在着动画内容创意的问题。动画创意已成为当下推动中国动画产业发展的核心要素。

（一）内容创意：中国动画产业发展各阶段的创意表现

1. 中国动画产业发展阶段的历史回顾

新中国成立后，中国动画产业的发展历程，大体可以分为以下四个阶段：

（1）计划经济阶段。此阶段主要包括1946年东北电影制片厂美术片组的形成、1957年上海美术电影制片厂的成立、1995年国有动画片制作机构的转型三部分。其间，政府有关部门集中了全国最优秀的动画编剧、原画师、摄影师、动画音乐家等相关业界成员来到上海美术电影制片厂，发动他们制作国产动画作品。在老一代动画艺术家万氏兄弟、特伟等人的带领下，诞生了《大闹天宫》《三个和尚》和《山水情》等享誉世界的动画作品，形成了令人骄傲的“中国学派”。可以说，在这个阶段，在体制力量的作用下，中国动画产业出现了初创的辉煌，实现了向高起点的迈进。但是，进入20世纪80年代以来，中国动画产业逐渐暴露了计划经济体制所带来的局限。

（2）外包出口阶段。1985年，以深圳翡翠动画公司的成立为标志，境外动

① 苏锋．论中国动画产业发展模式的双重转型［J］．同济大学学报（社会科学版），2022,33(1):33-43.

画公司利用中国劳动力成本低廉的优势，将动画产品的中期制作环节转移到我国，诱发了我国东南沿海地区大量动画外包公司的成立。同时，动画产业也吸引了来自全国各地、囊括体制内外的动画和美术人才的加入。经过十几年的发展，中国动画从业者不仅掌握了美式动画和日式动画的制作流程和制作技巧，而且极大地扩大了我国动画产业的行业规模，使我国成为世界上最主要的动画外包出口国。可以说，这个阶段主要解决了中国动画产业的制作能力问题。

（3）市场经济初期阶段。进入 21 世纪，特别是 2004 年以后，在国家有关部门政策的引导下，发展动画产业已经被提升至国家战略的高度。此阶段，我国政府主要实施以国内市场为导向的发展战略，这极大地推动了中国动画产业的发展。回顾中国近代发展史，我国政府从未有过对于动画产业以及文化产业如此高度的重视。但是，由于国内市场受到进口动画片的冲击以及电视系统播出模式的限制，国内市场出现了“双重怪圈”的现象，这又极大地摧残了中国动画产业的发展。然而，极少数视野开阔的动画公司，如上海今日动画、北京辉煌动画等公司逆势而上，将目光聚焦在国际市场。以《中华小子》（2004）和《三国演义》（2010）在法国和日本的播出为标志，开启了中国动画产业联合制片的产业进程。可以说，此阶段主要解决了中国动画产业在社会经济生活中的地位问题和国际化经营的模式问题。

（4）国内市场阶段。2015 年以后，视频网站经营模式的不断成熟，又为动画片的播出开辟了新兴渠道。此阶段最大的突破是摆脱了传统电视系统和电影院线等播出渠道的束缚，可以充分利用网络时代带给动画产业的巨大优势，更大程度地给“80 后”“90 后”这些动画消费的主体带来了在网络时代亲密接触动画的便利。同时，网络时代的到来也给国内动画市场带来了宽松的经营环境，这不仅吸引了更多优质资本参与动画产业的经营，而且还宽松有序地提升了动画产业的行业质量和行业规模。可以说，此阶段主要解决了国内市场的经营环境问题和动画企业的经营模式问题。

2. 中国动画产业发展历程的创意之痛

纵览中国动画产业的发展阶段，均不同程度地存在着内容之殇、创意之痛，具体表现在以下四个方面：

（1）计划经济阶段。由于受到特定历史环境的影响，这个阶段的动画创意表现出两方面的特点：一方面，具有浓厚的民族艺术特色。以《大闹天宫》为开端，其画面、音乐和故事情节，都融合了京剧等中国戏曲的多种元素。《三个和尚》和《山水情》等动画片，吸收了中国传统水墨画的技法，配合以中国民间音乐，画风清新，意境深邃，从而创造了迥异于美国动画和日本动画风格的"中国学派"。另一方面，具有强烈的政治色彩。在上海美术电影制片厂成立后的20年时间里，恰逢我国正处于国内政治动荡、国外反华势力猖獗的时期。为了鼓舞国民士气，拍摄了《赶英国谁唱得最好》和《原形毕露》等多部配合当时国内外政治形势的动画片。但是，无论上述哪部动画片，都没有充分考虑到动画创意的市场性。

（2）外包出口阶段。本阶段，动画片的内容和创意均由外方设定，中方外包公司只负责中期制作。尽管如此，在中方创意能力缺失的状态下，中国动画产业仍然得到了发展。20世纪90年代后期，随着中国动画公司的不断成熟和其创意能力的不断提升，它们开始由以往OEM模式（原始设备制造）向ODM模式（原始设计制造）转化，甚至有少数动画公司完成了向OBM模式（原始品牌制造）的转化。但是，总体来看，此阶段的动画公司基本是将关注的焦点放在降低制作成本、提高制作质量、提高外包出口的竞争能力上，并没有将动画创意摆在公司经营的重要位置。

（3）市场初期阶段。动画产业界最关心的是提高国内市场播出机构的费用问题。因此，一方面，动画公司努力降低成本，延长动画产业链条，寄希望于其在衍生产品的授权中获利；另一方面，动画公司积极呼吁政府给予各项补贴及优惠政策。通过以上这两方面的努力，力求实现动画公司的财务平衡。事实上，这种经营模式无法保证企业的良性循环。日渐恶化的财务状况使动画公司无暇顾及动画内容的创作质量。当动画内容无法吸引观众时，其衍生产品的销售也会遇到极大的障碍。因此，国产动画的创意内容成为消费者和社会各界诟病的主要对象。与此同时，致力于国际化经营的动画公司，在联合制片的过程中，为了适应国际市场的需要，大多倾向于外方的意见，极大地抑制了中方创意能力的有效发挥。

（4）国内市场阶段。视频网站的出现为国产动画提供了宽阔的播出渠道，打破了束缚国内动画市场的“双重怪圈”。但是，由于时间尚短，市场经济对于优质内容动画的拉动还没有充分释放出来，前几个阶段形成的经营理念和经营方式还没有完全适应新的发展需要。或者说，中国动画产业的供给侧改革刚刚开始。而视频网站为了自身盈利的需要，大量引进了各国优秀的动画作品，这再一次与国产动画形成了激烈的竞争，在通过网络观看动画所产生的经济效益中，国产动画片只占据了极少的一部分。至此，中国动画产业前所未有地意识到了动画创意的重要性。

概括起来，中国动画产业经历了“如何制作”“如何经营”的阶段，而此时已经到了迫在眉睫的“如何创意”的阶段。动画创意已经成为推动中国动画产业发展的最核心要素，它不仅关系占领国内市场、弘扬社会主义核心价值观的问题，而且还成为中国文化走出去、提高中华文化软实力的关键；它不仅具有经济与文化增长的效益，更有产业与社会发展的效益；它不仅是一个学术研究的问题，更是一个亟待解决的现实问题。因此，对于我国动画产业的发展，以及服务共建“一带一路”倡议，动画创意的作用重大、意义深远。

（二）形成原因：产业恶性循环扰乱了动画人才的供需

中国动画的创意之痛，原因错综复杂，在诸多因素的相互干扰之下，形成了长时间持续的恶性循环，具体表现在：

1. 人才供给的角度：动画艺术的边缘性地位限制了动画创意人才的培养

优质的动画影片会给观众带来无穷的欢乐，而一部动画影片是否优秀，起决定作用的因素就是动画片的内容。众所周知，动画内容脱胎于动画剧本；动画剧本来源于动画创意；动画创意出自于动画编剧；动画编剧又需经过高等教育的培养。因此，编剧→创意→剧本→内容，形成了动画影片前期制作的创作链条。

而多年来，我国动画片之所以质量堪忧，恰恰是在整个创作链条的最前端出现了问题。

1952 年，北京电影学院创办了动画教育专业，这是当时我国高等教育中唯一专属动画教育的专业。而这种动画专业教育模式一直持续到了 2000 年。当时本专业总共招收了本科学生 41 名。与众多高等艺术院校的电影戏剧表演专业、导演专业相比，近半个世纪的时间，招生数量之少让动画专业显得异常孤独落寞。与之相呼应，在中央和地方的众多电影厂中，只有上海美术电影制片厂能够出品动画电影。可以看出，无论在教育界，还是在艺术界，动画都是被边缘化的代名词。而且，即使是在动画专业，被重点强调的仍是动画制作技术，而动画创意没有占据主流的位置。即使是这 41 名动画专业的本科生，也由于就业环境的原因，毕业后大部分改行从事了其他专业的工作。尽管上海美术电影制片厂在 20 世纪 60~80 年代拍摄了《大闹天宫》《山水情》和《三个和尚》等享誉世界的经典作品，创造了动画界的“中国学派”，但这仍然没有扭转中国动画产业卑微的社会地位。因此，动画艺术的边缘化，决定了人才培养的短缺，从而也给半个世纪以后中国动画产业的发展埋下了巨大的隐患。

2. 人才需求的角度：产业发展的初级阶段降低了对动画创意人才的需求

（1）寓教于乐的教育理念忽视了儿童的娱乐需求。在应试高考的指挥棒下，众多家长视动画为儿童成长期的洪水猛兽，从而抑制了人们对于动画创意和动画编剧的热情，在 20 世纪 90 年代，中国动画市场处于萌发之时，以《蓝猫》为代表的百科全书式的动画片大行其道，这与其说是满足了儿童的动画渴望，倒不如说是顺应了中国家长望子成龙的期盼。这样的社会背景极大地制约了动画创意人才的产生以及动画编剧水平的发挥。

（2）外包加工直接降低了对于动画创意的需求。20 世纪 80 年代中期以后，中国动画产业开始进入外包加工阶段。此时的动画企业，整体上尚处于初创阶段，企业规模小，企业资金实力和技术实力都很薄弱。在这样的背景之下，它们没有实力进行创意开发和创意团队的建设，即使偶尔产生开发的意愿，也不会得到外方的认可与接受。由此，愈加形成了企业对于外包加工的依赖，愈加侵蚀了中国动画产业的创意能力。因此，在相当长的时间内，外包加工被认为是造成中国动画创意低下的罪魁祸首。

（3）艺术管理理念的扭曲打压了对于动画创意的需求。中国动画产业的快速发展只有近十年的历史，长期被边缘化的地位使编剧、导演、投资人的素质参差不齐，动画创作在艺术性和商业性的争论中摇摆不定，由此导致动画编剧、动画艺术家与投资人的话语权之争难见分晓的局面。于是在重制作、轻创意的理念支配下，一部动画片制作完成之时，就是动画企业迈向亏损之日。这种扭曲的艺术管理理念，不仅使企业经营恶化，也极大地损害了动画编剧的价值所在。

（4）“泛娱乐”观念的副作用抑制了动画创意的发展。2015 年以后，伴随着视频网站日益成为影视播出的新兴渠道，同一个动画节目在传统媒体和新兴媒体之间的跨媒体播出，以及同一个 IP 在动画、游戏和衍生产品中的植入，使“泛娱乐”的观念开始流行。跨界融合、市场扩容使动画产业成为资本追逐的投资热点。与此同时，大批没有艺术鉴赏力的投资人，在片面理解“泛娱乐”理念的指导下，过度迷信 IP 的作用，投资的结果就是抄袭和雷同的泛滥，从而减少了对于动画创意的需求，恶化了动画编剧的生存状况。

（5）电视剧与电影的率先发展抢占了创意者的智慧。20 世纪 80 年代以后，电视剧开始在中国市场盛行，这捧红了众多导演和演员，使他们在社会上产生了巨大的影响力。这不但吸引了大批青年投身演艺事业，也吸纳了大量社会资本投资影视行业。与这些影视公司相比，动画公司则显得异常寒酸落魄，优秀的艺术创作和编剧人才对此望而却步，他们转身投入真人影视行业，这使本已缺乏艺术创作人才的动画产业更是雪上加霜。

3. 产业秩序的角度：供求之间的不顺畅扼杀了动画创意人才的职业热情

在动画创意人才的供给与需求之间，产业秩序或称行业惯例像杠杆一般在影响和调节着其两端的供给与需求。但是，在过去近二十年的时间里，动画产业秩序问题频繁，极大地影响了动画创作。

（1）知识产权意识淡薄，侵权现象屡屡发生。在动画行业，有两种行为对于动画创作人员的利益产生伤害。一种行为是直接伤害，表现为：对原剧本进行“剽窃”“抄袭”，而拒绝支付原作者的稿酬。对于这类侵权现象，在法律的审判过程中，存在着举证难、审判难、执行难的问题。还有，制作方没有征得动画编剧的同意就直接删改其动画剧本，甚至拖欠或侵占动画编剧的稿费，这又极大地损害了动画创作人员的权益，严重挫伤了动画编剧创作的积极性。2004 年以来多次较大规模的集体维权行动就是典型的例证。另一种行为是间接伤害，表现为：对于动画衍生产品的盗版侵权。特别是进入 21 世纪以来，国内动画产业的企业家们逐渐意识到动画衍生产品的国内市场需求，使此类盗版侵权行为屡屡发生。但是，无论是早期的“蓝猫”模式，还是其后的“喜羊羊”模式和“奥飞”模式，以及当下的“泛娱乐”模式，都无法摆脱动画衍生产品的盗版，这不仅伤害了动画形象版权公司的利益，也间接侵害了动画创作人员的权益。

（2）行业性组织缺乏，动画创意者没有依托。动画产业作为近十几年发展起来的文化创意产业，行业性组织处于空缺状态。既没有保护动画公司利益的行业协会，也没有保护动画编剧的行业工会。当动画形象的衍生产品被盗版的时候，动画公司无法保护自己的权益。在这种情况下，极易诱发动画公司将损失转嫁给动画编剧，进而形成了动画损失从下游向上游的传导。当动画公司与动画编剧产生纠纷的时候，动画编剧因缺少行业工会的保护而处于无奈的弱势地位。由此，这又严重挫伤和削减了动画编剧的创作热情。

（3）法律规定模糊，难以保护创作者的权益。《中华人民共和国著作权法》作为保护著作者的一部法律被编剧们视为维护自身权益的“最后一道屏障”。然而，经过三次修改的《中华人民共和国著作权法》不但没有保护剧本原创者的权益，反而在削弱原创者的利益。尤其是修正后的《中华人民共和国著作权法》第三稿第三条指出，“文学作品”是指“小说、诗词、散文、论文等以文字形式表现的作品”，可见，《中华人民共和国著作权法》并没有将动画剧本列入其中，完全不能体现对动画编剧的保护。这样，无论从动画编剧的外部氛围，还是从创作者的内心感受，都会不利于动画创作，创作者很难创作出举世瞩目的动画大作。

可以看出，上述问题是造成动画创作人才短缺的主要原因。当前，中国动画产业已经从发展的初级阶段向全球动画产业发展轨道并轨的入位阶段。但是，动画创意对动画人才的需求，动画内容对动画编剧的挑战愈加紧迫。因此，在围绕动画市场供需、动画人才短缺的问题上，要将政府推动、产业引导、资金扶持等解决手段嵌入到动画创意的全过程，从而改变中国动画内容质量日趋下降的被动局面。

（三）解决方案：多角度聚焦，扭转动画创意的被动局面

动画创意现存的问题原因复杂，既有历史问题的促成，又有现实问题的纷纭。无论从宏观的视域，还是从微观的角度，动画创意问题都必须被提到全产业链各个环节的认识高度来加以重视。因此，一定要采用系统的思想、多维度的审视理念，科学地解决影响动画创意的各种问题，以动画创意为载体，乘势展现中国动画的魅力所在，继续弘扬五千年的中华文化。

1. 技术的角度：利用区块链技术获得动画创意的确权

技术进步引发了动画创意知识产权的归属困境。回顾百年来世界动画产业发展的历史，动画技术的演变引发了动画内容、动画制作、动画传播等一系列动画企业经营模式的变革，针对动画创意，表现出了以下四个方面的特点：从创作主体的角度看，经历了从单人创作向多人和众人协同创作的过程；从创作客体的角度看，经历了动画作品的题材、人物、情节、时长等多个内容要素的转变；从创作过程的角度看，既包括单人创作的完整作品，也包括多人创作的片段组合；从传播过程的角度看，既包括在传统播出渠道（如电影院线、电视系统）与观众的一次性见面，也包括在网络条件下的多次链接观看。上述种种转变交织在一起，特别是在中国动画产业“时空压缩”的背景下，使动画创意的归属问题变得异常错综复杂，这给那些蓄意盗版侵权者提供了可乘之机，也使动画创意的产权所有者的权益保护变得异常困难。

区块链是互联网的升级技术，它将引发多个产业的行业生态重塑。动画产业与区块链技术相遇，不仅有利于动画创意知识产权的保护，而且将对动画产业产生更加纵深的影响。

（1）区块链技术保护了动画创意知识产权的归属问题。也可以说，区块链技术有力地解决了动画创意知识产权的确权问题。区块链是一种分布式的存储数据库，其本质上是所有节点都遵循同一个协议。该协议规定了所有节点都遵守一个共识算法，依靠该算法使所有节点数据保持一致。因此，任何一个节点都可以成为阶段性的中心，具有“去中心化”的特点。基于此，系统中每一个节点都拥有完整的数据库拷贝，单个甚至多个节点对数据库的修改都无法影响其他节点的数据库，使数据不会被篡改。从这个意义上讲，区块链技术可以保存最原始的动画创意数据记录，能够完整地记录动画创意者从最初的灵感到最终动画作品的所有变化过程，并通过“时间戳”链条以及基于密码技术的连续数字签名，为任何一个特定的时间点提供存在证明和身份证明，从而解决了动画著作权的权属问题。

（2）将区块链技术渗入到动画创意辐射的各个环节。区块链技术的出现，可以为动画创意的版权带来切实保护。目前，中国版权保护中心和华夏微影文化传媒中心共同打造的华夏微电影微视频区块链版权（交易）服务平台，已经实现了集实名上传、审查确权优先、自行定价分销、自动结算分配等多项功能于一体的视频流程服务。因此，中国动画产业应在行业协会或政府部门的指导下，及时引导动画企业和动画编剧，将区块链版权交易服务平台纳入企业或个人动画创意的流程之中，使其参与动画企业的实际经营，成为动画创意的出售、授权和转售的交易平台。同时，此平台还具有动画企业推广、动画作品展示、企业诚信调查的宣传功能。因此，区块链技术的出现，既可以保护动画创意产权所有者的利益，又可以提高动画产品的交易效率。所以，区块链技术在充分保障动画创意人才权益的基础上，能够更加有效地提升动画创意的内容质量。

2. 政策的角度：利用政策的引领获得动画创意的保护

中国动画始终受到侵权盗版的蹂躏，立法的漏洞和执法的艰难使得动画业界苦不堪言。如何让动画企业和动画创意者的知识产权获得保护？这种呐喊似乎从未间断过。国家的强大、文化的振兴，动画是最好的代言之一。因此，保护动画创意的知识产权、为中国动画产业的发展护航，已迫在眉睫地摆在国家、产业和社会的面前。

（1）国家重视——将动画创意者作为高级人才予以保护。从国家层面对动画编剧给予精神和物质层面的重视。动画创作人员既有较高的文化水准，又有身心具足的创造能力；他们既能将文化演绎成可视能闻的鲜活盛宴，又能播种人类弃恶扬善的精神食粮。动画创作者价值范围涉及领域之广、辐射年龄层次之全，是屈指可数的脑力和体力并重的劳动者。因此，国家主管部门、相关组织要对这样特有的群体给予充分的保护，应专门讨论补充关于动画著作版权的保护条款，切实对动画创意者的知识产权进行应有的捍卫，让法律的光辉照耀动画的创作之路。

（2）产业支持——将动画创作视为行业发展的前导与核心。从产业层面完善行业组织，在建设动画行业协会的过程中，一并建立动画创意者经纪公司。其作用包括：一方面引领动画创意的发展坐标，指导动画制作摄入最新的元素；另一方面，统一行业标准。当动画企业遭受侵权或动画创作者遭受利益损失时，行业协会可以发表权威声明，呼吁有关方面的支持和帮助。另外，经纪公司则以代理人的角色，按照法律条款及行业协会的支持，保护动画企业、动画形象、动画创作的知识产权。进而实现行业组织、动画创作企业和个人之间的相互依存。

（3）道德约束——将社会文明体现于对动画创作的尊重上。经济的发展带给人们的一定是物质和精神的双重富足。在这样的背景下，人们都在渴望自我价值的实现，剽窃盗版应该被时代所抛弃。但是，这个社会总会存在少数以身试法者及道德底线的践踏者。但是，只要动画产业自强，动画行业自律，动画创作自勉，总有一天，那些动画投机钻营者一定会自怕，一定会自省。中国动画创意版权的保护之路不会太遥远。

3. 学术研究的角度：通过理论的研究来支持动画创意的发展

从 1985 年到 2015 年的三十年时间里，由于国内市场的严峻形势，中国动画产业主要依靠外包维持生存，这降低了业界对于动画创意的需求，更忽视了对于动画创意本身的研究。可以说，今天动画创意内容的质量低下，很大原因来源于我们对于动画创意本体的认识不清，由此才造成了在企业创意管理和国家政策推动的过程中定位不准、路径不明、效果不佳的产业被动局面。因此，细化开展对动画创意的研究，是提高动画创意内容质量的前提基础，也是理论支撑。

（1）对动画创意内容的研究。以往动画创意内容的创作主要是从艺术学的角度，关注的是动画人物形象的设计、艺术风格的设定、内容教育的效果，是一种个人感性创作的智慧结晶。而我国动画业界多年来恰恰延续了这样的创作状态，也取得了一些成绩。然而，就动画行业发展现状看，这远不能适应当下与未来动画产业的发展需要。相比于先前的艺术学，目前更需从叙事学的角度，用“讲故事”的方法，对于百年来世界范围内经典动画作品的题材、叙事模式、图像模式、声音模式，进行逐项的定性和定量分析，概括出每个动画作品的“内容要素组合”模型，从而形成对于动画创意本体论的认识。

（2）对动画创意者的研究。动画创意者是动画创意的主体，其本身所具有的特质对于动画创意将产生主动的效应和显著的影响。那么，动画创意主体需要具备哪些特质和哪些环境因素呢？这些都对动画创意的主体，也就是动画创意者提出了严格的要求。具体来讲，这包括创意者的成长轨迹、创意者的文化视野，以及创意者热衷痴迷动画的个人情怀。另外，此研究不能仅仅局限在个体创意者本身，还要包括多个创作主体之间的相互协作、彼此支撑的组织模式等。因此，持续推进对动画创意主体的研究，一定会起到万丈高楼平地起的基石作用。

（3）对动画创意接受者的研究。动画创意接受者是动画创意的消费者，其特征影响着动画创意的受欢迎程度。也就是说，无论是从动画产业运行的经济规律还是文化诉求，按需研究将是永不枯竭的学术灵魂。特别是动画表现手法的夸张度、表达方式的幽默感、渲染主题的独特性，都要根据不同受众群体的年龄分布、文化背景、经济状况等不同阶层的诉求来分别构成。因此，对动画创意接受者的研究，既要将宏观的主线贯穿于人类灵魂的塑造，又要从微观的视角切入消费者对动画的理解与个性化观赏的需求。也正因此，动画创意不仅要适应中国动画受众的预期，同时也要兼顾不同国别、不同文化背景的全球受众的需要，从而实现动画接受者的精神需求与实际消费的互动平衡。

事实上，动画创意者、动画创意内容和动画创意接受者三者之间存在着内在的联系，它们既相互独立又相互影响，诠释出系统性、动态性的整体架构。因此，对于动画创意的研究，便集中表现为多学科交叉、多种方法融合的崭新研究特征。

4. 教育的角度：利用教育的手段获得动画创意的滋养

目前，国内的动画教育主要集中在大学阶段。我国现有 447 所大学设置了动画专业，已经达到每年十万人毕业的规模。但是，大多高校的培养理念由于过度注重动画制作技能的传授，忽视了动画产品的前期制作和后期制作过程，导致了动画策划创意、动画编剧等艺术原创人才的缺乏，这在某些程度上影响了动画作品整体质量的提升。中国动画产业发展新时代的到来，客观上对中国动画教育实施供给侧的改革提出了要求，这主要包括长期学历教育和短期培训两个方面的内容。

（1）改革大学阶段的动画教育。根据调查，现有高校设置的动画专业课程中，直接与动画内容相关的只有动画剧本一门课程。与之起间接关联的则有影片分析、中外电影史和影视编导等电影类课程。因此，扩大动画内容创意方面的课程比例就显得十分必要。目前，我国多数高校普遍存在动画师资短缺的问题。为了规避这一棘手问题，高校可以采取以下两种方式来解决：①与动画企业联手，聘请动画编剧、作家开设讲座或相关课程，让他们将动画企业的创作经验传授给学生。②开展中外合作办学，引进国外大学的教学资源，提高教学水平。此外，及时将动画创意内容的研究成果融入教学实践中，让学生掌握动画创意的方法和规律，从而提高动画创意创作者的能力和水平。

（2）强化大学后阶段的在职培训。现有动画企业的动画编剧和管理人员大多没有接受过动画创作专业的培养和训练，这很大程度地制约着他们动画创意的能力，更是严重阻碍了他们对动画作品创作水平的发挥。这也是当前摆在我国动画产业链前端、制约产业发展的尴尬所在。因此，着重培养业界内部创作者们的学识水平和上手能力，是实实在在解决动画内容创意的关键举措。所以，采取由行业协会或政府主管部门牵头、国内或国外大学相关专家配合的授课培训，以及有针对性地对动画企业在创意过程中存在的问题进行答疑解惑等培养方式，就显得非常必要。通过类似方式，奠定产学研合作的基础，使高校的教学活动与产业的经营实践形成良性的互动。[①]

第三节　中国动画产业组织政策的回顾与思考

产业组织政策是产业政策的重要组成部分，旨在通过干预企业市场行为和调整产业结构，实现资源的合理配置，协调垄断与竞争之间的矛盾，从而建立正常的市场秩序，推进有效竞争。动画产业组织政策作为这一框架下的具体实践，对于促进动画产业的健康发展具有重要意义。近年来，中国动画产业经历了井喷式扩容、转型升级和集约式增长，这既是市场开放的必然结果，也是动画产业组织政策动态调整的客观反映。本节将从动画市场准入、生产销售、制作发行、市场优化、产业集群及市场退出等六个方面，首先深入探讨中国动画产业组织政策的变迁。

一、中国动画产业组织政策的变迁

（一）动画市场准入政策

市场准入政策是动画产业组织政策的起点，它决定了哪些企业能够进入动画市场，以及进入市场的条件和门槛。在中国动画产业的发展历程中，市场准入政策经历了从严格限制到逐步放宽的转变。在动画产业起步阶段，为了保护国内动画产业免受外部冲击，中国政府采取了较为严格的市场准入政策，限制外国动画产品的进口和外国动画企业的进入。这一时期，国内动画企业数量有限，市场竞

---

①　苏锋．动画创意——中国动画产业再升级的关键因素［J］. 同济大学学报（社会科学版）,2018,29(3):30-36,98.

争不充分，但该政策为国产动画的发展提供了相对稳定的市场环境。随着动画市场的逐步成熟和开放，市场准入政策也开始逐步放宽。政府通过降低市场准入门槛，鼓励更多的社会资本进入动画产业，促进了动画企业的井喷式扩容。同时，政府还加强了对动画企业的资质审核和监管，确保进入市场的企业具备相应的生产能力和技术水平，维护了市场秩序和公平竞争。

（二）动画生产销售政策

生产销售政策是动画产业组织政策的核心内容之一，它直接关系到动画产品的生产效率和销售渠道。在中国动画产业的发展过程中，生产销售政策经历了从政府主导到市场导向的转变。在动画产业初期，政府在生产销售政策中发挥了主导作用。政府通过制定生产计划、分配销售渠道等方式，对动画产品的生产和销售进行直接干预。这种政策在一定程度上保障了国产动画的生产和销售，但也限制了市场的竞争和创新。随着动画市场的逐步开放和竞争的加剧，生产销售政策也开始向市场导向转变。政府逐步减少对动画产品生产和销售的直接干预，鼓励企业根据市场需求自主决定生产计划和销售渠道。同时，政府还加强了对知识产权的保护，打击盗版行为，维护了动画企业的合法权益和市场秩序。

（三）动画制作发行政策

动画制作发行政策是动画产业组织政策的重要环节，它决定了动画产品的制作质量和发行渠道。在中国动画产业的发展过程中，动画制作发行政策经历了从注重数量到注重质量的转变。在动画产业初期，政府为了快速扩大动画产业规模，制定了一系列鼓励动画制作和发行的政策。这些政策在一定程度上促进了动画产业的快速发展，但也导致了动画产品数量激增、质量参差不齐的问题。随着动画市场的逐步成熟和消费者需求的提升，政府开始注重提高动画产品的制作质量和发行效率。政府通过出台一系列政策措施，鼓励企业加强原创能力、提升制作水平、拓宽发行渠道。同时，政府还加强了对动画产品的审查和监管，确保动画产品内容健康、积极向上，符合社会主义核心价值观。

（四）动画市场优化政策

市场优化政策是动画产业组织政策的重要组成部分，它旨在通过优化市场结构、提高市场效率，推动动画产业的健康发展。在中国动画产业的发展过程中，市场优化政策经历了从单一政策手段到综合政策体系的转变。在动画产业初期，政府主要采取行政手段对市场进行优化，如通过制定生产计划、分配销售渠道等方式，对动画产品的生产和销售进行直接干预。这种政策手段在一定程度上保障了国产动画的生产和销售，但也限制了市场的竞争和创新。随着动画市场的逐步成熟和开放，政府开始注重综合运用多种政策手段对市场进行优化。政府通过加强市场监管、完善法律法规、推动产业创新等方式，提高市场效率，促进动画产业的健康发展。同时，政府还加强了对动画产业的规划和引导，推动动画产业与其他相关产业的融合发展，形成了更加完善的动画产业生态系统。

（五）动画产业集群政策

产业集群政策是动画产业组织政策的重要内容之一，它旨在通过促进动画产业的集聚发展，提高产业竞争力。在中国动画产业的发展过程中，产业集群政策经历了从自发形成到政府引导的转变。在动画产业初期，由于市场规模有限、企业数量较少，动画产业主要呈现出自发集聚的态势。一些地区由于历史、文化或地理等因素，逐渐形成了动画产业集群。这些集群在一定程度上促进了动画产业的交流和合作，但也存在着规模较小、竞争力不强等问题。随着动画市场的逐步扩大和竞争的加剧，政府开始注重加强对动画产业集群的引导和扶持。政府通过制定产业集群发展规划、提供优惠政策、建设基础设施等方式，促进动画产业的集聚发展。同时，政府还加强了对产业集群内企业的协调和管理，推动集群内企业的分工合作和资源共享，提高了产业的整体竞争力。

（六）动画市场退出政策

市场退出政策是动画产业组织政策的重要组成部分，它决定了哪些企业能够退出市场以及退出的条件和方式。在中国动画产业的发展过程中，市场退出政策经历了从缺乏规范到逐步完善的转变。在动画产业初期，由于缺乏有效的市场退出机制，一些经营不善、技术落后的动画企业难以退出市场，导致市场竞争不充分、资源浪费等问题。同时，由于缺乏明确的退出标准和程序，一些企业退出市场时容易引发纠纷和矛盾。随着动画市场的逐步成熟和开放，政府开始注重建立和完善市场退出政策。政府通过制定明确的退出标准和程序，规范了企业的退出行为，保护了投资者的合法权益。同时，政府还加强了对退出企业的监管和指导，帮助企业妥善处理债务、安置员工等问题，确保了市场的平稳运行。

二、中国动画产业组织政策分析

（一）重视扶持力度，忽视市场机制

在中国动画产业的发展历程中，政府扶持力度之大是显而易见的。从资金补贴、税收优惠到项目支持，政府通过一系列激励措施，为动画产业的发展注入了强劲动力。然而，这种过度的扶持也在一定程度上忽视了市场机制的作用，导致动画产业在某种程度上出现了“政策依赖症”。市场机制是资源配置的有效手段，它通过竞争和供需关系来调节产业的发展。在动画产业中，市场机制同样应该发挥重要作用。然而，当政府扶持成为主导时，市场机制的作用往往被弱化。一些动画企业可能更侧重于获取政府扶持，而非通过提升产品质量和服务水平来赢得市场。这不仅降低了企业的市场竞争力，也可能导致资源的浪费和配置效率低下。此外，过度的政府扶持还可能抑制创新。在政府的保护伞下，一些企业可能缺乏创新的动力和压力，导致动画产品同质化严重，缺乏新颖性和创意。长此以往，将严重阻碍动画产业的持续发展和竞争力提升。

（二）强调政府作为，忽视自组织能力

在动画产业组织政策中，政府往往扮演着重要角色。然而，在强调政府作为的同时，容易忽视产业自身的自组织能力。自组织能力是产业内部企业之间通过协作、竞争和创新等机制，自发形成的一种有序结构。它是产业持续发展的重要

保障。在动画产业中，政府往往通过行政手段来推动产业的发展，如制定发展规划、提供资金支持等。然而，这种自上而下的推动方式可能忽视了产业自身的发展规律和需求。相比之下，产业自组织能力更能够反映市场的真实需求和产业的发展趋势。忽视自组织能力可能导致动画产业在发展过程中出现一系列问题。例如，企业之间可能缺乏有效的协作机制，导致资源无法共享、优势互补；产业内部可能缺乏竞争机制，导致企业缺乏创新动力和压力；产业整体可能缺乏应对市场变化的能力，导致产业发展的波动性和不确定性增加。

（三）聚焦激励性政策，忽视规范性政策

在动画产业组织政策中，激励性政策往往占据主导地位。政府通过提供资金补贴、税收优惠等激励措施，鼓励企业加大投入、扩大规模、提升水平。然而，在聚焦激励性政策的同时，容易忽视规范性政策的重要性。规范性政策是确保产业健康发展的重要保障。它通过制定行业标准、加强市场监管、规范企业行为等方式，维护市场秩序和公平竞争。在动画产业中，规范性政策同样具有不可替代的作用。然而，当前动画产业组织政策中规范性政策的缺失或不足，可能导致一系列问题。例如，缺乏明确的行业标准和监管机制可能导致动画产品质量参差不齐、市场秩序混乱；企业行为不规范可能导致不正当竞争、侵犯知识产权等问题频发；政府与企业之间的沟通不畅可能导致政策执行效果不佳、资源浪费等问题。这些问题不仅影响动画产业的健康发展，也可能损害消费者的权益和社会的公共利益。因此，在制定动画产业组织政策时，应充分考虑市场机制、自组织能力和规范性政策的重要性。政府应适度减少直接干预，更多发挥市场机制的作用；同时，加强产业自组织能力的建设，鼓励企业之间的协作和创新；此外，还应完善规范性政策体系，确保动画产业的健康、有序发展。

三、对动画产业组织政策动态调整问题的思考

（一）垄断与竞争是否兼顾

产业组织政策主要是针对市场自发势力中的两种不良倾向—过度集中和过

度竞争，以维护竞争活力和利用规模经济为宗旨而确定的企业行为规范。考察2006年至2012年中国动画产业市场集中度（CR），CR1从18.39%降到6.16%，CR4从40.21%降到17.72%，CR8从50.43%降到28.50%。根据贝恩的市场结构分类标准，我们可以判定中国动画产业分散竞争的态势比较明显，大企业不大、小企业众多是其主要特征，这是中国动画产业组织政策"抓大不放小"的必然结果。那么，中国要从动画大国迈向动画强国，究竟是要做强大企业，还是做多小企业？或者继续两手抓，同时进行呢？研究认为，"抓大不放小"的动画产业组织政策已经完成市场增容的历史使命。从分散竞争到寡头主导是中国动画产业市场结构优化的路径选择，因而应该遵循动画产业自身特性、动画市场结构演进、动画市场行为变化、动画市场绩效变化规律等，对动画产业组织政策适时作出调整，从而做大做强动画骨干企业。

（二）自组织与他组织怎样取舍

中国动漫产业发展报告显示，2010年全国制作完成原创电视动画片385部、动画电影片16部，已经取代日本成为世界第一动画生产大国。相对于动画产业组织政策这个"他组织"而言，中国动画产业的"自组织"能力表现一直欠佳，绝大多数动画企业为了生存，不得不搞"短平快"项目以获取政府资金补贴。随着动画产业从数量型向质量型、从产量型向产值型、从速度型向效益型、从粗放型向集约型、从进口型向出口型的转变，这种依靠政府"输血"的产业发展模式已经不合时宜。换句话说，"他组织"已不再是推动中国从动画大国向动画强国迈进的主导力量。那么，在调整动画产业组织政策时，"自组织"与"他组织"如何取舍呢？研究认为，"自组织"与"他组织"可以相辅相成，依靠动画产业的"自组织"能力，构建动画产业良性发展的内生机制；依托动画产业组织政策这个"他组织"，消除影响动画产业发展的外部障碍；以"自组织"为主、"他组织"为辅，共同推进中国动画产业的转型升级。

（三）政策与管理如何权衡

面对中国动画产业发展趋势，政府必须走出全盘主导的误区，管住宏观，放活微观，在政府和市场两个层面上配置资源，以市场为参照系，让市场机制发挥作用,成为动画产业获得竞争力的来源。政府部门还要转变观念,实现从依靠“政策红利”外延式发展转向依靠“管理红利”内涵式发展。也就是说，政府部门既要规划、发布和动态调整动画产业组织政策，还要注重政策实施过程中的管理、监督和评估，使好的政策真正落到实处。[①]

第四节　中国动画产业发展与市场创新的关系

一、我国动画产业发展现状及问题

我国动画产业的发展始于20世纪中期。早在20世纪40年代左右，我国的动画产业就开始得到大力发展。而在当时较有影响力的动画形象应该数孙悟空、哪吒等经典动画形象了。而今，经过了几十年的发展历程，我国动画产业的发展也进入到一个全新的历史发展阶段。2004年4月20日，国家广电总局印发《关于发展我国影视动画产业的若干意见》的通知，在通知中对我国影视动画产业的发展情况以及我国影视动画产业发展的一系列问题进行了界定。在这份通知中，还针对我国影视产业的播映体系建构、动漫产品交易、动漫产品创作生产、产业投资等一系列体系进行了详尽而深入的阐述。这也是我国动画产业发展到一定历史阶段的新政策，预示着我国动画产业的发展已然进入到一个全新的历史发展时期。在这个发展阶段，动画产业的发展以市场发展为导向进行动画作品的创作。综观目前我国动画产业的发展，无论是动画产业的创意，还是具体的创作都呈现出一个相对成熟的发展态势。在我国动画产业发展的过程中，依据受众的喜好进

① 耿蕊．中国动画产业组织政策的回顾与思考［J］. 当代传播，2015(3):104-105.

行动画作品创作也成为当前动画产业发展的主流趋势之一。随着影视动画产业通知的出台，我国许多地区也开始举办以动画为主题的产业活动，通过活动的开展吸引众多动画设计爱好者的加盟，推动我国动画产业以更快的速度发展。一系列动画产业活动的举办，也促使我国的动画产业发展得到进一步的推进。在当前历史发展的过程中，我国动漫产业的发展也进入到一个全新时期，我国动漫产业的发展迎来了一次自我发展、自我壮大的新机会。

在看到我国动画产业得到飞速发展的同时，我们也应该清楚地认识到，相较于国外一些先进国家而言，我国动画产业的发展仍然有很大的提升空间。所以在我国动画产业发展的过程中，我们也应该正视遇到的问题，积极地以市场发展为导向，推动动画产业的稳步发展。首先需认清目前我国动画产业发展的不足，寻找我国动画产业发展与国外先进国家间的差距；其次在发展动画产业的过程中，提升我国动画产业发展的精准度，促进动画产业的发展与市场的有效融合，以市场为导向推动我国动画产业的进步。

二、动画产业发展与市场的关系

在当前动画产业发展的进程中，动画作品的创作和发展也必然要以市场为导向而进行。依据市场导向进行动画作品的创作也成为当前动画产业发展的必然趋势。接下来，我们将首先针对目前我国动画产业市场情况进行探讨。

（一）我国动画产业发展的市场情况

虽然我国动画创作已经进入到一个经济市场时期，但是并不代表我国动画创作过程中也同样具有很强的市场意识。事实上，我国动画创作目前仍然处于较为偏重艺术性，而忽视市场性的阶段。在中国的动画创作过程中，中国动画人更多注重在动画片的艺术表现和形式技巧上挖掘，却往往忽视了对动画市场性的重视。事实上，动画作品也是一种商品，也需要基于市场的角度进行作品的创新和发展。所以对于我国动画市场的发展来说，动画创作缺乏市场性，这也是动画产业发展的一大劣势。虽然在动画艺术水准上我们达到了一个很高的层次，可是市场的开拓却不够。因此，发掘中国的动画市场是当务之急。

（二）我国动画产业发展与市场的关系

随着我国动画产业发展速度的不断加快，我们也越来越清晰地认识到动画产业与市场发展间的密切关系。一直以来，我国不同产业发展的过程中都始终秉承以市场为导向的观点，在推动动画产业发展的进程中，以市场为导向进行产业发展有助于提升发展速度，也有助于推动产业的经济化进程。

1. 我国动画产业发展与市场关系现状

由于我国动画产业的发展相较于其他行业来说起步较晚，而且与市场的衔接不够紧密，因此虽然始终保持一个较快的增长速度，但其长久发展势必会受到不利影响。

2. 市场引导我国动画产业的健康发展

市场作为行业发展的导向，其需求决定了行业的最终发展方向。以市场为导向，是我国动画产业发展的必然趋势。在市场的导向作用下，我国动画产业无论是从作品的创作还是从作品的设计，乃至最终动画作品的市场销售等方面都能够形成一个连贯的体系，促使动画产业逐步走向规模化、规范化。在动画产业发展的过程中，通过市场的导向作用，有助于引导我国动画行业更好地向着有利的方向发展，有助于我国动画市场的健康。

3. 动画产业的发展有助于促使市场的进一步壮大

动画产业发展速度的不断加快也在一定程度上推动了市场范围的扩大。我国动画产业的发展促使动画创作的形式日益丰富，这也在一定程度上直接推动了我国动画市场的进一步扩大。因此，动画产业的发展与市场间具有十分密切的关系，二者互相影响、互相作用，共同推动着我国动画产业在不断发展的进程中逐步深入，进入到一个全新发展时期。①

① 张杰．中国动画产业发展与市场的关系[J]．现代装饰（理论），2012(8):171,173.

参考文献

[1] 屠彬辉 .VR 技术与三维动画设计的融合与应用分析 [J]. 信息与电脑 (理论版),2020,32(18):141–142.

[2] 任培培,程响林 . 计算机三维动画基本概念简介 [J]. 广西轻工业,2010,26(9):86–87.

[3] 沈梦忱 . 浅谈三维动画技术 [J]. 中国科技信息,2005 (10):45–46.

[4] 邓强,罗天昱 . 三维动画视觉特征的形成与流变 [J]. 中国电视,2020 (7):89–94.

[5] 邓强 . 三维动画艺术创作维度研究 [D]. 西安 : 西安美术学院,2019.

[6] 余的的,张翯 . 三维动画软件的应用发展及其技术走势 [J]. 电子技术与软件工程,2017(13):65–67.

[7] 王木兰 . 基于软件操作系统的三维动画设计分析 [J]. 信息与电脑 (理论版),2023,35(3):62–64.

[8] 苗蕾,鲍仕莲 . 三维动画与平面动画的艺术特征比较分析 [J]. 艺术研究,2021 (3):54–55.

[9] 张佳乐 . 浅析二维动画与三维动画的艺术特征 [J]. 牡丹,2021(12):159–160.

[10] 李舒南 . 浅谈二维动画与三维动画设计比较 [J]. 戏剧之家,2020(15):126–127.

[11] 孔维玉 . 数字媒体时代下三维动画的发展研究 [J]. 传媒论坛,2020,3(18):33,35.

[12] 鸿潞 . 计算机三维动画存在的问题与发展趋势 [J]. 中国信息界,2024(1):161–164.

[13] 吴旭东 . 浅谈中国传统文化对中国现代三维动画发展的影响 [J]. 大众文艺,2010 (16):26.

[14] 李广锁 . 论动画场景的设计要素 [J]. 戏剧之家,2021 (15):148–149.

[15] 张利敏 . 以写实为主要风格的三维动画片中场景设计的一般规律及特点 [J]. 黄河之声,2010 (6):120–121.

[16] 张庆 . 浅析三维动画场景空间设计特点 [J]. 戏剧之家,2018 (17):94–95.

[17] 程昌华 . 三维动画场景空间感设计方法分析 [J]. 艺术品鉴,2015 (6):63.

[18] 贺亮 . 试析三维动画设计的视觉表现 [J]. 艺术科技,2016,29(2):88.

[19] 梁磊 . 三维动画场景中的色彩设计分析 [J]. 戏剧之家,2016 (5):196,206.

[20] 徐海涵 . 色彩在三维动画场景中设计分析 [J]. 艺术品鉴,2020 (24):148–149.

[21] 孟殷 . 三维动画场景中色彩的情感表现功能分析 [J]. 色彩,2023(7):39–41.

[22] 方智汉 . 三维动画中灯光的布局及运用 [J]. 家庭影院技术,2023 (14):71–75.

[23] 吴桐 . 三维动画中灯光的布局和运用策略探析 [J]. 电视技术,2021,45(7):65–67.

[24] 张一 . 融入幻想 : 动画场景设计的风格体现 [J]. 设计,2015 (13):151–152.

[25] 李珩,叶阳 . 三维动画场景的设计形式探究 [J]. 电影评介,2012 (3):22–24.

[26] 孙冬,徐云鹏 . 基于三维技术的动画场景设计形式与发展研究 [J]. 设计,2017(3):74–75.

[27] 刘广,郭宁静 . 三维动画中角色造型设计的分析 [J]. 艺术品鉴,2021 (18):151–152.

[28] 秦冕 . 数字革命视阈下三维动画角色造型设计要素的重构 [D]. 沈阳 : 鲁迅美术学院,2023.

[29] 李瑞雪 . 古蜀鱼凫地域文化在三维动画角色设计中的应用研究 [D]. 成都 : 成都大学,2023.

[30] 刘昂, 王彬 . 三维动画中的角色设计方法研究 [J]. 西部皮革,2018,40(12):149,151.

[31] 王施 . 浅析三维动画角色造型设计方法 [J]. 艺术科技,2017,30(4):101.

[32] 俞进福 . 基于角色造型的 3D 动画设计方法研究 [J]. 重庆科技学院学报 (社会科学版),2010 (10):162–163,169.

[33] 陈凯 . 三维角色个性化动作设置的方法设计 [J]. 电子世界,2015 (21):182–183.

[34] 潘永路 . 三维角色动画制作关键技术应用研究 [J]. 电子元器件与信息技术,2021,5(2):211–212.

[35] 郁蜀彬 . 三维角色动画关键技术研究 [J]. 河北农机,2020 (8):57.

[36] 马倩倩 . 基于 MAYA 软件的三维动画制作技术及应用 [J]. 电脑编程技巧与维

护,2021(9):144–145,154.

[37] 金文玥 . 基于虚拟动画设计的角色建模与行为控制研究 [J]. 现代电子技术,2020,43(17):110–114.

[38] 马倩倩 . 三维虚拟动画设计中的角色绘画与建模研究 [J]. 玩具世界,2023(5):57–59.

[39] 姜晓松, 潘婷婷 . 论动画角色造型的艺术特点与设计理念 [J]. 影视制作,2011,17(4):70–73.

[40] 蔡文林 . 中国动画造型设计的风格特征研究 [D]. 苏州 : 苏州大学,2008.

[41] 孙雨溪 .3D 打印在三维动画造型设计中的应用研究 [J]. 参花 (下),2020(12):107–108.

[42] 唐睿, 马莉 . 造型在三维动画设计中的作用 [J]. 中小企业管理与科技 (中旬刊),2016(3):153.

[43] 何隽 . 关于动画角色造型设计技艺的研究与实现 [J]. 电脑知识与技术,2019,15(32):217–219.

[44] 吴峰 . 三维动画角色造型设计要素研究 [D]. 武汉 : 武汉理工大学,2009.

[45] 李双武, 张成文 . 三维动画中角色造型设计的相关问题研究 [J]. 湖北函授大学学报,2015,28(14):97–98.

[46] 宛京京, 张咏超 . 动画造型设计的现状分析 [J]. 艺术科技,2016,29(4):108.

[47] 李文娟 . 基于可视化技术的三维动画造型资源自动整合系统 [J]. 自动化技术与应用,2022,41(2):146–150.

[48] 陈辉, 杨弋杰 . 探析三维技术在动画中的作用 [J]. 大观,2020(8):81–82.

[49] 檀琳娜 . 三维角色动画制作关键技术的应用分析 [J]. 艺术科技,2019,32(05):134.

[50] 赵蓓 . 以《水利工程概论》为例看水利工程设计中三维动画技术的应用前景 [J]. 人民黄河,2023,45(1):166.

[51] 魏宇君 . 数字媒体技术在动画设计中的应用 [J]. 电视技术,2023,47(4):78–80,100.

[52] 周雯 . 数字技术在三维动画设计制作中的应用 [J]. 大观,2021(3):104–106.

[53] 柳金辉 . 运动捕捉技术在三维动画设计中的应用及发展前景 [J]. 济宁学院学报, 2024,45(1):90–95.

[54] 刘凯, 许娟 . 虚拟现实技术在三维动画制作中的应用研究 [J]. 艺术品鉴, 2020 (35):154–155.

[55] 温莉莎 . 虚拟现实技术在三维动画制作中的应用 [J]. 艺术大观,2021 (2):125–126.

[56] 王景 . 三维动画制作中虚拟现实技术的应用研究 [J]. 数字技术与应用,2021, 39(2):62–64.

[57] 周晓莹, 吕雯雯 . 三维动画制作中虚拟现实技术的实践 [J]. 记者摇篮,2020 (3): 80–81.

[58] 袁泓洋 . 虚拟现实技术在三维动画场景中的运用研究 [J]. 大众文艺,2021 (5):90–91.

[59] 张永宁,韩乐 . 虚拟现实技术在三维动画设计中的应用分析 [J]. 大观,2023 (12):130–132.

[60] 李雅静 . 虚拟现实技术在三维动画设计中的创新运用 [J]. 鞋类工艺与设计, 2024,4(4):75–77.

[61] 李樊,骆阳 . 试论三维动画制作中计算机虚拟仿真技术的应用 [J]. 电脑知识与技术,2022,18(2):96–97,106.

[62] 林深豪 . 计算机虚拟仿真技术在三维动画制作中的应用研究 [J]. 软件,2023, 44(2):129–131.

[63] 闫金丽 . 实时渲染技术在三维动画设计中的运用分析 [J]. 名家名作,2023(18): 37–39.

[64] 曾爱苹 . 实时渲染技术对三维动画的美学影响 [J]. 美术教育研究,2022(19): 106–108,118.

[65] 刘小慧,李冰 . 三维动画在数字艺术中的视觉表现 [J]. 艺术大观,2023 (26):73–75.

[66] 王莉 . 三维动画艺术的审美特征研究 [J]. 文艺评论,2015 (12):150–151.

[67] 雷子昂 . 三维动画的艺术表现力探究 [J]. 美与时代 (城市版),2015 (2):106.

[68] 范臻 . 三维动画技术的动画艺术表现力探析 [J]. 艺术科技,2017,30(12):131.

[69] 陶磊 . 浅析三维动画短片中材质的艺术表现 [J]. 大众文艺,2017 (7):187.

[70] 李芳,刘露．从奥斯卡动画短片看三维动画艺术表现的发展 [J]. 艺术科技,2018, 31(6):85.

[71] 王潇．数字媒体艺术对三维动画中角色设计的影响 [J]. 传媒论坛,2018, 1(4):123–124.

[72] 覃丽,王鹏威．插画艺术在三维动画课程中运用的重要性 [J]. 明日风尚,2016 (17):19.

[73] 钟俊橼．数字艺术设计中的三维动画设计分析 [J]. 艺术科技,2019,32(10):79.

[74] 姜宾虹．三维动画中特效艺术的应用探究 [J]. 艺术教育,2019 (12):255–256.

[75] 闫素．三维动画设计中特效艺术的运用与融合 [J]. 上海包装,2023(10):178–180.

[76] 高琪,常乐宇．三维动画牵引数字艺术设计新运用 [J]. 文化产业,2023(18):166–168.

[77] 张佩权．剪纸艺术在三维动画创作中的运用 [J]. 今古文创,2021 (17):87–88.

[78] 朱伟．剪纸艺术在三维动画创作中的运用探究 [J]. 艺术评鉴,2021 (23):185–188.

[79] 杜旭阳．三维动画立足于中国文化的塑新融合 [D]. 北京：北京服装学院,2022.

[80] 陈璇．浅析民族文化在动画创作中的重要作用 [J]. 电影文学,2013 (3):70–71.

[81] 绪言,蔡本茜．三维动画表现古建筑文化的方法与优势 [J]. 居业,2016(4):60–61.

[82] 钱敏．试论中国元素在三维动画技术中的表现 [J]. 品牌 (理论月刊),2011(12):129.

[83] 李雅静．传统文化赋予三维动画独特魅力 [J]. 文化产业,2024 (7):112–114.

[84] 郝红杰．色彩文化在三维动画中的应用 [J]. 色彩,2023 (11):4–6.

[85] 赵春娟．中华优秀传统文化在三维动画场景设计中的应用研究 [N]. 中国文化报,2023–07–24(003).

[86] 赵炜祎．三维动画与传统文化的结合与创新——以《白蛇：缘起》为例 [J]. 美术教育研究,2022 (13):96–98.

[87] 高阳．试析三维动画中中国文化的植入与市场适应性 [J]. 营销界,2021(2):25–26.

[88] 易铭禧．非物质文化遗产与三维动画的融合与创新——以岭南醒狮为例 [J]. 艺术品鉴,2023 (2):146–149.

[89] 孙慧．我国高校三维动画教育教学培养模式探析 [J]. 今日科苑,2015(1):118–119.

[90] 许彤．三维动画教学模式的研究与创新 [J]. 农家参谋,2019 (19):273.

[91] 晁永光 . 三维影视动画在高校教学中的困境及改革策略 [J]. 国际公关,2020(12):68–69.

[92] 杨炉兵 . 三维动画设计教学改革与研究 [J]. 电视技术,2019,43(18):11–12.

[93] 张伟伟 . 高校三维动画课程的教学实践研究 [J]. 新美域,2023 (5):131–133.

[94] 丁新慧,董仕,彭榕,等 . 基于首要教学原理的三维动画设计课程教学研究 [J]. 中国教育技术装备,2023 (14):89–92.

[95] 衡士玉 . 艺术与技术相结合的三维动画教学研究 [J]. 职业,2020 (24):29–30.

[96] 闫素,李佳 . 浅谈 MAYA 三维动画教学改革与实施对策 [J]. 科学咨询 (科技 · 管理),2020 (6):64.

[97] 黄晶 . 论 MAYA 三维动画设计课堂教学有效性的提高 [J]. 教育教学论坛,2020 (20):288–289.

[98] 董静轩,谭政 . 基于 VR 技术的三维动画教学设计与应用研究 [J]. 成才,2021 (21):66–67.

[99] 陈思颖 . 基于虚拟现实技术的三维动画课程教学设计 [J]. 电脑知识与技术,2024,20(3):114–115,121.

[100] 宋慧桐 .VR 技术在三维动画实验教学中的应用研究 [J]. 大学,2022(S1):100–102.

[101] 孙红娟 . 基于项目驱动的三维动画设计课程教学 [J]. 大观,2020 (10):84–85.

[102] 李响 . “互联网 +” 和深化校企合作下的三维动画教学设计 [J]. 新美域,2023(4):82–84.

[103] 营士田 . 产教融合理念下的高职三维动画设计教学创新路径研究 [J]. 上海服饰,2023 (7):80–82.

[104] 胡雷钢 . 产教融合在高职三维动画教学改革中的应用 [J]. 中国多媒体与网络教学学报 (中旬刊),2023 (2):38–41.

[105] 高翔 . 高校三维动画课程的教学改革研究 [J]. 美术教育研究,2020 (4):171–172.

[106] 邵然 . 高校三维动画设计教学研究 [J]. 大观,2020 (7):104–105.